我国科普政策文本分析及科普文化建设研究

孔德意　李　彬　著

东北大学出版社

·沈　阳·

ⓒ 孔德意 李 彬 2024

图书在版编目（CIP）数据

我国科普政策文本分析及科普文化建设研究／孔德
意，李彬著. -- 沈阳：东北大学出版社，2024.8.
ISBN 978-7-5517-3561-2

Ⅰ. G322. 0

中国国家版本馆 CIP 数据核字第 2024769N6F 号

出 版 者：东北大学出版社
　　　　　　地址：沈阳市和平区文化路三号巷 11 号
　　　　　　邮编：110819
　　　　　　电话：024-83683655（总编室）
　　　　　　　　　024-83687331（营销部）
　　　　　　网址：http://press.neu.edu.cn
印 刷 者：辽宁一诺广告印务有限公司
发 行 者：东北大学出版社
幅面尺寸：170 mm×240 mm
印　　张：20. 5
字　　数：373 千字
出版时间：2024 年 8 月第 1 版
印刷时间：2024 年 8 月第 1 次印刷
责任编辑：郎　坤
责任校对：潘佳宁
封面设计：潘正一
责任出版：初　茗

ISBN 978-7-5517-3561-2　　　　　　　　　定　价：78. 00 元

前　言

　　随着科学技术的日新月异和迅猛发展，科技在人类社会进步与生产力发展中的作用举足轻重，科技的发展与经济增长呈现出鲜明的正相关系，并对一个国家的社会发展和文明进程产生深远的影响，科技对经济和社会的巨大推动作用使人们意识到公民素质提高的重要意义。科普是提高国民科学素质的主要手段，而科普政策作为调节科普资源的有力杠杆与促进科普事业发展的重要推力，其优劣将直接影响科普事业的发展是否顺利和健康，进而对提高公民科学素质以及推动国家社会与经济发展产生重要影响，因此，对科普政策进行深入分析的重要性不言而喻。本研究在对科普政策进行系统梳理和深入研读的基础上，以文献计量学理论与政策工具理论为支撑，通过社会网络分析与内容分析等定量分析方法，对我国国家层面科普政策文本进行了深入挖掘，探求科普政策文本中难以直接观察到的问题，以期对我国科普政策制定提供理论依据，为提高科普政策质量和提升公民科学素质提供理论支撑。

　　本研究以国家层面科普政策文本作为研究对象，这些政策的颁布与实施为我国国民科学素质提升创造了良好的制度环境，也为我国科普事业发展提供了有力的政策保障。

　　本研究通过文献计量方法，对收集来的1100项科普政策文本进行深入研究。从科普政策时间序列上看，我国科普政策的历史演变可以划分为3个发展阶段，科普政策初始阶段（1994—2001年），这一阶段科普政策强调围绕经济建设及提升公民科普意识展开，为国家经济战略服务成为当时科普工作的主基调；科普政策发展阶段（2002—2008年），这一阶段科普政策着重强化科普基础性设施建设；科普政策密集阶段（2009年至今），这一阶段科普政策强调公益性科普事业与经营性科普产业并举。

　　通过对科普政策发文主体分析发现，其规模性较大，我国整体科普政策的颁布仍然以单独政策主体发文为主，联合发文的政策数量虽占政策总数的比例不高，却呈现出明显的上升趋势，科普政策呈现"政出多门"的特征。通过对科普政策制定主体网络特性及其"主体与主题"关联性分析得出，科普政策主体网络结构存在"小群体"现象。科普政策主体聚焦点重叠现象明显。本研究还以政策工具为视角，利用内容分析方法对科普政策工具选择情况进行分析，研究得出，环境型政策工具使用频率最高，供给型政策工具次之，需求型政策工具使用频率最低。进一步挖掘发现，在环境型政策工具中，法规管制类工具所占比例最高，策略性措施类工具次之。在供给型政策工具中，公共服务类工具所占比例最高，其余各政策工具呈均衡之势。在需求型政策工具中，总体存在严重的缺失现象。总之，环境型政策工具显分化之态，供给型政策工具呈均衡之势，需求型政策工具突缺位之形。为了体现科普政策文本的核心内容及其动态趋势，首先利用 ROSTCM 词频分析软件对关键词进行了提取，构建了关键词共词矩阵、相关矩阵和相异矩阵，之后运用 UCINET 和 SPSS 软件对关键词进行了聚类分析、多维尺度分析和社会网络分析，并以此为基础对科普政策结构进行了剖析。分析得出，科普政策内容涉及主题广泛；科普政策内容聚焦点清晰；科普政策内容设计存在缺陷；科普政策结构不合理。

通过研究，本书得出如下主要结论：（1）我国科普政策历史演进阶段性特点显著；（2）加强政策主体间的协同性是解决政策主体间合作程度不高以及资源浪费问题的实践进路；（3）优化政策工具结构是完善科普政策工具体系的有效途径；（4）修正科普政策内容设计缺陷及政策结构不合理问题是完善科普政策内容的重要举措；（5）科普文化建设是推动科学事业发展的重要推力。

本部专著中孔德意主要承担了第 1 章至第 5 章内容的研究与撰写工作，共计 16.2 万字；李彬主要负责其余章节的研究与撰写工作，共计 21.1 万字。

著　者

2023 年 12 月

目 录

1

第1章 绪 论

◆◇ 1.1 问题的提出

21世纪是人类全面依靠知识创新理论和知识创新应用的可持续发展的世纪。科学知识作为重要的生产要素，科普作为传播科学文化、传承科学知识的重要平台，已然成为国家、地区经济和社会发展的保障。科技作为知识形态的生产力，始终是推动经济、社会发展和进步的核心力量。特别是进入21世纪以来，科技领域的创新呈现出前所未有的井喷态势。海量的新知识、尖端的新科技层出不穷，不断刷新着人们对世界的认知。这些科技成果不仅深刻地改变了人们的生活方式和生产方式，还对政治、经济、社会结构等方面产生了深远的影响。随着科技的迅猛发展，公民科学素质的提升空间也越来越大。然而，与科技发展的速度相比，我国公民科学素质提升的速度与广度仍显不足。据统计，2023年我国公民具备科学素质的比例达到14.14%，虽然较以往有了显著提升，但与一些公民科学素质水平超过20%的发达国家相比，仍存在较大的差距。为了缩小这一差距，提升我国公民的科学素质，科普工作显得尤为重要。科普工作不仅可以帮助人们更好地理解和应用科学知识，还可以激发人们对科学的兴趣和热情，从而推动科学文化的普及和传播。同时，科普工作还有助于提高人们的创新意识和创新能力，为国家的科技进步和经济发展提供有力的人才支撑。提升我国公民的科学素质是一项长期而艰巨的任务。我国需要通过科普工作等多种途径，不断加强科学文化的普及和传播，为国家的科技进步和经济发展注入源源不断的动力。只有这样，我国才能更好地应对科技迅猛发展的挑战，实现可持续发展的目标。

在21世纪这个科技日新月异的时代，公民的科学素质已经成为衡量一个国家综合国力的重要指标。我国始终高度重视公民科学素质的提升，并为此制定了一系列重要的政策文件。2006 年，国务院颁布了一部具有里程碑意义的文件——《全民科学素质行动计划纲要（2006—2010—2020 年）》。这一纲要的出台，标志着我国对提高公民科学素质的重视已经上升到了国家战略的高度。纲要明确指出，提高公民科学素质，对于增强公民获取和运用科技知识的能力、提高生活质量、提高国家自主创新能力、建设创新型国家、实现经济社会全面协调可持续发展和构建社会主义和谐社会都具有十分重要的意义。纲要详细阐述了提升公民科学素质的具体措施和目标，包括加强科学教育、普及科学知识、推广科学思想和科学方法、培养创新精神和创新能力等。同时，纲要还强调了政府、企业、学校和社会各界在提升公民科学素质中的责任和作用，形成了全社会共同参与的良好氛围。为了进一步推动科普工作的发展，2012 年，科学技术部颁布了《国家科学技术普及"十二五"专项规划》。这一规划针对科技创新活动日趋活跃的现状，强调了公众理解科学、支持和参与科学技术活动的重要性。规划提出，要不断提高全民科学素质，从而为建设创新型国家打下坚实的社会基础。在这一规划的指导下，我国科普事业取得了显著成就。科普活动日益丰富多彩，科普场馆建设不断完善，科普教育逐渐深入人心。同时，我国政府还通过举办科技周、科普日等活动，引导公众关注科技发展，激发公众对科学的兴趣和热爱。这些科普政策的出台，不仅反映了我国对提升公民科学素质的重视，更体现了我国把公民科学素质的提升与构建和谐社会、建设创新型国家紧密联系在一起的战略思考。通过提升公民科学素质，可以更好地应对科技发展的挑战，推动经济社会全面协调可持续发展，实现中华民族的伟大复兴。提高公民科学素质是我国现代化建设的重要任务之一。需要继续加强科普工作，推动科技创新与科学普及的深度融合，为提升公民科学素质、建设创新型国家做出更大的贡献。

随着我国经济的持续发展和社会的全面进步，政府对于科普事业的重视程度逐步加深。科普工作不仅关乎国民科学素养的提升，也是推动社会创新发展的重要力量。然而，作为一个发展中国家，我国现阶段的科普工作仍面临着一系列问题和挑战。首先，科普工作重供给、轻需求的现象较为普遍。目前，我国科普活动大多由政府主导，往往更注重内容的产出和传递，而缺乏对公众实际需求的深入了解和关注。这导致一些科普内容与实际生活脱节，难以引起公众的兴趣和共鸣。其次，科普支撑资金不足，投入方式以及融资渠道单一。科普工作是一项长期而复杂的任务，需要大量的资金支持和多元化的投入机制。

然而，目前我国科普资金主要来源于政府拨款，企业和社会组织的投入相对较少，这限制了科普工作的发展规模和速度。此外，我国科普工作还存在追求硬实力建设，忽略软实力发展的倾向。硬实力主要指科普设施的建设和科普活动的组织，而软实力则包括科普文化的培育、科普理念的传播等。目前，我国科普工作往往过于注重硬件设施的投入，而忽视了软实力的发展，这影响了科普工作的整体效果。再次，社会力量的融入性、整合性不高也是我国科普工作面临的一个问题。科普工作是一项需要全社会共同参与的事业，需要政府、企业、社会组织、学校等各方力量的协同合作。然而，目前我国科普工作的社会参与程度还不够高，各方力量的整合和协调存在不足，这制约了科普工作的发展。此外，科普资源浪费严重也是一个不容忽视的问题。由于缺乏有效的资源整合和共享机制，一些优质的科普资源得不到充分利用，而一些相对较差的资源无法及时淘汰和更新。这不仅影响了科普工作的质量和效率，也造成了资源的浪费和损失。最后，科普方法和手段陈旧也是制约我国科普事业发展的重要因素。随着科技的快速发展和社会的进步，公众对于科普的需求也在不断变化和升级。然而，目前我国科普工作的方法和手段仍然停留在传统的模式上，缺乏创新和突破，难以满足公众日益增长的科普需求。这些问题严重阻碍了我国科普事业的发展，也影响了我国在国际科普领域的地位和影响力。因此，必须深入剖析这些问题的根源，并寻求有效的解决之道。针对这些问题，本书研究旨在对我国国家层面科普政策进行深入研究，以期优化我国科普政策，提高科普政策的效用性。通过深入分析我国科普政策的现状和问题，借鉴国际先进经验和做法，提出针对性的政策建议和改进措施。同时，关注科普政策与其他政策的协调配合，推动形成全面、系统、协调的科普政策体系。只有通过深入研究和制定科学合理的科普政策，才能推动我国科普事业不断向前发展，为提升国民科学素养、推动社会创新发展作出更大的贡献。

◆◆ 1.2 研究目的和意义

1.2.1 研究目的

科学技术普及是一项庞大且复杂的系统工程，它涉及多个领域和层面的知识传播与应用。在当前快速发展的时代背景下，如何有效地整合与分配科普资源，以及调动社会各方力量积极参与到科普事业的建设中，已成为我国政府日益关注的重要议题。科普政策作为实现科学技术普及任务的行动准则，其质量的优劣将直接影响到科普工作的实施效果。因此，对我国科普政策进行深入研究，不仅有助于提升政策本身的质量，更能为相关职能部门提供有力的决策支持，从而加强科普工作的管理与执行力度。具体而言，研究科普政策的目的在于以下几个方面：首先，通过对科普政策的系统梳理与分析，可以深入了解我国科普政策的发展历程、现状及存在的问题。这有助于认识到科普政策在推动科学技术普及方面的作用与局限性，为后续的政策优化提供重要的参考依据。其次，研究科普政策有助于提升政策制定的科学性和针对性。通过对政策目标、实施路径、保障措施等方面的深入剖析，可以发现政策制定的不足之处，并提出相应的改进建议。这将有助于提升科普政策的有效性，使其更加符合社会发展的需要和人民群众的期待。再次，研究科普政策还有助于加强科普工作的跨部门协同。科普工作涉及多个部门和领域，需要各方共同努力才能取得良好的效果。通过对科普政策的深入研究，可以促进不同部门之间的沟通与协作，形成合力，共同推动科普事业的快速发展。最后，研究科普政策对于提高国民科学素质具有重要意义。科学素质是现代社会公民必备的基本素养之一，它关系到国家的创新能力和竞争力。通过科普政策的实施和优化，可以引导人们树立科学的观念和方法，提高他们的科学素养和创新能力，为我国的科技、社会及经济等方面的快速发展提供有力支撑。综上所述，对我国科普政策进行深入研究具有重要的现实意义和深远的历史意义。通过提升科普政策质量、增强相关职能部门的管理能力、加强跨部门协同以及提高国民科学素质等方面的努力，可以推动我国科普事业不断向前发展，为实现科技强国战略目标作出积极贡献。

1.2.2　研究意义

1.2.2.1　理论意义

（1）有利于拓宽公共政策研究理论深度

随着社会的进步和科技的发展，公共政策在各个领域都发挥着越来越重要的作用。而科普政策，作为推动科学技术普及、提升公众科学素养的关键手段，其研究与应用显得尤为重要。然而，我国关于科普政策的研究还存在一些局限性，主要体现在研究内容相对固定、重复研究情况严重等方面。目前，国内关于科普政策的研究主要聚焦于科普政策的演变历程、科普政策所面临的问题及其相应对策、科普政策体系的构建与完善以及国外科普政策的借鉴与比较研究等方面。尽管这些研究为了解科普政策提供了丰富的素材和视角，但由于研究内容的相对固定性，很多研究都停留在表面，缺乏深入的分析和探讨。为了克服这些局限性，本研究从政策工具和文本内容挖掘的角度出发，对我国科普政策进行深入的分析和研究。政策工具是政策制定和执行过程中所使用的各种手段和方法，通过对政策工具的分析，可以更好地理解政策制定的初衷和目的，以及政策执行的效果和影响。而文本内容挖掘则能通过对大量文本数据进行处理和挖掘，发现文本中隐藏的规律和模式，从而揭示出更深层次的信息和知识。通过将政策工具和文本内容挖掘相结合，可以对科普政策进行系统和深入的研究。首先，对科普政策的历史演变进行梳理和分析，了解科普政策的发展历程和演变趋势。其次，对科普政策中所使用的各种政策工具进行分类和比较，分析不同政策工具在科普政策中的作用和效果。此外，本书研究对科普政策的文本内容进行深入挖掘，发现其中隐藏的规律和模式，从而揭示出科普政策制定和执行过程中的问题和挑战。通过这种深入的研究和分析，可以拓展公共政策研究的理论深度，为优化科普政策提出对策和建议。一方面，根据分析结果，对现有的科普政策进行改进和完善，提高政策的有效性和针对性。另一方面，根据分析结果，为未来的科普政策制定提供借鉴和参考，推动科普政策的发展和创新。本书研究从政策工具和文本内容挖掘的角度对我国科普政策进行深入分析，不仅拓宽了公共政策研究的理论深度，也为优化科普政策提供了有力的支持和指导。这种研究方法的应用将有助于推动科普政策研究的深入发展，为我国的科学技术普及事业贡献更多的智慧和力量。

（2）有助于改善科普政策研究方法单一的现状

科普政策作为推动科学技术普及事业发展的重要指导文件，其研究方法的选择和运用直接关系到政策的质量和效果。然而，当前在科普政策研究领域，定性分析占据主导地位，而定量分析则相对稀缺，这在一定程度上限制了科普政策研究的深度和广度。因此，通过引入定量分析方法，结合定性分析，可以更全面地揭示科普政策的内涵和实质，为科普事业的健康发展提供有力支持。定性分析在科普政策研究中具有不可替代的作用。它通过对政策文本进行深入解读和剖析，揭示政策制定的背景、目的、过程和效果，从而能更好地理解政策的本质和意义。然而，定性分析也存在一定的局限性，例如主观性较强、难以量化评估等。因此，单纯依靠定性分析往往难以全面反映科普政策的真实面貌。定量分析方法的引入，可以有效弥补定性分析的不足。通过运用统计学、计量经济学等量化工具，可以对科普政策进行更为精确和客观的评估，从而为政策制定者提供更为科学的决策依据。本书研究通过定性分析与定量技术的有机结合，不仅运用了文献计量法、内容分析法等多种研究方法，还采用了问卷调查、访谈等实地调查方法，对我国科普政策主体、政策工具、政策内容等进行多维度分析。通过收集和分析大量的政策文本和实地调查数据，本书研究深入剖析了我国科普政策的现状和问题，并提出了相应的优化建议。本书研究拓宽了科普政策研究的方法选择空间，可提高我国科普政策的质量，还为科学制定和系统优化我国科普政策提供了理论依据。同时，本书研究也为其他领域的政策研究提供了有益的借鉴和参考，推动了政策研究方法的不断创新和发展。总之，定性分析与定量技术的有机结合，是改善科普政策研究方法单一现状的有效途径。通过运用多种研究方法和工具，可以更全面、更深入地了解科普政策的本质和实质，为科普事业的健康发展提供有力支持。

1.2.2.2 实践意义

（1）有益于为科普政策存在的问题提供解决方案

科普政策在我国的推广和实施已取得了显著的成果，为广大民众提供了丰富的科学知识和实用技能，促进了社会文明的进步和科技创新的发展。然而，在科普政策长期实施过程中，也暴露出了许多亟待解决的问题。本书研究致力于对科普政策内容进行系统而深入的剖析和挖掘，旨在识别并剖析科普政策实施过程中暴露出的诸多问题，从而精准定位问题症结所在。通过严谨的分析和理性的探讨，本书研究提出了一系列切实有效的解决方案和政策建议，以期从根本上解决我国科普政策面临的实际挑战。对于优化科普政策体系、提升科普工作效果、推动科普事业发展具有重要意义，有助于进一步推动科普政策在我国取得更为显著的成果。这将有助于从根本上解决我国科普政策存在的实际问题，推动科普事业的持续健康发展，为我国的科技创新和社会进步提供有力支持。通过本书研究的成果，期待为其他领域的政策制定和实施提供有益的借鉴和参考。

（2）能助推科普政策的优化以及公民科学素质的提升

科普政策的优化对于推动我国科普事业的进步和公民科学素质的提升具有至关重要的作用。近年来，我国政府在科普领域投入了大量的资源和精力，以期缩小与世界发达国家的差距，实现科普事业的跨越式发展。然而，第十三次中国公民科学素质调查结果显示，尽管取得了一定进步，但我国具备基本科学素养的公民比例与世界发达国家相比仍然存在一定差距。因此，优化科普政策、完善科普政策体系成为我国政府当前面临的重要任务。科普政策作为发展科普事业的有效催化剂和有力的杠杆，其重要性不言而喻。通过系统分析和深入挖掘科普政策，可以发现其中存在的问题和不足，进而提出针对性的优化建议，完善科普政策的制定流程，提高政策执行效率，加强政策评估和监督，确保科普政策能够真正落地生根、发挥实效。科普政策的优化对于提升我国公民科学素质具有重要意义。通过系统分析和深入挖掘科普政策，完善科普政策体系，加强科普宣传和推广工作，注重科普教育的内容和质量，可以为提升我国公民科学素质作出积极贡献，推动科普事业实现可持续发展。

◆◇ 1.3　文献综述

1.3.1　国内相关研究

1.3.1.1　基本概念界定

（1）科普

"科普，作为文字的专有名词，在 1949 年以前并没有出现过，大约从 1956 年开始，'科普'作为'科学普及'的缩略语，逐渐从口头词语变为非规范的文字词语，并在 1979 年被收入《现代汉语词典》中，成为规范化的专有名词。"[1]科普全称为科学技术普及，在国外则被称为公众理解科学（public under standing of science）或科技传播（the communication of science and technology）[2]。《牛津科学传播学手册》（*The Oxford Handbook of the Science of Science Communication*）对"科学传播"进行了如下界定："它旨在系统性地探讨科学家及其他个体如何有效地传递科学信息，公众如何接纳并解读这些信息，以及这些传播过程所蕴含的社会与政治内涵。"这一定义涵盖了我国日常所提及的"科学普及（或科普）"的核心要义。在我国，最早对科普作出界定的是章道义。他在 1983 年出版的《科普创作概论》一书中提出了科普的"三科"定义（见表 1.1），即科普旨在将人类已经积累的科学技术知识、技能以及科学思想和科学方法，通过各类渠道和形式，广泛而深入地传播至社会的各个角落，使广大民众得以了解和学习。此举旨在提高民众的科学素养，增强其实践能力，从而推动社会主义物质文明和精神文明建设不断迈上新的台阶。这一定义指出，为了提高公民学识和才干，科普的任务不但要传播科学技术，还要将科学思想和科学方法发扬光大。

表1.1 科普定义表

作者	定义出处	主要内容
章道义[3]	《科普创作概论》	科普就是把人类已经掌握的科学技术知识和技能（包括各门科学技术的概念、理论、技术、历史发展、最新成果、发展趋势及其作用、意义）以及先进的科学思想和科学方法，通过各种方式和途径，广泛地传播到社会的有关方面，为广大人民群众所了解，用以提高学识、增长才干、促进社会主义的物质文明和精神文明。它是现代社会中某些相当复杂的社会现象和认识过程的总的概括，是人类改造自然、造福社会的一种有意识、有目的的行动。（三科）
袁清林[4]	《科普学概论》	科普是在一定背景下，以促进智力开发和素质提高为使命，利用专门的普及载体和灵活多样的宣传、教育、服务形式，向向社会、面向公众，适时适需地传播科学精神、科学知识、科学思维和科学方法，实现科学的广泛扩散、转移和形态转化，从而取得预想的社会、经济、教育和科学文化效果的科学传播活动。（四科）
周孟璞、松鹰[5]	《科普学》	科普是科学技术普及的简称。是指以通俗化、大众化和公众乐于参与的方式，普及科学技术知识、倡导科学方法、传播科学思想、弘扬科学精神、树立科学道德，以提高全民族的科学文化素质和思想道德素质。（五科）

资料来源：作者整理。

袁清林在《科普学概论》一书中提出了科普的"四科"定义，即科普是以推动素质提升为核心目标，借助专业的普及媒介以及丰富多样的宣传、教育、服务手段，面向全社会公众，精准地传播科学精神、科学知识、科学思维与科学方法。2002年，我国颁布了《中华人民共和国科学技术普及法》，其中将科普定义为国家和社会采取公众易于理解、接受、参与的方式，普及科学技术知识、倡导科学方法、传播科学思想、弘扬科学精神的活动。相比"三科"科普定义，以上对科普的定义在内容上除了科学知识、科学思想和科学方法，又增添了一项新内容，即科学精神。2007 年，科普学者周孟璞、松鹰在《科普学》一书中提出，科普是指以通俗化、大众化和公众乐于参与的方式，普及科学技术知识、倡导科学方法、传播科学思想、弘扬科学精神、树立科学道德。该定义首次将科学道德纳入科普内容范畴，将科普内容拓展为科学思想、科学方法、科学知识、科学精神和科学道德，是对科普界定的进一步升华，人们将其称为"五科"定义。

随着科技的日新月异和社会的多元化发展，人们对科普的需求和期望也在不断提高。为了更好地满足这些需求，科普的界定再次发生了变革。现在，科普已经不仅仅局限于科学知识的普及和传播，更强调科学精神、科学方法和科学思维的培养。因此，科普的定义进一步扩展到了包括科学文化、科学教育、科学传播等在内的更多方面，形成了更为全面的"五科"科普观念。在这一背景下，本书研究将科普界定为科普主体以通俗易懂的方式、方法使受众获取科学知识，掌握技术能力，进而提高全国公民科学素质的过程。这一定义不仅涵盖了科普的核心内容，还强调了科普的目的和意义。随着时代的进步和科技的飞速发展，人们对科普的理解和界定也在不断演变和深化。从最初的"三科"到后来的"四科"，再到如今更为广泛的"五科"，这一转变不仅体现了人们对科普认识由浅入深、从低级到高级的深化过程，更是学术界对科普理论研究重视的直接体现。

（2）科普政策

表 1.2　科普政策定义

作者	主要内容
佟贺丰[6]	科普政策指的是各级立法机关和政府颁布的与科学技术普及相关的法律、法规、规章、条例和政策性文件
冯雅蕾、张礼建[7]	科普政策是国家科技政策的一个重要组成部分，它是国家机关、政党及其他政治团体在一定时空范围内为实现一定的目标而有计划地制定并实施的促进科普事业发展的方针及实现这一方针的行为准则、规范、行动体系等
常静、刘立[8]	科普政策是科技政策的组成部分，并借鉴科技政策的定义，以我国科普政策的实践为基础，提出"科普政策包括为了发展科普的政策，以及科普为了社会、经济、政治和国防等国家战略目标以及个人目标之实现的政策"

表1.2(续)

作者	主要内容
中国科普研究所[9]	科普政策一般包括确立科普发展的目标和重点，变革和调整科普的建制（组织、机构、制度等）及其布局，配置和分配科普资源，培养科普人才，规范科普活动和科普研究，促进科普研究成果的应用以及加速国内外学术交流与合作等，它是一系列法令、法规、条例、路线、方针、战略、规划、计划、谋略、措施、办法、方法等带有规范性的文件的总称
余维运[10]	一般来说，凡是与科普有关的法律法规、规划、条例以及相关的具体政策条文等都应包含在科普政策范畴内
裴世兰、汪丽丽、吴丹等[11]	科普政策是国家机构或执政党为促进科学普及事业发展，制定并付诸实施的具有权威性的行动准则。科普政策包括各种有关科普的法律、政策、规划、纲要、命令等
任福君[12]	科普政策是指为了实现国民科学素质提高等特定的科普活动目标，而由政府制定并实施的一系列方针、措施、行动准则等，以促进国家科普事业的发展，主要包括各级政府颁布的有关科普的法律、法规、规章、条例、政策性文件以及有关部门的章程、制度及党和国家领导人的重要讲话等。按内容和功能分类，将科普政策分为专门科普政策和相关科普政策。专门科普政策是指专门针对科普和科普事业发展制定的政策，或是针对具体领域制定的科普政策。科普相关政策是那些包含但并非专门针对科普的法规政策，科普只是其中的组成部分，即涉及科普内容的其他相关政策

资料来源：作者整理。

表1.2中列出了一些学者对科普政策的定义，借鉴上述定义，本书研究认为，科普政策是国家为实现特定历史时期的科学普及任务而精心制定的基本行动准则。这些准则不仅为科普事业的发展指明了方向，更是整个科普事业发展的战略和策略原则，为科普工作的推进提供了坚实的政策保障。科普政策涵盖了与科普相关的法律、法规、规章以及各类相关政策，它们共同构成了一个完整而严密的政策体系。在这个体系中，各类政策相互衔接、相互支持，形成了一个有机的整体。这些政策不仅规定了科普工作的基本任务和目标，还明确了科普工作的具体内容和实施方式，为科普工作者提供了明确的行动指南。综上所述，科普政策是国家为实现科学普及任务而制定的重要政策体系，它涵盖了法律、法规、规章及相关政策等多个方面，为科普事业的发展提供了有力的政策保障。

1.3.1.2 科普相关研究

（1）科普媒介研究

在科普媒介的研究领域中，主要聚焦于科普期刊、科普图书、科普短视频等方面。这些媒介形式不仅各具特色，而且在传播科学知识、提高公众科学素养方面发挥着举足轻重的作用。科普期刊作为传统科普媒介的代表，一直以其专业性和深度吸引着广大读者。这些期刊通常包含最新的科学研究成果、前沿的科技动态以及科学知识的普及等内容，为读者提供了丰富的科学信息和思考空间。此外，科普期刊还通过精美的排版、生动的插图和深入浅出的解读方式，使得复杂的科学知识变得易于理解和接受。科普图书则以其系统性、全面性和持久性在科普媒介中占据重要地位。这些图书往往涵盖广泛的科学领域，从自然科学到社会科学，从基础理论到实践应用，为读者提供了全面而深入的科学知识。此外，科普图书还通过生动的语言、形象的比喻和丰富的案例，使得科学知识更加鲜活和有趣。随着互联网的普及和发展，科普短视频和微博等新媒体形式也逐渐崭露头角。科普短视频以其短小精悍、易于传播的特点，深受年轻群体的喜爱。这些视频往往通过生动的画面、有趣的故事和简洁的解说，将复杂的科学知识转化为易于理解和接受的形式。综上所述，科普媒介研究是一个涉及多个领域和层面的复杂而有趣的课题。通过对科普期刊、科普图书、科普短视频等多种媒介形式的深入探究，可以更好地理解科学知识的传播机制和社会影响，为提升公众科学素养、推动科学文化的发展作出积极贡献。

第一，科普期刊研究。

杨秀等[13]以杰出科普期刊个案为对象，运用深度访谈、实地观察以及个案分析等多种研究方法，深入剖析了《科幻世界》在推进深度融合发展进程中的实际状况。研究表明，在科普期刊实现深度融合发展的过程中，文化、经济和技术等各个子系统的创新与协同作用起着至关重要的影响。同时，科普期刊也面临着相关保障制度与资源方面的制约因素。为确保科普期刊深度融合发展得以顺利进行，强化协同资源保障与制度建设显得尤为重要。在此基础上，深化内部各子系统的协同发展，对于推进深度融合发展具有举足轻重的作用。同时，实现社会效益与经济效益的协调统一，更是科普期刊深度融合发展的核心追求。因此，应持续推动各相关要素的协同发展，从而更有效地推进科普期刊的深度融合发展进程。

葛璟璐等[14]基于《科学大众》期刊所倡导的"盘活存量、打造品牌、研发课程、虚拟展馆"四位一体的课后服务实践案例,深入探索了科普期刊"进校园"活动在推动社会大课堂建设方面的有效路径和方法。通过这一实践案例的剖析,旨在为科普期刊更好地融入校园教育、提升青少年科学素养提供有益的参考和借鉴。

孙嘉宇[15]以"启发–系统"模型作为研究的理论基石,深入剖析了科普期刊微信推文传播效果的关键影响因素,旨在为运营实务提供科学的参考依据。借助计算机辅助内容分析的方法,引入了可读性、信息熵、情感倾向、流行词等关键变量,进而从标题特征、发布特征和内容特征三个维度,对26种科普期刊在半年时间内发布的4445篇微信推文进行了分层回归分析。研究表明,在微信平台上,科普期刊的传播广度与深度受到多方面因素的显著影响;图文并茂的编排方式能够提升用户的阅读体验;内容的信息熵以及非夜间时段的发布策略对传播广度具有积极推动作用。值得注意的是,在解释传播效果方面,内容特征的影响力明显高于标题与发布特征。建议科普期刊在微信运营中应注重以下几点:一是凝练标题,提高标题的吸引力和可读性;二是完善发布策略,合理选择发布时段以提高传播效率;三是深耕内容,提升原创比例,确保信息的权威性和价值性;四是尝试以数据指标为驱动,不断优化运营策略,更好地适应微信平台的传播逻辑。

韩婧等[16]明确指出,科普工作是科技期刊所肩负的重要社会责任与崇高使命。通过对比国内外科技期刊资源科普化的发展现状,深入剖析我国科技期刊在资源科普化过程中所遭遇的困境与挑战,提出了一系列具有针对性的措施和建议。这些措施包括加强政策扶持力度、构建"科研—科普"的有效连接、充分利用新媒体平台、与大众媒体形成合力、加强人才培养等,旨在推动科技期刊实现资源科普化的目标。科技期刊不仅能够在自身发展中实现高质量发展,更能为公众科普活动提供更加优质、精准的服务,推动科普工作的深入发展。

刘燕影[17]运用案例分析法,对"今日启明星"栏目近三十年的出版实践进行了深入研究。该研究旨在探讨在中国式现代化建设的特殊历史背景下,以"科研项目科普化"为核心内容的科普栏目建设的理念与路径。研究结果显示,"今日启明星"栏目始终秉持"传播科学,服务于中国式现代化建设"的宗旨,聚焦于国家科研计划项目的科普化议题。该栏目长期致力于发表对青年科学家的采访报道以及由他们创作的"元科普"作品,致力于在中国创新发展"两翼论"的实践中，提升公众的科学素养。通过此次研究，刘燕影对"今日启明星"栏目在科普事业中的贡献与价值给予了高度评价，并为其未来的持续发展提供了有益的思考与启示。在构建科普期刊特色栏目的过程中，精准把握科普的核心要义，深入挖掘具有吸引力的科普议题，有效整合各方科普资源，以及保持长期坚守与持续创新的姿态，无疑是彰显科普期刊独特个性与鲜明特色，并契合新时代公众科普需求的关键举措。

罗德荣等[18]运用文献调查法，在全面评价体系的理论框架下，深入剖析了科普研究类学术期刊的基本概念与特征，进而构建了一套完整的评价体系。该体系旨在提炼出与科普研究类学术期刊评价密切相关的各项指标，以确保评价的客观性与准确性。经系统梳理，该评价体系包含形式评价、内容评价、效用评价三大一级指标，并细化为学术影响、新闻传播等九个二级指标，以及下属的三十三个三级指标。这一层次分明的指标体系，既全面覆盖了科普研究类学术期刊的各个方面，又突出了其专业特色，为系统、全面、专业的评价提供了有力支撑。通过这一评价体系的建立，罗德荣等学者成功为科普研究类学术期刊的评价工作提供了一套科学、系统的工具，有助于推动科普研究领域的进一步发展。所构建的科普研究类学术期刊评价体系是合理、可行的，能够对科普研究类学术期刊评价领域进行补充。

崔玉洁等[19]深入研究了学术期刊中虚拟数字人与视频融合出版的实践情况，着重探讨其在提升学术期刊传播效果和优化读者阅读体验方面的潜力。通过详细介绍虚拟数字人和视频在学术期刊领域的应用，结合期刊社数字运营部的实践案例，阐释了虚拟数字人和视频融合的具体操作步骤。这一创新性实践不仅提高了学术传播效果，还使学术期刊的传播渠道更加多元化，为学术传播注入了新的生命力。

包晓云[20]经过对科技期刊当前发展状况的详尽描述性分析，深入剖析了科技期刊发展中的集中与分散趋势。在此基础上，进一步探讨了我国科技期刊发展所面临的两大主要矛盾。一方面，党和国家对于科技期刊发展的期望日益强烈，然而科技期刊在创新发展方面的步伐却显得相对滞后；另一方面，随着一流科技创新成果的日益涌现，科技期刊在承载这些成果的能力上却显得捉襟见肘。针对这两大矛盾，为科技期刊的未来发展提供了明确的目标指引，以期推动科技期刊行业的持续健康发展。科技期刊的发展需要全社会的支持和关注。政府应加大对科技期刊的投入力度，提供政策和资金支持；学术界和产业界应积极参与科技期刊的建设和发展，共同推动科技创新和成果转化；读者和作者也应关注和支持科技期刊的发展，为科技期刊提供高质量的内容和反馈。

经过对科技期刊的深入剖析，并结合当前相关政策措施的背景，徐艳[21]对科技期刊在普及科技伦理方面所具备的客观条件与显著优势进行了系统阐述。进一步从理论与实践相结合的角度，深入探讨了我国科技期刊在普及科技伦理方面的可行路径。指出我国科技期刊在参与科技伦理普及工作时，可以采取以下多元化策略：一方面，通过"软"普及与"硬"要求相结合的方式，既注重科技伦理知识的广泛传播，又强调科技期刊在伦理规范方面的严格要求；另一方面，实施多维度一体化普及策略，将科技伦理融入期刊内容、编辑流程、发行渠道等多个环节，形成全方位、立体化的普及体系。其研究为我国科技期刊在普及科技伦理方面提供了有益的思路和策略。她的研究不仅深化了对科技伦理和科技期刊的认识，也为推动科技伦理知识的广泛传播和深化科技期刊的伦理建设提供了有力的支持。

林欣等[22]针对我国科普期刊在新媒体运营方面的现状进行了深入探究，并借助基于用户消费行为研究的 SICAS 模型进行了系统分析。研究结果显示，科普期刊在新媒体运营方面存在若干问题，具体表现为：新媒体运营意识相对薄弱，内容生产呈现同质化倾向，视频语言表达方式显得过时，品牌建设能力有所欠缺，以及在关系营销方面的运用不足。科普期刊在新媒体运营方面应强化意识、优化内容、提升视频语言表达方式、加强品牌建设和关系营销的运用，以推动期刊在新媒体时代的持续发展。

第二，科普图书研究。

科普图书研究是一个充满挑战与机遇的领域，需要深入挖掘其内涵、特点以及影响力，加强理论研究与实证研究，以推动科普图书事业的健康发展。

胡艳红等[23]研究指出，当前我国科普图书出版领域存在一系列亟待解决的问题，具体包括市场份额相对较小、科技工作者的参与程度偏低、专业人才储备不足以及创新融合能力有待提升等显著短板。为此，出版单位必须从选题策划、内容优化到生产制作、营销推广等各个环节精细打磨与持续改进。通过这样的举措，全面推进原创科普图书的高质量发展，出版单位不仅可以提升自身在科普图书出版领域的竞争力，还可以为推动国家科普事业的繁荣发展作出积极贡献。

王堃等[24]通过综合运用网络调研、文献研究以及实地考察等多种方法，对我国 90 家图书馆的科普阅读推广活动进行了全面而系统的调研。深入剖析了这些图书馆在服务宗旨、服务模式、服务类型以及服务主题等方面的实际情况，并据此总结归纳了当前我国图书馆在科普阅读推广方面的主要特点及存在的不足之处。基于调研结果，王堃等进一步提出了图书馆科普阅读推广的创新策略。首先，强调了注重读者体验、强化公众参与的重要性，认为这是提升科普阅读推广活动效果的关键所在。其次，主张通过融合多种服务形式，创新科普阅读推广的方式方法，以吸引更多读者参与其中。最后，提出了投身公益事业、助力文化扶贫的倡议，旨在通过图书馆的科普阅读推广活动，推动社会文化的进步与发展。

任海霞[25]研究指出，在全媒体时代背景下，医学科普图书在传递医学健康知识的专业性、真实性与科学性方面展现出了显著优势。然而，同时也存在一些问题，如内容同质化现象严重、创新性不足，以及难以有效实现社会效益与经济效益的和谐统一，这些因素均在一定程度上制约了医学科普图书的高质量发展。鉴于此，提出应全面深入地分析出版定位，精准把握市场需求与读者偏好；积极开拓科普思路，创新内容呈现形式与表达方式；多维开展创新建设，提升医学科普图书的品牌价值与市场竞争力；持续推动出版融合，借助现代科技手段拓展传播渠道与影响力；先期开展营销推广，提高医学科普图书的知名度与市场占有率。

经京等[26]以常州市图书馆举办的"小灯塔科普悦读会"为具体案例，对其活动亮点及运行模式进行了深入剖析。在详尽分析的基础上，提出了针对少年儿童科普阅读推广的创新思路，以期为未来公共图书馆在科普阅读推广活动的组织与开展方面提供有益的借鉴与参考。此举旨在深化科普知识的传播与普及，激发少年儿童的阅读热情，从而有效推动公共图书馆在科普教育领域的长期稳健发展。

肖代柏等[27]深入剖析了当前知识网红在科普图书营销领域的发展现状，对其在网红经济背景下所面临的问题进行了全面分析。进一步阐述了知识网红在科普知识传播和科普图书营销中所展现出的显著优势，并强调了知识网红对出版社在科普图书营销方面所具备的重要价值。出版社应充分利用知识网红在精准营销方面的优势，积极探索科普图书营销的创新路径。

王宁[28]针对科普出版的核心要素（包括选题策划、团队构建、选题执行、融合发展和营销推广等方面）进行了深入细致的研究分析，并据此提出了创新性的高质量科普图书发展策略。

林琳[29]运用案例分析法，深入探讨了深圳地区公共图书馆的十一个少儿科普阅读推广项目，并将其与科学素养培育的要求进行了详尽的对比分析。经过系统的研究，她发现这些项目呈现出以下几个显著特点：一是注重科学素养与阅读素养的协同并进，二者相辅相成，共同促进少儿的全面发展；二是紧密结合少儿的年龄特点和认知规律，重视实践创新，使科普阅读更加生动有趣；三是以公共图书馆为主要推动力量，积极联合各方资源，形成强大的合力效应；四是立足深圳本土特色资源，打造具有品牌影响力的科普阅读活动。基于上述研究发现，进一步提出了若干具有针对性的建议：首先，应进一步细分受众人群，根据不同年龄段和兴趣特点设计更具针对性的科学教育内容，以丰富科学教育的层次和内涵；其次，应积极与学校课程相融合，将科普阅读纳入非正式科学教育支持体系，形成教育合力；再次，应加强横向合作，实现馆际联动，共同推动科普阅读活动的深入开展；最后，应构建科普共同体，推动优质科普资源的共享与交流，为少儿的全面发展创造更加良好的环境。

叶青等[30]针对2013—2022年我国医学科普图书的出版状况进行了深入分析。通过细致的图书分类统计和提要内容文本分析，探究新时代医学科普图书的出版趋势及其显著特征。这一研究旨在揭示医学科普图书在新时代的发展脉络，为相关出版业和医学科普工作提供有价值的参考依据。

第三，科普短视频研究。

科普短视频研究在现今社交媒体和网络媒体时代愈发重要。这些新型的传播方式不仅为人们提供了便捷的信息获取途径，更在普及科学知识、提高公众科学素养方面发挥了举足轻重的作用。诸多学者已经针对此议题展开了全面且深入的探讨和研究。

石力月等[31]以汪品先院士在B站发布的科普短视频为分析对象，对其叙事主题、叙事主体、视听符号等叙事要素及结构与话语方面的叙事策略进行个案研究，分析其叙事特点及成功原因，从而尝试为科学家群体参与科普实践提供可资借鉴的经验。

席志武等[32]考察了我国51家科技类出版社开展短视频科普的运营现状，对其传播效果及内容特点进行分析，同时根据当前存在的传播力分化明显、商业性与知识性失衡、融媒转型与传播矩阵建设能力不足等问题，提出强化融媒创新思维，重塑科学权威新主体，整合优质科普资源，深化内容为王新内涵，创新科学传播形式，探索平台科普新模式等提升路径。

邹贞等[33]研究指出，科普短视频榜单作为一种广泛应用的作品筛选和评价机制，对创作者起到了积极的激励和导向作用。其中，"象舞指数"科普短视频榜单凸显了新时代科普短视频创作的三大显著特点：其一，多个平台共同支撑，确保科普短视频作品的持续稳定供给；其二，覆盖多个领域，满足公众对各类科普信息日益增长的需求；其三，采用多种方式，推动科普短视频作品质量不断提升。然而，科普短视频创作中也存在三大突出问题：首先，院士专家在科普示范引领方面的作用尚未充分发挥；其次，科学精神的弘扬尚显不足；最后，具有广泛社会影响力的现象级作品数量有限。为实现新时代科普短视频的高质量发展，需推动三个重要转向：第一，在认知层面，应从过去粗放式追求数量向注重高质量、精益求精的方向转变；第二，在创作层面，应从侧重知识普及向注重科学精神引领的方向转变；第三，在传播层面，应从低准入门槛向规范化、精品化、分众化的方向转变。

周华清等[34]运用内容分析法，对数据进行了多维度的深入分析。系统归纳了科普短视频在洗稿科技期刊研究成果时所展现的特征，并深入剖析了这种行为对研究成果传播以及科技期刊所产生的具体影响。研究得出结论：科普短视频的洗稿行为会对科技期刊的学术形象造成不良影响，同时研究成果的碎片化和不准确传播也会引发公众对科技期刊的负面认知。通过集结多家主办单位资源、深化对版权保护的认识、与知名科普短视频创作者建立战略合作关系、加大对平台监管的力度，以及构建清晰明确的二次创作授权机制等多维度措施，能够显著提高科普短视频的制作水准和影响力，进一步推动科技知识的广泛传播和深入普及。

刘记强[35]针对科普短视频创作选题中的普遍性问题进行了深入剖析，重点探讨了选题来源的多样性、防范低水平同质化选题的措施、构建科学严谨的审核把关机制，以及如何精心打造系列化科普内容、实现科普传播的生动有趣，并致力于培养公众的科学精神。在此基础上，提出了一系列提升科普短视频质量与效益的有效策略。

任乐毅等[36]依据精细加工可能性模型（ELM）和技术接受与使用整合模型（UTAUT）的理论框架，深入剖析了科普类短视频受众在信息采纳意愿方面的多种影响因素。通过修正并拓展既有模型，成功构建了一个科普类短视频受众信息采纳行为模型，并据此提出了旨在提升科普类短视频传播效果的策略与方法。研究结果显示，信息感知有用性、趣味性、易理解性、社交动机以及社会影响等因素，均对受众的信息采纳意愿产生了积极的正向影响。同时，信息采纳意愿以及促进因素也显著正向影响了受众的信息采纳行为，其中信息采纳意愿更是扮演着中介变量的关键角色。此项研究不仅丰富了科普类短视频传播效果的理论体系，为学术研究提供了新的思路和方法，更为实践工作提供了有力的支持和指导，有助于推动科普短视频行业的持续发展和创新。

徐啸[37]研究发现，科普短视频形式凭借其趣味性、碎片化和多元化的特点，不仅激发了受众对科普知识的浓厚兴趣，还满足了他们个性化的情感和价值需求。科普短视频的广泛应用，极大地提升了科普知识的传播效率和效果，为新时代科普事业的发展注入了新的活力和思路。科普短视频已逐渐崭露头角，成为科普传播的重要方式与渠道。科普短视频作为一种新兴的科普传播方式，正以其独特的魅力和优势，在科学普及领域发挥着越来越重要的作用。相信在不久的将来，它将成为科学普及领域的一支重要力量，为推动科技进步和社会发展作出积极贡献。

（2）科普量化分析研究

为了更好地推动科普事业的发展，相关学者纷纷聚焦于科普量化分析研究，致力于挖掘科普研究的内在规律，为科普实践提供有力的理论支撑。

刘欣等[38]以中国知网发布的《中国精品科普期刊文献库》中收录的223种杰出科普期刊为核心研究对象，针对其创刊时间、主办机构、出版地点、文献产出量、期刊所属领域以及所获得的期刊荣誉等多项关键信息，进行了系统而深入的计量研究。研究发现中国科普期刊的发展历经了萌芽阶段、起步阶段、蓬勃发展阶段以及平稳发展阶段等多个时期。总体来看，科普期刊的出版文献量相对丰富，出版地点和主办单位呈现出一定的集聚性特点。在期刊领域分布上，"医疗保健"类科普期刊数量占据显著优势，而"科技之光"类科普期刊的停刊比例相对较高。此外，值得注意的是，"青少年科普"类期刊和"社科视野"类科普期刊的数量相对偏少，反映出这两类期刊在科普领域的发展尚待加强。我国科普期刊在整体发展上呈现出多样化的态势，但各领域的分布和发展水平仍存在不均衡现象，需要进一步加强相关领域的研究和投入，以促进科普期刊的全面发展。

颜燕等[39]基于中国知网（CNKI）文献数据库收录的《科普研究》期刊2006年至2022年间的研究论文，运用科学计量学方法，深入剖析了该期刊的发文数量、文献下载及被引频次、作者及机构分布、基金论文情况、转载状况以及影响因子等关键指标。研究发现,《科普研究》期刊在发展过程中呈现出积极的态势,其学术影响力正稳步增强。然而,在选题覆盖范围和作者队伍构建等方面,仍存在进一步拓展和优化的空间。鉴于此,提出以下建议:在继续巩固和强化已有优势的基础上,应进一步拓宽选题范围,聚焦党和国家高度关注的重大议题,组织并推动深入而广泛的研究工作;同时,加强科普实践研究,提升研究成果的实用性和指导性。

姜春林等[40]从科学计量的角度出发,针对我国具有代表性的科普微信公众号进行了深入的量化研究。通过对这些公众号在推送频次、传播内容及传播效果等方面的详细分析,系统探讨了社交媒体时代科普信息在微信平台上的传播路径与特点。研究显示,微信公众号在科普信息推送方面展现出较高的活跃度,不同公众号在运营模式上呈现出各自独特的风格与特点。在科普内容方面,这些公众号呈现出更加多元化的趋势,不仅注重专业知识的普及,还广泛传播文化、新闻等相关领域的科普信息,为受众提供了更加全面丰富的科普资源。在科普效果方面,受众对科普信息的关注度与参与性逐步提高,整体呈现出积极向好的态势。然而,仍有待进一步提高科普信息的传播效果,以更好地满足公众对科学知识的需求。该量化研究为深入理解社交媒体时代科普信息在微信平台上的传播路径与特点提供了重要参考,对于优化科普信息传播策略、提升传播效果具有积极意义。

袁有树等[41]依据政策工具与5W传播理论的二维框架,对筛选出的43份中医药文化传播政策文件进行了深入的内容剖析。研究结果显示:在中医药文化传播政策的制定过程中,政策工具的使用整体呈现出多样化的特点,但其在结构分布上呈现出不均衡的现象。

臧天磊等[42]提出了一种基于层次分析法与TOPSIS的新能源科普水平评估方法,选取了科普人员、科普场地、科普经费、科普媒体、科普活动和科普影响6个一级评估指标,构筑了包含22个二级指标的科普水平评估指标体系,采用层次分析法确定各评估指标的权重,并采用TOPSIS法进行评估计算,依据相对接近度的大小给出评估结果。为验证该方法的有效性,采集了5家新能源科普基地的运行数据,给出了新能源科普水平的排序结果。

张增一等[43]对我国东部、中部及西部地区的15位省级科协科普部部长进行了深入的访谈交流,累计收集到标准化访谈文本达13万余字。随后,利用专业的质性分析软件Nvivo11Plus,对访谈文本进行了系统的开放式编码、主轴式编码和选择式编码处理。借助矩阵编码方法，在全面分析我国不同地区省级科协科普部部长对各项具体指标科学性、准确性和可获得性等方面意见和态度的基础上，成功构建了三套分别针对东部、中部和西部地区的科普工作评估核心指标体系。这三套核心指标体系不仅涵盖了科普人员、经费、基础设施等传统评估要素，更创新性地融入了科普创作与传媒、科普新态势等能够反映当代科普发展动态的前沿定量指标。同时，为增强评估的全面性和准确性，还特别引入了定性案例作为辅助手段，用以配合定量指标对省级（域）科普工作进行全面、细致的评估。

王武林等[43]经过精心挑选，从抖音平台中筛选出50个具有代表性的健康科普类短视频账号，并对其在研究期间内发布的共计3163条短视频进行了深入探究。采用了fsQCA和内容分析法作为主要研究方法，并以SECI模型作为理论支撑，对这些短视频的传播机制与内在逻辑进行了系统分析，从而得出了多种组态关系。研究发现，两组对照组均存在显著的关键要素。在特定的条件组态下，不同的健康科普类短视频展现出规律性的传播特征，其传播趋势呈现出上升、回落、再升温的"峰值追逐"现象。针对这一重大发现，深入探索并针对性地提出了优化路径，旨在进一步提升健康科普类短视频的传播效果与广泛影响力。此项研究成果不仅为短视频传播领域注入了新的理论内涵，同时也为健康科普信息的有效传递提供了宝贵的参考与借鉴。

闫伟娜[45]通过对2001—2022年间科普期刊相关研究文献的量化分析，系统梳理了我国科普期刊研究的进展状况、研究热点及未来发展趋势，旨在推动我国科普期刊的能力建设。研究以中国知网中主题为"科普期刊"的文献为基础，运用CiteSpace文献量化分析软件，构建了科普期刊研究的知识图谱，深入剖析了研究领域的内在逻辑与发展脉络。研究结果表明，我国科普期刊研究在多个方面呈现出显著特点。在成果数量方面，科普期刊研究持续增长，反映出该领域研究活跃度的提升；在期刊分布方面，研究文献广泛分布于各类学术期刊，体现了科普期刊研究的广泛性与多元性；在作者分布方面，形成了一批专注于科普期刊研究的学者群体，研究成果为领域发展提供了有力支撑；在发文机构方面，多家研究机构积极参与科普期刊研究，推动了研究领域的交流与合作；在高被引文献方面，部分经典文献对后续研究产生了深远影响，引领了研究方向的发展；在高频关键词方面，关键词的聚类分析揭示了科普期刊研究的核心议题与关注点；在关键词聚类方面，研究主题呈现出理论阐释与实践结合的趋势，媒介深度融合与创新成为研究的重要方向。综上所述，我国科普期刊研究已经取得了一定的成果，研究主题愈发强调媒介深度融合与创新，类型化科普期刊研究形成规模，研究方法呈现多学科交叉与多元化应用的态势。科普期刊研究应继续深化理论阐释与实践结合，加强跨学科交流与合作，推动科普期刊的创新发展。

毕崇武等[46]以《中国优秀科普期刊目录（2020 年）》中入选的期刊为研究对象，通过深入分析环境、技巧、内容、互动等四个维度，借助有序 Logit 回归模型，对其微信公众号传播效果的影响因素进行了系统研究。在此基础上，进一步采用 fsQCA 方法，深入剖析了这些期刊呈现良好传播效果的驱动机制。此研究旨在揭示科普期刊微信公众号传播效果的关键因素，为提升期刊传播效果提供理论支持和实践指导。研究认为为增强科普期刊微信公众号的传播效能，应当充分利用环境优势，致力于平台建设的持续优化；同时，树立科学的营销观念，不断完善信息发布策略；坚持知识引领的核心地位，不断创新内容输出形式；并注重维护用户关系，加强互动交流，以提升用户体验与参与度。

张绘[47]基于 DEA-Tobit 模型深入剖析，从所选取的省级样本数据中发现科普的投入产出效率仍有显著的提升潜力。具体而言，科普资金在使用过程中存在较为明显的浪费现象以及效率偏低的问题，且在时间序列的维度上，其效率表现呈现出波动较大的特点。此外，通过对我国 31 个省级地区的科普经费投入产出情况进行对比，发现各地区之间存在着显著的差异，整体效率呈现出由东部向西部逐渐递减的趋势。这一发现表明，在科普资源的分配和使用方面，不同地区间的差距仍待进一步缩小和优化。在进一步的分析中，引入了人均 GDP、政府规模、人口密度和居民受教育水平等关键变量进行考量。结果表明，人均 GDP 和政府规模与科普经费投入占财政支出的比重呈现出负相关关系，这意味着在经济发展水平较高或政府规模较大的地区，科普经费的投入占比可能相对较低。而人口密度和居民教育水平这两个因素在相关性检验中未能通过，说明它们对科普经费投入产出的影响尚不明显或需要进一步研究。科普的投入产出效率提升是当前亟待解决的问题，需要在政策制定和资金分配等方面采取更加精准有效的措施。

（3）国外科普经验借鉴研究

为了更有效地开展科普工作，有关学者开展了对国外科普经验的借鉴研究，积极借鉴国外科普经验，为我国开展科学普及提供了宝贵的启示，本书研究将对有关学者对国外科普经验的借鉴研究进行梳理。

周慎等[48]对美国科学促进会的"科学传播+"战略进行了深入剖析，并从决策咨询、理论创新、知识服务、公共外交、舆论引导以及人才储备六个关键智库功能维度展开了全面分析。研究结果表明，美国科学促进会主要通过以下方式实现其战略价值：一是积极构建多元化的政策对话平台，以促进政策制定者、科学家以及公众之间的沟通与协作；二是不断创新公众参与科学的理论体系，推动科学普及和公众科学素养的提升；三是面向科学共同体及公众提供丰富的科普资源，促进科学知识的传播与共享；四是畅通科技工作者的国际交流渠道，加强国际的科技合作与交流；五是培育多样化和包容的科学文化，营造开放、包容的科学氛围；六是重视培养科学家的公共领导力，提升科学家在公共事务中的影响力和话语权。

杨超[49]经过深入研究后发现，为了进一步强化社区的韧性，美国高校实验室正积极投身于社会应急科普教育的推进工作，从而营造了卓越的科普文化氛围。此项工作的顺利推进主要得益于两大政策动力：一方面，实验室的影响力被视为组织绩效评价的核心指标；另一方面，完善的安全法规政策体系也为实验室的科普教育提供了坚实的支持。此外，美国高校历来重视社区的参与以及博物馆联盟等非营利组织的推动作用，这两大系统推力共同促进了科普教育的深入发展。在这样的背景下，美国高校实验室精心设计了多样化的科普教育活动，构建了一个多元融合的科普生态系统，为广大民众带来了充满人文精神的科普体验。从实验室志愿者到目标人群的知识传递过程中，美国的安全应急科学知识传播逐渐向着趣味化和艺术人文两个方向拓展，形成了包括体验式参观、社区研讨会、公共演讲等在内的直接路径，以及多种媒介形式的间接路径。这些举措不仅增强了民众对安全应急知识的了解和掌握，也有效提升了社区的韧性和应对突发事件的能力。

刘杨等[50]以国外55项科普奖励和国内30项科普奖励作为研究样本，进行了详尽的定量分析。重点围绕设奖时间、评奖周期、奖励对象、奖励形式、设奖主体及奖励领域等核心要素，进行了全面系统的比较与分析。研究发现，尽管近年来我国科普奖励取得了显著进步，但与国外先进水平相比，仍存在一些明显的问题。首先，我国科普奖励的发展阶段相对滞后，尚需进一步完善和优化。其次，当前科普奖励对科普人员的激励作用有限，难以充分激发其积极性和创造性。最后，我国缺乏具有广泛影响力的科普奖励品牌，这在一定程度上制约了科普奖励的推广和发展。针对上述问题，文章最后提出了针对性的建议。一方面，应提高对科普奖励工作的重视程度，加大投入力度，推动科普奖励制度的健全和完善。另一方面，应探索更加有效的奖励机制，提高科普奖励对科普人员的吸引力，激发其参与科普工作的热情和动力。同时，还应加强科普奖励品牌的培育和推广，提升我国科普奖励的知名度和影响力。

王艳丽等[51]对面向美国公众进行的问卷调查结果进行深入分析，发现当前国际社会对于我国科学形象的整体认知要优于对我国国家形象的认知。鉴于此，利用国际科普活动来推动我国科学形象的建设，进而提升我国的国家形象，不仅是必要的，也是具备现实可行性的。然而，目前无论是官方层面还是民间层面，我国都尚未充分意识到国际科普工作在塑造国家形象中的关键作用。这导致了缺乏相应的顶层制度设计和安排，相关工作氛围尚未形成，外宣媒体的作用也未得到充分发挥，国际科普人才相对匮乏。针对这些问题，未来我国应充分利用新型举国体制的优势，开展顶层制度设计，加强我国外宣媒体的报道技巧，同时加强国际科普人才的培训与培养。通过这些措施，统筹各方力量，加强国际科普的效果，以国际科普活动为纽带，推动我国国家形象的建设与提升。

侯蓉英[52]研究发现，在发达国家，科学的传播与普及已形成了相对成熟的模式形态。这些国家将"科学传播与普及"的理念作为责任意识，广泛融入不同行业的企业运营之中。尤为显著的是，众多知名企业积极带头践行，通过其示范效应，有力推动了整个产业的蓬勃发展。在此基础上，逐渐形成了以科普环保、科普休闲、科普旅游、科普创客等为主题的多元化产业模式。值得注意的是，发达国家并未将"科学传播与科普产业"作为独立的体系与其他行业和产业刻意割裂。相反，其巧妙地借助品牌企业的力量，将科学传播和科普活动自然地融入各个行业之中，促进了产业间的深度融合。这种企业示范、行业渗透、产业融合的科学传播与科普产业生态机制和氛围，不仅激发了全民参与科学传播的热情，也有效提升了公民的科学素养，进一步培育了社会公民的科技创造力。

齐昆鹏等[53]调查了国外一些主要科学资助机构在推动科研人员参与科学

传播方面的举措。在此基础上，进一步讨论了科学资助机构的定位问题，并结合我国的实际情况，尝试提出了相关政策建议。摘要科研人员对科学有着较其他群体而言更为深入的理解，是科学传播工作中不可替代的重要主体。科学资助机构作为科学体制的重要组成部分，陆续开始关注并致力于推动科研人员参与科学传播，从而加强科学与社会的良性互动。文章调查了国外一些主要科学资助机构在推动科研人员参与科学传播方面的举措。在此基础上，进一步讨论了科学资助机构的定位问题，并结合我国的实际情况，尝试提出了相关政策建议。

李淑敏[54]研究指出，鉴于科学家在科学传播中的关键作用及其当前存在的能力短板，各国纷纷探寻应对策略。其中，对科学家进行科学传播能力的培训已成为一种广泛的举措。ESConet 培训项目涵盖了多达 12 个方面的丰富内容，且其理念先进，特别注重引导科学家对科学与社会的广泛议题进行深入反思，从而培养他们更加积极地参与科学传播的能力。此培训模式对于提升我国科学家科学传播能力的实践具有广泛的参考价值，值得深入学习和借鉴。

经过对日本和美国关于公民防震减灾科学素质建设文献资料的深入研究，陆文静等[55]对两国公民防震减灾科学素质建设的历史背景、发展特点及主要路径进行了系统的分类归纳。基于这一研究，针对我国公民防震减灾科学素质建设提出了若干具有思考性和建设性的建议。

张伟捷等[56]对中国科普产业当前的发展状况进行了深入分析，并在深入研究和借鉴美国、英国、澳大利亚以及日本等发达国家在科普相关文化产业所实行的税收优惠政策后，针对科普产业税收政策的制定，提出了以下三点建议：首先，必须重视税收政策的差异化设计，以适应不同科普产业领域的发展需求；其次，在生产环节，应积极鼓励资本投入和技术创新，以促进科普产业的持续健康发展；最后，在消费环节，应着力激发国内消费潜力，并鼓励科普产品的对外出口，以扩大科普产业的市场规模和影响力。

赵玉龙等[57]深入借鉴发达国家在科学传播政策制定与实施方面的先进经验，此举对于完善我国科学传播政策体系具有积极的促进作用。为达成此目标，以美国、英国、日本、韩国、澳大利亚、加拿大等发达国家为研究对象，综合运用文献调研法和网络调研法，系统收集并整理了相关资料。通过对这些国家在科学传播政策制定理念、制定过程、倡导内容、实施机制以及效果评价等方面的深入研究与分析，获得了宝贵的经验和启示。基于以上研究，赵玉龙等进一步提出，我国在制定与实施科普政策时，应紧密结合本国的阶段性目标要求，实现由"公众理解科学"向"公众参与科学"的转变。同时，应积极探索并创新科普内容和形式，不断提升科普活动的吸引力和影响力。此外，还应加强科普能力的系统化建设，提高科普工作的专业化和规范化水平。最后，还应建立健全科普政策的执行监督机制，并对政策效果进行定期评估，以确保科普政策的有效实施和持续优化。该研究为我国科学传播政策体系的完善提供了有益的参考和借鉴，对于推动我国科普事业的健康发展具有一定的指导意义。

王梅奚[58]对美国农村科普体系的组成、实际效果及运作机制进行了深入剖析，并归纳提炼了其基本的操作方法和成功经验。基于对美国农村科普体系的全面理解，进一步审视了中国当前农村科普工作所面临的问题和挑战。最终，提出了若干旨在提升中国农村科普工作实效性的具体对策，以期为中国农村科普事业的发展提供有益的参考和借鉴。

（4）科普问题与对策研究

随着科技的飞速发展和信息传播的多元化，科普工作也面临着诸多挑战和问题。针对这些问题，学者们纷纷展开研究，探讨科普问题的根源和对策。

李叶等[59]经过对我国科普图书主要评奖机制的细致梳理，发现存在以下问题：一是参评作品数量有限，二是获奖作品比例偏高，三是不同奖项间获奖作品重复率较低，四是评选标准尚不够细化，五是缺乏充分的宣传措施。针对上述问题，李叶等在深入研究并借鉴国外知名科普图书奖项成熟经验的基础上，提出了一系列具有针对性的改进建议。

王明等[60]经过深入研究发现，目前应急科普法律规制的整体框架尚显不足，现行相关法规散见于应急管理单行法与部门规章之中，缺乏系统性的整合与协调，因此难以形成制度合力。这一现状导致政府在应急科普方面的权责划分及运作机制不够明确，对社会化科普行为的监管力度亦显薄弱，进而引发了公众在参与应急科普活动时的无序状态以及信息辨识上的困扰。鉴于此，有必要紧密结合实践，积极探索并制定专门的"应急科普条例"。通过该条例的出台，明确政府在应急科普工作中的领导组织体系与工作流程，以确保应急科普活动的有序开展。同时，还需对社会组织及公众个体在应急科普方面的行为进行科学合理的分类，并制定相应的规范与引导措施，以促进应急科普工作的健康发展与社会效益的最大化。

张成伟[61]研究指出，由于移动互联网的强烈冲击与深刻影响，各类科普场馆在不同程度上均陷入了发展困境。经分析，主要原因如下：未能充分重视并尊重公众的主体性地位，资源配置的自主性有待提升，对于传统媒体的技术依赖依旧存在，现有科普产品的互动性、参与性以及个性化特征明显不足，多渠道的投入体系尚未健全，同时科普传媒与营销领域的专业人才相对匮乏。为推进"互联网+科普场馆"的高质量发展，提出以下建议：牢固树立以公众需求为导向的科普理念，全面发挥科普场馆的主体作用，积极推动科普传媒技术的创新升级，建立多方共同参与的产品开发与创作机制，充分运用 SOLOMO 模式优化整合服务流程，并加大对高端科普专门人才的培养力度，以全面提升科普场馆的服务水平和综合竞争力。

李天龙等[62]以科学传播的概念为基础，通过深入剖析先前的文献，系统地探讨了科学传播系统的构成要素以及当前面临的主要挑战。在此基础上，提出了一系列具体的应对策略。鉴于当前科学传播受到传播制度及其内部要素的限制，建议加强顶层设计，优化传播者与受众之间的互动关系，并精选合适的传播渠道。这些建议旨在为未来的科学传播工作提供有力的决策支持。

王荷兰[63]以推动消防科普教育目标的实现为出发点，深入剖析了当前消防科普标准化工作的实际状况及存在的各类问题，并基于这些问题，有针对性地提出了关于消防科普标准化的改进策略与建议。

赵东平等[64]深入分析了当前中国科普人才建设的状况，指出科普人才队伍在总量和结构方面仍存在显著不足，难以满足现实发展的迫切需求。同时，科普人才管理的体制机制亦已显露出不适应当前形势的弊端。鉴于建设创新型国家的现实需求，必须正视科普人才建设所面临的问题，从加强组织建设基础出发，积极推进科普人才教育的快速发展，以抢占世界高端科普发展的战略制高点。此外，还应致力于创新区域人才发展的体制机制建设，构建协同创新的人才共同体，从而有效提升全民科学文化素质，为推动创新型国家建设提供坚实的人才保障。

龙艳[65]深刻剖析了信息化在推动社会科学普及创新发展中的重要作用，并指出了在信息化建设中社会科学普及在工作体制机制、数字转化利用、资源整合能力以及人才队伍建设等方面存在的诸多不足。提出了一系列对策建议，包括完善体制机制、制定科学的战略规划、构建信息化服务平台、建立合作共赢机制以及加强人才培育机制等，旨在推动社会科学普及的创新发展，更好地满足社会发展和公众需求。

（5）不同理论视角下的科普研究

齐培潇[66]阐述了我国科普理论研究，探讨了现代科普理论研究的基本问题，并提出了基本构想。

田兵伟等[67]对基于具身认知理论与虚拟现实（VR）技术的滑坡灾害应急科普教育模式进行了深入的分析，并探讨了其实际应用前景。实践应用表明，基于具身认知理论与 VR 技术的滑坡灾害科普教育模式在安全应急和防灾减灾领域具有显著的优势和广阔的应用前景。这一创新性的教育模式不仅有助于提升公众对滑坡灾害的认知水平，还有望在灾害防治工作中发挥重要作用。

于风等[68]深入阐释了传播游戏理论的价值内涵，并在此基础上，对传播游戏理论与科普期刊知识服务之间的契合点进行了细致分析。尝试性地提出了在游戏范式下，构建科普期刊知识服务模式的具体路径，以期为科普期刊的知识服务提供更加科学、有效的指导。

金心怡等[69]在关联理论的框架下，运用内容分析法和主题分析法，从科普文章的形式与内容两个维度，对微信公众号中阅读量位于前 5%与后 5%的文章标题进行了深入的比较与分析，进而总结了科普"热文"标题的显著特征。研究结果显示，相较于科普"冷文"，科普"热文"的标题往往更倾向于被置于头条位置，展现出多样化的表现形式以及更为强烈的感情色彩。其标题所明示的行为方式更能有效吸引受众的注意力。这些特征显著提升了标题的语境效果，降低了读者的认知成本，进而成为推动阅读量增长的关键因素。该研究为理解科普"热文"标题的构成与传播机制提供了有益的参考。

刘俊冉[70]基于4I 理论，对科普期刊网络直播营销策略进行了深入的探索。主要采用了文献研究和案例分析的方法，构建了一个以内容为核心、利益双赢为目标、参与互动为手段、优化体验为宗旨的科普期刊网络直播营销模型。通过这一模型，对科普期刊网络直播营销的发展现状进行了审视，并揭示了其中存在的问题。科普期刊网络直播营销面临的主要问题包括营销内容缺乏多样性、营销互动程度不足、营销模式较为单一以及营销个性化服务水平有待提高等。针对这些问题，刘俊冉基于4I 理论提出了相应的科普期刊网络直播营销策略。

郑永和等[70]基于新时代科学普及建设的战略背景，深入剖析了"两翼理论"框架下科学普及在个体成长与国家治理、人才培育与国家发展、科研成果转化与国家创新生态体系中的战略定位。同时，针对国家科普事业发展中存在的显著短板进行了全面梳理，并强调要超越单纯关注科普工作、科普资源、科普产业等局部问题的视角，精准把握新时代科普工作的关键切入点和核心着力点。为此，提出应从科普工作、组织、管理等体系层面出发，提供系统性的解决方案，从而有效推动国家创新发展，为构建世界科技强国贡献力量。

程艳霞等[72]通过在全国范围内深入开展访谈调研，并结合网络爬虫技术获取的资料，采用扎根理论的方法，从宏观、中观和微观三个层面系统地归纳了 11 个影响县域科普工作效果的关键因素。研究结果显示，外部环境和体制机制是阻碍县域科普工作取得显著成效的根本性要素。在这些要素中，政策环境及人口环境被揭示为最深层次的影响因素，它们对科普工作的整体推进具有根本性的制约作用。基于上述研究成果，提出了一系列旨在提升县域科普工作成效的对策建议。

吴琦来等[73]运用创新扩散理论的"早期采纳者"理论，深入剖析了科普作家的社会特质与气质特点。通过系统分析我国科普作家群体的调研数据发现，在科普作家的社会特征方面，学历水平、科学知识储备、文化素养等方面均展现出积极的、正面的特征；然而，在科技信息获取渠道与能力、传播渠道与技能以及社会经济地位等方面，则呈现出一定的负面特征。此外，该研究还就这些薄弱环节的形成原因及可能的改进策略进行了深入探讨，以期为我国科普作家群体的进一步发展提供有益的参考与启示。

1.3.1.3 科普政策相关研究

（1）关于科普政策演变的研究

朱效民在《30 年来的中国科普政策与科普研究》一文中描述了改革开放 30 年我国科普政策的演变历程[74]。该文所描述的改革开放 30 年我国科普政策的演变历程，不仅展示了我国科普事业的辉煌成就，也为未来的科普工作提供了宝贵的经验和启示。佟贺丰在《建国以来我国科普政策分析》中梳理了新中国成立以来我国出台的重要科普政策法规[6]。冯雅蕾、张礼建通过梳理自新中国成立以来四川省、重庆市（直辖后）在国家宏观科普政策下所开展和推动的地方性科普活动，深刻分析了地方性科普政策的演变规律，为国家未来制定更具有科学性和针对性的科普政策提供可操作性的建议[7]。王普综合运用演绎与归纳的逻辑思维方法，通过解读科普及科普政策等概念，厘清和界定其相互关系。在此理论指导下，以新中国成立后四川省、重庆市科普政策发展为例，详细梳理两地科普政策的演变历程[75]。刘立、常静对科普政策的历史成果进行考察，提出改革开放以来我国科普政策的三个里程碑。第一个里程碑，1994 年《关于加强科学技术普及工作的若干意见》；第二个里程碑，2002 年《中华人民共和国科学技术普及法》；第三个里程碑，2006 年《全民科学素质行动计划纲要》，这些顶层政策的颁布和实施，对我国科普事业的发展产生了重要而积极的影响[76]。孙萍等[77]以 1993 年至 2012 年我国国家层面的科普政策作为样本，对政策文本进行定量化研究，研究发现，我国科普政策已完成"从服务经济建设到努力提高公民科学素质、服务国家科普能力建设"的目标转变，政策制定主体由"单兵作战"向"多元协作"的转变。科普政策力度及数量呈现出"突变式"的发展趋势。王丽慧等[78]以新中国成立以来颁布的科普政策为研究对象，根据政策目标、内容和主体等要素进行阶段性划分，总结我国科普政策体系发展的特征。研究发现，科普政策目标各有侧重，聚焦不同的对象、内容和领域，推动了国家科普事业的发展。在科普政策的推动和影响下，科普工作也表现出鲜明的历史特征，从以宣传知识为主的普及工作转向了以素质提升为目标的综合性工作。刘兰剑等[79]基于倡导联盟框架对 1949 年以来我国的科普政策变迁进行研究。结果发现，在科普政策漫长的变迁过程中，基于不同的信念体系形成了政府主导联盟和民间力量联盟两大联盟，其中政府主导联盟占据优势地位。两个联盟不断发生政策取向的学习以缓和彼此关于科普事业建设和科普产业发展的对立与分歧，并调整各自的信念体系，再结合外部因素的影响，推动我国科普政策向有利于科普产业发展方向发生变迁。

科普政策演变研究是科普研究领域的重要方向之一。通过对科普政策历史演变的深入分析，可以更好地理解科普政策的内涵和外延，把握科普政策的发展方向和重点，为制定更加科学、合理、有效的科普政策提供理论支持和决策参考。同时，这些研究也有助于推动科普事业的健康发展，提高全民科学素质水平，促进科技创新和社会进步。

（2）关于科普法的研究

张义忠等[80]根据我国科普法治建设总体设计，回顾了《科普法》颁布实施前我国中央相关部门以及地方科普法制的建设，分析了《科普法》颁布实施对中央相关部门和地方科普法治建设的影响和促进作用，并认为我国科普法治建设的权利和义务设置将更加明确、责任体系将更加完善、制度安排将更加细化，在科普发展的关键领域和新兴领域推动科普法制创新。武夷山等[81]探讨了《科普法》的特点、实施的意义、对科普工作的影响，并对现阶段科普事业发展的障碍、政策缺陷进行了分析，还提出了若干宏观与微观的政策措施建议，即大众传媒要发挥积极作用、让科普舆论战胜伪科普舆论等。张秀华等[82]基于跨学科的理论视角，采用定量研究与定性研究相结合的方法，对《科普法》执行情况的现状展开调研，通过文本分析、问卷调查和专家访谈等形式，系统梳理了《科普法》实施成效及存在的主要问题，在此基础上提出《科普法》修订的理念和原则性建议，以期为新时代科普高质量发展提供理论依据和实证支撑。张思光[83]立足于完善法制体系、实现法治目标，系统回顾了我国科学普及法律、制度建设的发展脉络、现状与成效，进而结合当前的发展形势指出了我国科普法治建设面临的挑战与问题，在总结世界各国科普领域法治建设经验的基础上，提出了对当前我国科学普及法治建设的思考与展望。王挺[84]从中国特色科技发展道路、科技伦理治理、学风作风建设、企业创新主体地位、科学技术普及高质量发展等角度，阐释《科学技术进步法》的核心要义和深刻内涵，为科技创新主体、科技工作者、科技创新研究人员、决策部门乃至全社会理解认识和贯彻落实《科学技术进步法》提供参考。陈登航等[85]基于政策研究法与文本分析法，系统梳理了我国科学普及立法的现状与历时性走向。发现我国科普立法一般由地方先行，国家跟进立法后引领全国，同时社会科学普及立法呈现出法律体系渐趋完善、软性延续以及一定程度上无"法"可依的多元倾向。因此提出在《科普法》修订中，应当将社会科学普及正式入法，明确社会科学普及工作的多元主体，并针对不同主体的社会责任与法律责任进行差异化划分，为社会科学普及工作提供刚性支撑并引导地方社会科学普及工作推进。综上所述，我国在科普法治建设研究方面取得了一些进展，在未来仍需要进一步加强科普法治建设研究，拓展相关理论深度，提高科普工作的质量和效果，为推动我国科技进步和社会发展作出更大的贡献。

（3）关于科普政策问题及对策的研究

裴世兰等[11]在我国科普事业蓬勃发展的背景下，针对科普和科普政策法规运行中存在的问题进行了深入的分析和研究。他们借助调查问卷和数据研究分析，揭示了我国在科普政策制定、实施以及效果评估等方面存在的诸多不足，并提出了一系列有针对性的对策和建议。这些对策和建议旨在为我国科普事业的健康发展提供有力保障，推动科普工作更好地服务于社会发展和人民群众的需求。王普[25]则从地方科普政策的角度出发，对四川省、重庆市两地科普政策的演变历程进行了详细的梳理。他分析了地方性科普政策在科普目标、科普主体与客体、科普方式等方面的特点和规律，并总结归纳了地方性科普政策存在的问题及其成因。在此基础上，王普提出了针对性的对策建议，旨在推动地方科普政策更好地适应地区特点和人民群众的需求，提升科普工作的实效性。王福涛等[86]则关注了中国科普政策的双重功能。他们认为，中国科普政策不仅具有"意识形态建设的工具"的功能，还承担着"为经济建设服务"的重任。然而，当前科普政策的"意识形态建设"功能在一定程度上有所弱化，这不利于形成公共政策共识。为此，他们提出了优化科普传播模式、借助科普建立政府与公众在公共决策过程中的有效沟通机制的政策建议。这些建议旨在加强科普政策在意识形态建设方面的作用，提升公众对科普政策的认知度和认同感。王冬敏[87]则从区域科普政策的视角出发，对民族地区科普政策的目标、内容和政策制定实施中需要注意的问题进行了探讨。她强调了民族地区科普政策的特殊性和重要性，提出了一系列具体的政策建议，旨在推动民族地区科普政策的创新发展，提升科普工作在促进民族团结和社会进步方面的作用。袁汝兵等[88]对我国的科研与科普结合政策进行了深入且系统的梳理，旨在探讨这一领域的发展现状及存在的问题。在梳理过程中，他们不仅关注政策文本的内容，还结合实际执行情况，对政策实施的效果进行了全面评估，期望通过以上措施的实施，使我国的科研与科普结合政策得到进一步完善和优化，为推动科技创新和科学普及的深度融合发挥更加积极的作用。综上所述，这些学者在科普和科普政策法规运行方面的研究成果，为深入理解我国科普事业的发展现状和问题提供了有益的参考。他们的对策建议不仅具有理论价值，还具有很强的实践指导意义，有助于推动我国科普事业的健康、持续发展。

（4）关于国外科普政策借鉴与比较的研究

余维运[10]在其研究中，对韩国近年来出台的一系列重大科普政策进行了详尽的梳理和分析。他首先追溯了这些政策的历史脉络，详细描述了它们在各个阶段的演进和变革。然后进一步探讨了韩国科普政策的发展趋势，特别是在数字化、全球化背景下的创新点和挑战。在深入研究的过程中，发现了若干值得我国科普政策法规建设及科普工作未来发展的借鉴之处，并进行了深入的剖析和解读。柏长春[89]则从比较分析的视角出发，将中国《科普法》与国外科普政策法规进行了深入的对比研究。通过对比分析，揭示了中国科普政策法规的独特之处以及与国际先进水平的差距。在此基础上，柏长春结合我国公民科学素质状况，针对性地提出了十个方面的对策建议。这些建议旨在推动社会全面、协调、可持续发展，为我国科普工作的发展提供了有益的参考。何苗[90]则选取了美国、英国、德国、日本、印度、丹麦等六国作为研究对象，对它们的科普政策进行了比较研究。她从科普政策目标、科技政策支撑科普地位、青少年科普教育以及科普政策的配套措施等方面入手，深入剖析了这些国家科普政策的共性和差异。通过对比研究，不仅展示了不同国家科普政策的特色和亮点，也为我国科普政策的建设提供了有益的启示和借鉴。佟贺丰[6]则在与国外科普政策的对比中得出了许多宝贵的启示。他发现，国外相关的科普政策主要涵盖了以下几个方面：在科技基本法中明确科普的地位和作用，为科普工作提供法律保障；在国家科技发展规划中设定科普发展战略，确保科普工作与科技发展同步推进；在国家科技政策中把科普作为重要内容，通过政策支持推动科普工作的深入开展；把科普工作作为相关部门的法定职能，确保各部门在科普工作中发挥积极作用。这些启示为我国科普政策的建设提供了重要的参考和借鉴。诸葛蔚东等[97]则通过深入分析日本科普政策、科普奖励制度的形成和发展过程，揭示了日本科普奖励制度的历史分期、实施规范以及授奖事例等方面的特点，进一步探究了日本科普奖励制度、科普政策和科普实践之间的内在关联，以及科普政策和奖励制度形成的社会背景。研究表明，日本的科普奖励制度对科普实践起到了积极的推动作用，促进了科学与社会之间的良性互动。日本科普政策和实践从科普到公众理解科学及科学传播的转向过程，为我国科普工作的发展提供了有益的借鉴和启示。综上所述，通过对国内外科普政策的研究和比较分析，可以发现不同国家在科普政策制定和实施方面的共性和差异。这些研究不仅提供了宝贵的经验和启示，也为我国科普政策法规的建设及科普工作未来的发展提供了重要的参考和借鉴。在未来的科普工作中，应充分借鉴这些经验，结合我国实际情况，制定更加科学、合理的科普政策，推动科普工作的深入发展。

1.3.2 国外相关研究

1.3.2.1 科学传播及公众理解研究

（1）公众理解与科学传播

公众理解指的是在公众中培养科学素养、智慧和决策能力。它们赋予公众采取公正观点的能力，这对确保公众舆论和政治意愿的民主形成至关重要。

第一，公众对科学理解的挑战与建议的研究。在知识社会中，科学对日常生活至关重要，对许多日常决策有重大影响。随着科学问题的数量和复杂性的增加，公众在理解这些问题时面临的挑战也在增加。如 Bromme 等[92]指出公众对科学理解的两大研究方向：学习方向旨在通过更好的指导来提高理解，而传播方向则侧重于对科学的态度和对科学家的信任。理解科学的挑战包括确定信息的相关性，科学真理的试探性，区分科学和非科学问题，以及确定什么是真什么是假。Sinatra 等[93]提出应该关注公众理解的三个挑战：关于知识和认知过程的推理挑战，在推理中克服偏见的挑战，以及克服误解的挑战，并建议在认知、动机推理和概念转变方面的研究可以帮助识别、理解和解决公众理解科学的这些障碍。

第二，公众对科学传播以及大众媒体认知的变化的研究。人们普遍认为，科学不再仅仅由大众媒体传播和翻译给被动的受众，而是"媒介化"了，如 Schafer[94]提出，来自不同认知文化的科学问题可以在不同程度上被"媒介化"，并分析了大众媒体对干细胞研究、人类基因组研究和中微子研究的报道，以强调这一主张。Brossard[95]认为，大众传媒可以在科学争议中发挥关键作用。研究表明，大众传媒在科学传播中的作用不能被孤立地研究，科学期刊与大众传媒在科学争议建构中起着互动作用。

第三，公众理解和科学传播的实证研究。Bucchi 等[96]对意大利具有代表性的人口样本进行了三次公众认知调查，测试了视觉科学素养的实证指标。结果显示，受访者在识别与科学相关的影像方面的表现普遍优于回答文本问题。影像可以为公众更多地参与科学成果提供相关的机会。Zhu 等[97]利用科学引文索引扩展和社会科学引文索引，对 2004—2018 年发表的学术论文使用 Web of Science（WoS）和 Scopus 进行了比较、动态和实证研究。虽然相关论文的主要生产国是发达经济体，但一些发展中经济体，如中国、巴西和伊朗，在这两个数据库的使用中也发挥了重要作用，只是使用模式不同。这两个数据库在 meta 分析相关研究中被广泛使用，特别是在中国。健康和医学相关领域以及传统的情报学和图书馆学领域在引文数据库的使用方面表现突出。

（2）健康传播

随着互联网的普及、远程医疗的进步和媒体健康报道的变化，患者消费健康信息的背景发生了巨大的变化。此方面的研究主要聚焦在三个方面：一是互联网+健康传播。如 Cline 等[98]认为，越来越多的消费者通过互联网寻求健康信息。互联网提供了广泛的健康信息，并且具有交互性、信息定制性和匿名性的优势，但有限的研究表明越来越多的批评者质疑健康信息的质量。信息评估技能贫乏增加了消费者的脆弱性，并加强了对评价卫生信息的质量标准和广泛标准的需要。未来的研究需要将互联网作为更大的卫生传播系统的一部分，并利用现有的传播概念。研究不仅应该关注"网络差距"和信息质量，也应该解决在互联网使用中固有的传播和交易质量问题。二是社交媒体在健康传播中的作用。如 Moorhead 等[99]采用系统的方法回顾当前已发表的相关文献，确定社交媒体作为公众、患者和卫生专业人员之间传播健康信息的工具的优势和局限性，为未来的健康传播研究提供建议。社交媒体为卫生保健带来了一个新的维度，因为它为公众、患者和健康专业人员提供了一个媒介来传播健康问题，并有可能改善健康结果。三是数字化健康传播。大数据和计算社会科学（CSS）技术的出现，标志着当代健康传播研究的出现。这些方法相对新颖，应该重视它们在促进健康传播研究方面的地位和潜力。如 Rains[100]介绍了大数据和 CSS 技术是如何被用于研究健康传播及其对理论发展的效用。总结了研究的主要趋势，包括使用大数据和 CSS 检查公众对健康状况或事件的感知，调查健康现象的网络相关维度，以及疾病监测。评价了大数据和 CSS 对健康传播理论的启示。讨论了大数据和 CSS 提供的机会，以帮助扩展现有的理论和构建新的传播理论。尽管使用社交媒体进行健康传播有许多优势，但需要注意的是，传播的信息需要监控，以确保其质量和可靠性，并需要保护用户的机密性和隐私。另外，需要使用一系列方法进行全面的评估和审查，以确定社交媒体是否在短期和长期内改善了健康传播实践。

（3）风险传播

现代社会面临着从疾病到自然灾害和技术破坏等各种各样的风险，如环境、贫困、气候、健康和技术等危机风险正在加剧，对科学传播也产生重大影响，有的学者反思了与疾病大流行有关的三个风险传播主题：信任、权衡和防范[101]。有的学者以社交媒体网络传播的早期传染病主题论文作为研究对象，对变量的基本统计分布进行描述性统计分析，运用因子分析和可视化方法，探索科技论文在社交媒体平台上传播的规律和特点。研究结果发现，社交媒体传播的过程体现了知识建构、社会互动和学术传播三种方式，呈现出三种传播方式的交叉、过渡和融合的规律以及变化趋势[102]。该研究从学术传播的独特视角，观察特殊时期科学传播在社交媒体中的作用。有的作者引入了一个定期更新的全美国多尺度动态人口流动数据集，通过分析 SafeGraph 提供的数百万匿名手机用户访问不同地方的情况，从区、县和州三个地理尺度计算、汇总和推断出了每天和每周从出发地到目的地的动态人口流动[103]。了解不同地理尺度下的人的动态流动变化和空间相互作用模式，对于评估传染病流行期间非药物干预措施的影响至关重要。这种高时空分辨率的不同地理尺度的人口流动数据集有助于监测疫情传播动态，为公共卫生政策提供信息，并加深对前所未有的公共卫生危机下人类行为变化的理解。这种最新的流量开放数据可以支持许多其他的社会认知和传播应用。

（4）科学教育

主要是从关于科学教育中的一些传播技巧以及科学传播与科学教育的联系角度进行研究。虽然科学教育和科学传播领域有许多共同的目标，但科学教育的研究和实践基本上是正式的教学和学习，科学传播享有更大的灵活性，可以专注于任何相关的话题，不受课程或学科内容的限制。如有的学者提出，科学教育和科学传播领域被认为已经发展成为不同的研究和实践领域，其运作基于对其受众的不同逻辑和前提[104]。有的学者探讨了科普写作对学生学科知识理解和科学素养培养的积极作用，得出的结论是，科普写作是一种有用的反思工具，它对学生改变观点、理解学科和发展科学素养相似有重要价值[105]。有的学者为了更好地理解公众如何看待科学传播中的信息，开发了一种科学教育传播量表（SEC）——一种测量感知、享受、兴趣、意见形成和理解（AEIOU）的工具。采用探索性因子分析对 121 名参与者的回答进行分析，结果表明，SEC-AEIOU 可以作为科学传播与科学教育的桥梁，为科学研究与实践提供一个框架，科学传播者、教育工作者、从事科学传播和教育活动的机构都可以从这样的指标中受益。此量表旨在协助建立一个健全的框架，以促进科学传播与科学教育衔接的趋势，即科学教育传播[106]。科学教育与科学传播两大领域的教学模式的交流与结合，将为科学教育与科学传播的互利共赢开辟新的交流与融合的空间。

（5）基因与科学传播

主要从多个方面对基因学的传播进行了研究。从基因驱动的角度看，一个被称为"基因驱动"的新领域正在出现，这是一系列有争议的技术，可能用于根除或保护动物物种。与此同时，有关"基因驱动"的许诺和危险的比喻也层出不穷。如 Brossard 等[107]认为决定使用基因驱动来控制和抑制害虫将不仅仅涉及对所涉风险的技术评估，而且有关使用基因驱动的决策将需要多个行动者的协调努力，提供基因驱动及其潜在应用的综述，并为基因驱动等复杂问题提出有效的科学传播和决策的具体建议。从转基因生物的角度看，在向公众传播某一问题上的科学共识是否会影响公众接受该共识所代表的结论上存在分歧。如 Landrum 等[108]研究了四种信息对人们对转基因生物安全性的科学共识的认知和接受情况的影响：两种信息支持人类食用转基因生物是安全的这一共识，两种信息质疑这种共识。并且发现，尽管参与者认为支持共识的信息更有说服力，更有可能代表科学界的态度，但这些信息并没有减轻参与者对转基因生物的担忧。Lee 等[109]在双编码理论框架下，从公众态度的角度探讨了信息图的实施如何影响公众对转基因食品和生物工程科学新闻报道主题认知反应。共有 280 名参与者被随机分配观看新闻报道，这些报道通过信息图表或文字呈现转基因食品信息。研究结果表明，当科学新闻内容以信息图的形式呈现时，参与者回忆起的信息更多，阐述了更多与信息相关的想法，对转基因食品的态度发生了更有利的变化。Wang 等[110]从社交媒体的角度，系统考察了中国社交媒体上关于转基因生物（GMO）的谣言讨论的内容和网络结构，在微博上搜集了 21837 条转基因生物的谣言，并采用社会网络分析和内容分析相结合的方法，将用户对谣言的态度进行分类，测量其态度的同质性水平。这项研究揭示了传统意见领袖的作用正在下降，支持和反对转基因的阵营之间出现了相当多的互动，这减轻了意见两极分化的可能性。微博等社交平台可以作为讨论转基因生物的公共论坛，让用户接触到思想上的交叉观点。这项研究为了解科学谣言在社交媒体上的传播过程提供了重要的见解。随着人类基因组图谱的完成，新的、大规模的研究计划在世界各地不断涌现，重大的科学发展必将成为现实。然而，科学传播已经成为全世界关注的一个重要政策议题，需要谨慎地考虑人类基因学工作是如何被设计出来的，如何被证明是正确的。

（6）计算传播学

计算传播学是计算社会科学的重要分支，也是分析计算传播现象的研究领域，其立足于传播学的经典理论及其各分支领域的最新发展，研究和理解人类传播现象，主要依赖现代计算科学、人工智能、数据科学等计算工具去挖掘隐藏在大规模、多维度的线上数据中的传播模式和法则，这正是计算传播学区别于传统传播学研究的一个显著特征[111]。

相关学者从政治传播、模型应用、算法与挑战等多个视角对计算传播学引起的传播变化进行了深入研究，如 Theocharis 等[112] 提出要依靠计算方法和工具来解决政治传播领域中由理论驱动的实质性问题以及发挥计算方法在政治传播中的潜力，并展望了政治传播界相关的计算传播科学在理论、经验和制度方面的机遇和挑战。Waldher 等[113] 认为 agent 的模型 ABMs 可以在总体上推进传播研究，特别是计算传播科学，并对 ABMs 在传播学中的潜力、应用和挑战进行了系统的概述。Waldher 等[114] 讨论了蚁群算法的盲点、局限性和挑战，并指出了基于蚁群算法的计算传播科学的未来前景。在过去的二十年里，数字化和媒介化的进程塑造了传播的格局，并对传播的各个方面产生了强烈的影响。传播的数字化导致了全新形式的数字痕迹，使传播过程以新的和前所未有的方式实现。尽管社会科学领域的许多学者承认了传播领域数字革命的机遇和需求，但也面临着实施基于计算方法和"大数据"的研究项目、战略和设计的根本性挑战[115]。这个根本性挑战就是对计算传播科学的挑战和机遇，因此，应该积极面对计算传播科学背景下最紧迫的挑战，并为该领域未来研究勾勒一个科学、可行的路线图。

（7）传播大数据研究

大数据为公众理解科学和公众参与科学技术带来了许多问题与挑战，相关学者针对这些问题与挑战从不同角度进行了分析。如 Michael 等[116] 草拟了一份"公众对大数据的理解"的宣言。一方面，提出了公众参与科学和技术有关的问题，如人们是如何、何时、何地接触到或参与到大数据的？谁被认为是大数据的可信来源，或可信的评论家和批评家？大数据系统开放给公众监督的机制是什么？另一方面，指出了大数据为公众理解科学和公众参与科学技术带来了许多挑战：如何应对公众同时是大数据的信息提供者、被告知者和信息？当大数据本身在成倍增长、流动和递归时，什么才是对大数据的理解或参与？Van Atteveldt 等[117] 提出要发展新的技能和基础设施，迎接开放、有效、可靠和道德的"大数据"研究的挑战。De Zuniga 等[118] 总结了大数据在政治传播研究中所面临的紧迫问题，认为主要的挑战仍然是确保调查结果的有效性和普遍性，强有力的理论论据仍然是进行有意义研究的核心部分。计算传播科学研究既是科学传播领域的研究热点也是未来研究的发展前沿。计算传播学的发展前景就是与自然科学的交叉融合，打破人文与科技的壁垒，对传统新闻传播学科"进行改造、转型和升级，培育新的学科生长点，实现路径创新、方法创新、理论创新、模式创新"[119]。此外，数据的统一标准和计算模型体系的构建、具有交叉学科背景的复合型人才的培养以及以科学精神为核心的科学意识和价值规范的树立等方面都是计算传播学面临的挑战和未来发展方向。

（8）社会化媒体与政治传播研究

近年来，社交媒体等 Web 2.0 技术的兴起，使公众更容易从整体上了解科学。另外，社会化媒体和科学传播之间存在着密切的关系。有的学者调查了个别科学家和非政府环境组织在 Twitter 和 Instagram 上应用的传播策略，以确定特定的社会媒体实践是否鼓励科学传播者和公民之间的双向对话。结果表明 Instagram 比 Twitter 更容易支持人际交流策略的实施，使 Instagram 成为促进会话交流的首选平台。特别是，使用自拍（图片和视频）、第一人称代词丰富的标题和回应评论等会鼓励传播者和受众之间在社交媒体上的双向对话。这些发现同样适用于不同的传播者、主题、受众和环境（在线和离线），以促进人们对科学的认识和理解[120]。有的学者评估了教育科学内容（ESC）类型，这加强了用户意识和整体参与度。具体来说，其测量了 Instagram 上静态和动态的帖子，以及 TikTok 上的讲座风格和实验视频之间的互动程度。用户参与度是通过分析不同类别中每个帖子的相对点赞、评论、分享、保存和浏览量来衡量的。研究发现，当内容以带有实验性质的动态方式呈现时，用户与教育科学内容的交互显著增加。研究为在社交媒体上进行科学传播提供了一系列建议[121]。很少学者研究科学家如何选择不同的社交媒体平台，或者使用多个社交媒体平台与公众参与科学之间的关系。有学者探讨了社交媒体在中国科学传播中的作用以及科学家对社交媒体的选择性使用。研究发现，社交媒体使中国科学家能够避免依赖传统媒体，并发展更多跨学科的合作。在这个过程中，这些科学家战略性地选择了不同的社交媒体平台来增加可控性。尽管中国科学家更倾向于知识传播而不是对话，但他们试图避免科学传播的官僚主义做法，而是促进一定程度的公众参与[122]。不断变化的媒体环境正对传统的科学传播产生直接影响。与传统的科学传播形式相比，公开可访问的数字媒体可以接触更广泛、更多样化的受众，包括受训人员、科学家和普通公众。传递内容的新数字领域是广阔的，新平台也在不断增加。应该注意参与这些新媒体形式的其他积极和消极后果，以及总结反思使用这些社会化媒体作为工具推进科学传播的经验。

（9）基于错误信息的有效传播研究

人类通过集体获取信息、过滤信息和分享信息来了解这个世界，错误的信息破坏了这一过程，其影响是广泛的[123]。没有可靠和准确的信息来源，就不能指望阻止气候变化，作出合理的民主决定，或控制全球流行病。大多数对错误信息的分析集中在流行媒体和社交媒体上，有效、准确的科学传播面临着一系列类似的问题，针对这些问题，学者们进行了不同的研究。如有学者认为从政治到科学，美国公众对错误信息的担忧正在增长。概述了公众如何以及为什么会对科学产生误解[124]。也有学者搜索了 PubMed、Cochrane、Web of Science、Scopus 和谷歌数据库，共纳入 57 篇文章进行全文分析。研究显示，在发表的有关健康相关错误信息的文章中，研究最广泛的与错误信息有关的主题涉及疫苗接种、埃博拉病毒和寨卡病毒。大多数研究借鉴了不同的学科范式，研究方法主要集中在内容分析、社会网络分析或实验[125]。未来的研究应进一步探讨不同社会人口群体对错误信息的易感性，以及信念系统在错误信息传播意愿中的作用。还需要进一步的跨学科研究，以确定有效和有针对性的干预措施，以遏制错误信息在网上的传播。科学传播的准确性、有效性和公正性在科学传播研究中会得到越来越多的关注。

（10）公众参与

公众对科学的参与带来了广泛的挑战，这不仅包括对科学的伦理、法律和社会层面以及国家发起的公民参与的研究，还涉及一系列不同角度对公共参与的研究。

第一，公民科学项目的角度。有学者研究发现，公民科学项目提高了公众对科学研究多样性的认识，并为参与者的兴趣爱好提供了更深的意义[126]。虽然并非所有的公民科学项目都旨在让公众对科学、社会变革或改善科学与社会关系有更大程度的了解，但未来的公民科学项目确实需要在项目设计、成果测量、新受众的参与、研究的新方向这四个主要方面付出努力。

第二，非正式科学学习的角度。有学者利用脑、心、手模型，研究了一个旨在通过非正式科学学习中心（如水族馆、动物园）促进全国公众参与气候变化培训的项目。调查数据收集自 117 个美国机构的 1101 个演讲的参与者，这些演讲在被调查者参加交流培训前后进行。参加培训后（相对于培训前）演讲的被调查者报告说，他们对气候变化（头）、希望（心）和参与社区行动（手）的意图有了更深入的了解。结果表明，这些变化是由于主持人增加了对气候变化的讨论并且使用了有效沟通的技巧[127]。

第三，科学家的视角。越来越多的人认为，科学技术中的公众传播是创建知识社会的重要工具，这鼓励了大量的公众参与活动。有学者基于 1022 份对西班牙科学家调查问卷进行分析，以了解他们对公众的看法，结果显示，大约 75% 的西班牙科学家认为公众严重缺乏对科学推理的知识和理解，尽管科学家确实认识到公众对科学感兴趣（73%）[128]。科学家对公民了解科学的方式的认识和公众在调查中报告的对科学问题的看法存在显著差异。未来的发展是缩小这一差距，以帮助科学家更好地了解公众及其利益，并使公众更为有效地参与到科学活动中来。

第四，性别的角度。有学者从性别的视角对公众参与进行分析，如 Anzivino[129] 利用来自意大利的大型国家样本（$N = 5123$）的调查数据进行分析。研究发现，在公众媒体活动中存在性别差异，而在社区活动中则没有。这些结果为调查公众参与中的性别差异提供了不同的分析方法。

1.3.2.2 科普政策相关研究

（1）科普政策整体性研究

科学技术普及在国内外的叫法不一，我国一般用"科普"来表示，而国外大都使用"科学传播""公众理解科学"等概念。"总体看来，目前，已有的科学传播领域专著大都是针对科学传播整体领域的理论和实践的综合研究，几乎没有单独针对科学传播政策的专著。而在已有专著中，大都在整个科学传播领域或科学政策领域总体剖析中包含了科学传播政策内容。"[130]如 John 等以传播科学挑战、非正式学习、科学传播主要主题、当代科学社会中传播问题和科学传播模式为主题，系统分析了科学传播这一领域的发展概况，其中就包括科学传播政策的问题[131]。Homer 等聚焦于美国科技政策，在分析了科技政策定义、美国科技政策历史发展的详细叙述、主要政策制定者的参与过程以及捍卫联邦科学基金的基础上，指出美国主要科学政策问题包括大科学、军事科学、全球化、教育和科学伦理问题[132]。Bernard 等综述了德国、加拿大、丹麦、意大利、法国、中国、西班牙、韩国等多个国家的科学传播实践，并提出应允许公众以政策制定者、研究资助者和活动组织者等角色参与科学传播的观点[133]。James 基于对科学传播理论、机制、政策与实践的梳理，研究了科学传播政策变化和公众参与科学的特征对公众与科学家关系的影响。从多视角研究了科学、技术、修辞学和公共政策制定与技术传播过程的关系，技术传播背景下的技术和科学问题，总结了科学知识社会学和科学修辞学研究的最新进展，提出了批判性理论观点，并用于分析技术传播实践和传统科学，同时强调将科学传播实践的新做法应用到国家及地方科技政策制定中的重要性[134]。

（2）科普政策学理分析

随着科学传播理论和实践的发展，学术界对政策文本本身和科学政策制定过程的学理分析的关注度逐步升温，并取得一些研究成果。在科学政策判定过程方面，倾向于研究公众和科学家参与问题。如 Thorpe 等研究了关于英国科技政策中公众参与科学的政治经济学，并指出提高公众对科技民主决策的参与和科学知识的商业开发已经成为英国当代科技政策的两个核心主题，认为科技政策中突出参与式话语的主因是其与英国国家后工业经济战略和后福特主义紧密结合。"参与"是非物质劳动具有政治性与高效性的实例。"参与"对后福特主义民众的主体性进行了激活，但这些参与可能以拉拢收买和控制的形式加以开展，使公众成为市场[135]。Gillian 对英国科学研究委员会鼓励科学家参与到公众理解科学活动的 5 项计划给予了评论，并对该委员会在公众理解科学活动支出上所采用的不同策略和所给出的比较数据进行了对比。研究发现，研究委员会所颁布的政策与其实践存在很大差异，尽管科学家的参与是公众理解科学计划中的一个重要因素，但是该研究对于公众理解科学活动中要求所有科学家参与到这一计划的可行性产生了质疑[136]。Mikulak 认为，科学家和非科学家之间缺少有效的交流与沟通，这已经严重阻碍了科学与政策的发展，为了更好地消除科学与非科学文化之间的隔阂，鼓励公众进行实质性参与，必须以形成一个开放、民主的政策制定过程为最终目标[137]。Stephen 等对技术政策制定问题进行了研究，对技术政策应该反映专家的建议而非价值驱动的公众意见的观点给予了批判，并认为人们对先进技术风险的认识受其价值取向影响明显，技术政策制定应更多考虑公众意见，从而促进科技理论和实践的发展[138]。科学传播和政策制定是一个复杂而多元的过程，需要各方共同努力和协作。通过加强公众参与和科学家互动，可以促进科学知识的普及和信任，为政策制定提供更科学、更全面的支持。

在政策文本分析这一研究领域，研究者主要通过采用不同的分析框架和理论视角，深入挖掘和探讨政策文本的内在逻辑和深层含义，如英国学者 Magda 等从政策修辞学的角度，对 1985 年以来的英国重要科技政策文件和声明进行了分析，探讨了英国科技政策的公众传播模式和创新方式的演变过程，认为英国社会关系与科学是一个危机管理项目，分为以下三种模式：公众对话、公众对科学的理解和公众参与，清晰地阐述了公众对话和公众参与在政策制定中的标准化过程，提出了公众参与和协商民主方式的发展框架，并讨论了公众对话可行性等问题[139]。该领域研究成果为深入理解英国科技政策的演变过程和社会影响提供了重要的视角和工具。同时，也为推动科技政策的发展和完善提供了有益的参考和借鉴。

（3）特定领域科学传播政策研究

在科学传播政策的特定领域研究中，主要包括纳米技术、气候变化、风电以及传媒等方面。例如，Satterfield 等通过对 1100 名美国居民的电话调查，探讨人们对纳米技术风险和收益的认识以及对监管信任的判断。研究发现，风险信息和利益信息的呈现顺序对公众可接受程度有明显的影响，人们对政策对话和政策目的的态度具有高度的不确定性[140]。Aitken 研究了苏格兰乡村风电农场规划申请过程的两个不同阶段中专业知识和非专业知识所起的不同作用，指出虽然英国和苏格兰的规划政策承诺要反映公众的意见，但是苏格兰乡村风电农场规划过程中非专业知识所起的作用有限[141]。Susanna 全面审视了针对气候变化的社会变革和传播，应用环境政策学、心理学、社会学、地理学、科学传播学等方法，研究了气候变化传播所面临的挑战，并为应对传播气候变化提出切实可行、更加有效的建议。认为在人为的气候变化背景下，尤其需要进行有效公共宣传、教育和传播，以增加对集体行动和政策改进的支撑[142]。Hermelin 认为，在哥伦比亚，科学和技术的大众传播不论是在实用性领域还是在研究领域都得到了充分的发展，该研究对科学技术在大众传播中所运用的模型及其在传播中的一些关系进行了讨论，其目的是为公共政策在哥伦比亚扩大影响提供线索[143]。

在科学传播政策的研究中，除了上述的纳米技术、气候变化、风电以及传媒等领域，还有其他一些重要领域同样值得深入探讨。例如，在生物技术和基因工程等领域，都需要通过科学传播政策来进行有效的沟通和引导。此外，人工智能和机器学习领域的科技传播政策也日益受到关注。因此，科学传播政策需要研究如何有效地向公众普及人工智能知识，解释其运作原理，以及应对可能产生的负面影响。总之，科学传播政策的研究领域广泛而复杂，需要综合考虑不同领域的特点和需求，制定有针对性的政策措施，以推动科技的健康发展和社会进步。

1.3.3　简要述评

1.3.3.1　国内外科普研究关注点差异

近年来，科普政策研究已成为国内外学术界的重要课题。由于研究者所处的时期、地域以及学科背景的差异，在科普政策研究的角度和价值判断上呈现出多样化的特点。国内学者在科普政策研究方面，主要聚焦于科普政策的演变历程、存在的问题及其对策、政策内容本身以及国外科普政策的借鉴与比较等四大方面。首先，从历史角度出发，国内学者对我国科普政策的演变过程进行了深入研究。梳理了科普政策的发展历程，分析了不同历史阶段科普政策的背景、目标和实施效果。这些研究为了解我国科普政策的发展脉络，把握政策变化的趋势和规律提供了重要参考。其次，针对科普政策存在的问题及其对策，国内学者也进行了大量研究。通过对科普政策实施过程中的问题进行分析，提出了针对性的建议和对策。这些研究有助于完善科普政策体系，提高政策实施效果，推动科普事业的健康发展。此外，从政策本身角度上看，国内学者既关注国家及地方科普政策的制定和实施情况，也对国外科普政策进行了综述和比较。通过对国内外科普政策的对比分析，为我国科普政策的制定和完善提供了借鉴和启示。在具体科普政策研究方面，国内学者主要关注某一时段的科普政策、国家顶层科普政策以及某地区科普政策的研究。通过对这些具体政策的深入剖析，揭示了科普政策在推动科普事业发展中的重要作用，也为科普政策的制定提供了理论和实践支持。相比之下，国外学者在科普政策研究方面更侧重于特定领域的政策研究。他们关注纳米技术、气候变化、转基因产品、核电、风电、伪科学等前沿领域的科普政策，探讨了这些领域科普政策的制定、实施及其影响。这些研究不仅有助于推动这些领域的科学发展，也为科普政策在其他领域的应用提供了有益的经验和借鉴。另外，具体科学传播领域的科学传播政策研究也是国外学者关注的一个焦点。国外学者研究科学与媒体、政策实施、科学信息教育等方面的问题，旨在提升科学传播的效果和质量，促进公众对科学的理解和接受。这些研究对于提高科普政策的针对性和实效性具有重要意义。综上所述，国内外学者在科普政策研究方面各具特色，既关注政策本身的制定和实施，也注重政策在推动科普事业发展中的实际应用。这些研究不仅有助于完善科普政策体系，提高政策实施效果，也为推动科普事业的健康发展提供了有力的理论支持和实践指导。

1.3.3.2 我国科普政策研究的不足

在当前的社会背景下，科普政策研究在推动科学普及、提升公众科学素养方面发挥着举足轻重的作用。然而，我国科普政策研究在方法和内容上仍存在一定的局限性，亟待改进和完善。

第一，研究方法的问题。当前，我国对于科普政策的研究大多采用质性分析方法，这种方法虽然有助于深入理解政策背景、过程及其影响，但在定量数据收集、统计分析和实证研究方面显得较为薄弱。相比之下，国外科普政策研究广泛运用定量分析方法，通过数据分析和模型构建，可以更加客观、准确地揭示科普政策的运行机制和效果。因此，我国科普政策研究方法的单一性问题尤为凸显，亟待引入更多的定量研究方法，以丰富研究手段、提升研究质量。为了改善这一状况，可以借鉴其他学科的研究方法，如公共政策学、传播学、经济学等社会科学领域的研究方法。这些学科在研究方法上具有丰富的经验和成熟的体系，可以为科普政策研究提供有力的支持。例如，公共政策学中的政策分析、政策评估等方法，可以更加深入地了解科普政策的制定、执行和效果；传播学中的受众分析、传播效果评估等方法，可以为研究科普政策的传播效果提供有益的参考；经济学中的成本效益分析、供需分析等方法，可以为评估科普政策的经济效益和社会效益提供重要的依据。

第二，研究内容的问题。我国科普政策的研究内容主要集中在历史演进、问题和对策等方面，虽然这些方面的研究对于了解科普政策的发展历程、分析存在的问题以及提出改进对策具有重要意义，但研究内容的重复和局限性也不容忽视。许多研究者在探讨相同或相似的问题时，往往缺乏新的视角和思路，导致研究内容重叠、创新性不足。为了拓宽科普政策研究的视角和思路，可以从多个角度入手。可以关注科普政策与其他政策领域的交叉与融合，如科普政策与科技政策、教育政策等的关系研究，以揭示科普政策在更大政策体系中的作用和地位。可以关注科普政策在不同地区、不同领域的应用和实践，通过案例分析、实证研究等方法，深入了解科普政策在不同情境下的运行机制和效果。此外，还可以关注科普政策与公众科学素养提升的关系研究，以探索科普政策在提升公众科学素养方面的作用机制和路径。

综上所述，我国科普政策研究在方法和内容上都存在一定的局限性，需要不断完善和创新。通过引入更多学科的研究方法、拓宽研究视角和思路，可以更加深入地了解科普政策的本质和运行机制，为制定更加科学、有效的科普政策提供有力的支持。

◆◇ 1.4 研究思路

本书研究旨在深入探讨我国科普政策的研究现状，以揭示其发展历程、政策特点以及存在的问题，为科普政策的优化提供理论依据和实践指导。为此，本书研究以 20 世纪 90 年代以来的中国国家层面科普政策文本为研究样本，综合运用文献计量学理论和政策工具理论，采用社会网络分析、内容分析、词频分析等多元化研究方法，对科普政策进行了全面深入的分析。

首先，本书研究从科普政策研究的必要性出发，阐述了科普政策研究对于推动科普事业发展、提升国家科普能力、增强公众科学素养的重要意义。通过对国内外科普政策文献的综述，明确了科普政策研究的理论基础和实践价值，为后续研究提供了坚实的支撑。

其次，本书研究对相关理论进行了深入的研读和梳理，最终确定了政策工具理论和文献计量学理论作为本书研究的理论基础。在此基础上，通过收集和分析国家层面科普政策文本，运用文献计量学方法，对科普政策进行了时间序列分析和计量分析，揭示了科普政策的发展历程和趋势。

再次，本书研究运用社会网络分析法对科普政策制定主体的发文情况、合作情况以及资源掌握情况进行了深入剖析。通过构建政策主体网络，揭示了不同政策主体之间的合作关系和资源分布情况，为政策制定提供了重要的参考依据。同时，还从政策工具的角度出发，利用内容分析方法对科普政策进行了详细的分析，探讨了政策工具的选择和运用情况，以及存在的问题和不足。

然后，本书研究还利用词频分析法对科普政策文本的核心内容进行了挖掘和提炼，通过统计和分析关键词的频次和关联度，揭示了科普政策文本的核心内容和热点问题。同时，还通过社会网络分析法对科普政策文本进行了网络结构的构建和分析，进一步揭示了科普政策文本之间的内在联系和相互影响。

此外，本书研究结合我国科普事业发展的实际情况，提出了针对科普政策的优化建议。这些建议包括完善科普政策体系、加强政策之间的协调与配合、提高政策执行力和效果等方面。通过这些优化措施的实施，有望推动我国科普事业的持续健康发展。

最后，本书研究对全书进行了总结与展望。通过对前文理论与实证研究结果的归纳和总结，得出了科普政策研究的主要结论和启示。同时，也指出了本书研究存在的不足之处和局限性，为后续研究提供了改进的方向和思路。在此基础上，展望了本领域的研究趋势和发展方向，为推动科普政策研究的深入发展提供了有益的参考。

◆◇ 1.5　研究方法

1.5.1　内容分析法

内容分析法是"以文本内容为分析对象的量化研究方法。通过量化分析特定词语和概念在文本或文本集中出现的频次、含义和相互之间的关系，来推断文本、作者、受众及其文化和时代背景所蕴含的信息与启示"[144]。内容分析法具有客观性强、易于操作、能对文本进行批量处理、揭露随意观察文本时难以发掘的信息等优点，在图书情报学、传播学、政策分析等领域有着较为广泛的应用。内容分析法，作为一种基于统计分析的方法，近年来在学术研究领域中的应用逐渐得到普及和认可。这一方法以文本的客观性为基础，强调通过科学、系统的分析手段来揭示文本背后的深层含义和信息。在图书情报学、传播学、政策分析等领域，内容分析法因其独特的优势而得到了广泛的应用。首先，内容分析法具有极强的客观性。在分析过程中，研究者遵循预设的规则和标准，通过量化的方式提取文本中的信息，从而避免了主观偏见和个体差异的干扰。这种客观性使得分析结果更加可靠，更具有说服力。其次，内容分析法易于操作，可复制性强。只要按照固定的流程和规则进行操作，即使是不同的人也能够得到较为一致的分析结果。这为学术研究提供了极大的便利，也使得不同研究者之间的成果更具可比性。再次，内容分析法还能对文本进行批量处理。在大数据时代，文本信息的数量呈爆炸式增长，传统的定性分析方法往往难以应对如此庞大的数据量。而内容分析法则能够通过编程和自动化工具，实现对大量文本的快速、高效处理，从而大大提高研究效率。更为重要的是，内容分析法能够揭露随意观察文本时难以发掘的信息。通过深入剖析文本中的关键词、词频、主题等要素，内容分析法能够揭示出文本背后隐藏的深层次含义和规律，为研究者提供更加全面、深入的视角。在政策分析领域，内容分析法也发挥着重要作用。通过对政策文件、法规文本等进行深入剖析，研究者能够了解政策的制定背景、实施效果等信息，为政策制定和评估提供有力支持。本书研究采用内容分析法，通过样本选择、分析单元确定、分析类目构建、编码、可靠性检验以及统计分析等步骤对科普政策工具进行深层次的静态挖掘，为科学制定和系统优化我国科普政策提供了理论依据，以找出随意观察文本时很难发掘的信息。内容分析法作为一种定性研究方法，能够通过对文本内容的系统分析，揭示出文本背后隐藏的信息和深层含义，有助于更好地理解科普政策工具的本质和特征。具体步骤如下。

（1）样本选择

通过对大量科普政策文本的梳理和筛选，选择了具有代表性的样本作为分析对象。这些样本涵盖了不同领域、不同层次的科普政策，确保了研究的广泛性和深入性。

（2）确定分析单元

分析单元是内容分析中的基本单位，可以是一个词、一个句子、一个段落或整篇文本。在本书研究中，根据科普政策文本的特点，选择了段落作为分析单元，以便更好地捕捉文本中的关键信息和主题。

（3）类目构建

结合科普政策的目标、内容和实施方式，构建了一套科学、合理的分析类目。这些类目涵盖了科普政策的各个方面，包括政策类型、政策主体、政策目标、政策措施等，为后续的编码和分析提供了明确的框架。

（4）编码

在编码过程中，根据构建的分析类目，对样本中的每个分析单元进行归类和标记。通过编码，能够将文本内容转化为可量化的数据，为后续的统计分析提供了基础。

（5）准确性和可靠性

包括对编码员的培训和指导，以及对编码结果进行交叉验证和一致性检验。通过可靠性检验，能够确保编码结果的稳定性和可靠性，提高研究的可信度。

（6）统计分析

通过对编码数据的统计和分析，能够发现科普政策工具的特点和规律，揭示出政策制定和执行过程中的问题和不足。这些分析结果不仅有助于深入理解科普政策工具的本质和特征，还能够为政策制定者提供有益的参考和借鉴。本书研究采用内容分析法对科普政策工具进行了深层次的静态挖掘，为科学制定和系统优化我国科普政策提供了重要的理论依据和实践指导。通过这一研究，不仅能够更好地理解科普政策工具的本质和特征，还能够为政策制定者提供有益的参考和借鉴，推动我国科普事业的持续发展和进步。

1.5.2　社会网络分析法

社会网络分析（social network analysis）作为一个跨学科的研究方法，旨在运用量化分析方法，深入研究社会关系的构成、演变及其对个体和集体行为的影响。它不仅需要统计学和数学的深厚功底，还需要具备扎实的计算机编程技术，从而实现对复杂社会网络结构的精确刻画和深入理解。社会网络分析的核心在于将社会关系抽象为网络模型，通过节点和边来表示个体之间的联系。在此基础上，可以运用一系列统计和数学方法，如度分布、聚类系数、路径长度等，来分析网络的整体结构和局部特征。这些分析方法不仅可以揭示社会网络中的关键节点和社区结构，还能为理解社会动态、信息传播、意见领袖等问题提供有力支持。随着计算机技术的不断发展，社会网络分析在数据处理和可视化方面也取得了显著进步。利用高效的算法和强大的计算资源，可以处理大规模的社会网络数据，并通过图形化展示方式，直观地呈现网络的结构和演变过程。这不仅提高了分析的准确性和效率，也使得社会网络分析成果更易于被非专业人士所理解和接受。社会网络分析通过对社会关系的量化分析，可以揭示社会网络的结构和动态特征，为多个领域的研究和应用提供有力支持。同时，也需要在实践中不断克服挑战和限制，推动社会网络分析技术的不断发展和完善。本书研究运用 UCINET 软件对我国科普政策发文主体进行了深入的分析和可视化呈现。通过揭示政策主体的网络结构特征，更全面地了解我国科普政策制定和实施的现状和趋势，为进一步优化科普政策提供了有益的参考和借鉴。

1.5.3　词频分析法

词频分析法是指利用能够揭示或表达文献核心内容的关键词或主题词在某一研究领域文献中出现的频次高低来确定该领域研究热点和发展动向的文献计量方法。词频分析法作为一种重要的文本分析工具，在揭示文献核心内容方面发挥着举足轻重的作用。它能够对文本中关键词出现的频次进行统计，进而有助于深入理解文献的主题、研究重点以及热点。在学术研究领域，文献是传递知识、展示研究成果的重要载体。然而，面对海量的文献资源，如何快速准确地把握其核心内容，成为研究者们面临的一大挑战。词频分析法便应运而生，为研究者提供了一种有效的解决方案。词频分析法的基本原理是统计文本中关键词出现的频次。这些关键词通常能够反映文献的主题和核心观点。通过统计关键词的频次，可以了解到哪些词在文本中占据主导地位，进而揭示出文献的核心内容。在实际应用中，词频分析法广泛应用于各个学科领域。例如，在社会科学领域，研究者可以利用词频分析法分析学术论文、政策文件等文本资料，以揭示该领域的研究热点和发展趋势。在自然科学领域，词频分析法同样可以发挥重要作用，帮助研究者梳理实验数据、总结研究成果。除了统计关键词频次外，词频分析法还可以结合其他文本分析工具进行更深入的挖掘。例如，可以通过构建关键词共现网络，揭示关键词之间的关联关系；还可以利用文本聚类算法，将具有相似主题的文献进行归类，以便更好地理解和分析。词频分析法作为一种有效的文本分析工具，在揭示文献核心内容方面发挥着重要作用。通过统计关键词频次、结合其他文本分析工具进行深入挖掘，可以更好地理解和分析文献资源，为学术研究提供有力支持。当然，在使用词频分析法时，也需要注意其局限性，并结合实际情况进行灵活运用。本书研究旨在通过深入剖析科普政策文本的核心内容和重点，以更好地理解和把握科普政策的导向和发展趋势。本书研究采用 ROCTCM 软件对收集和整理的科普政策文本进行了详尽的关键词统计分析，收集了大量国家层面的科普政策文本为分析样本，并利用 ROCTCM 软件对这些文本进行了关键词提取和词频统计。该软件通过自然语言处理技术，能够自动识别文本中的关键词，并统计出每个关键词在文本中出现的频次。此外，本书研究还利用 ROCTCM 软件对关键词进行了可视化展示，通过图表和图形直观地展示了关键词的分布和变化情况。这不仅有助于更加清晰地了解政策文本的结构和逻辑关系，也为政策制定者提供了更加直观、易懂的政策分析工具。综上所述，本书研究利用词频分析软件 ROCTCM 对科普政策文本进行了深入的关键词统计分析，并根据词频的高低分析了政策文本的核心内容和重点。通过这种方法，能够更好地理解和把握科普政策的导向和发展趋势，为制定更加科学、有效的科普政策提供有力支持。

◆◇ 1.6 创新点

（1）以可视化的形式揭示我国科普政策的演进图景

通过对我国国家层面科普政策文本的深入研读以及相关背景因素的全面剖析，能够清晰地看到科普政策在不同历史阶段的发展和演变。为了更加直观地揭示这一历史过程，本书研究利用可视化分析软件，绘制出了不同阶段科普政策的关键词图谱。这些图谱以可视化的形式，生动地展现了科普政策演进的全貌。在科普政策演进历程的可视化中，可以观察到科普政策成长转型的逻辑进路。通过对关键词图谱的深入分析，能够较为形象、全面、立体地描述科普政策发展的演进图景。科普政策演进历程的可视化不仅揭示了科普政策的发展态势与演化规律，还为科普政策的制定和实施提供了更加科学有效的决策支持。通过对比分析不同阶段的科普政策，可以发现其中的共性和差异，进而为未来的科普政策制定提供有益的参考和借鉴。同时，通过深入了解科普政策的发展历程，可以更好地把握科普工作的规律和特点，为提升科普工作的质量和效果提供有力的支持。

（2）运用词频分析技术探讨我国科普政策核心内容及发展趋势

在深入研读我国的科普政策文本内容后，不难发现，目前对于科普政策的研究大多依赖主观判断，缺乏客观、科学的定量分析和数据挖掘支撑。这种情况导致科普政策研究结果的可信度与科学性受到一定程度的质疑。为了改善这一现状，本书研究创新性地引入了词频分析技术，并将其应用于科普政策研究中，以期挖掘出科普政策的核心内容及发展趋势。在本书研究中，利用 ROS-TCM、SPSS、UCINET 等软件工具作为技术支撑，对科普政策文本进行了深入的词频分析。利用 SPSS 软件对词频数据进行了进一步的统计分析。通过计算不同词之间的相关性、聚类分析等，深入探讨了科普政策内容之间的内在联系和逻辑关系。这些分析结果不仅有助于更全面地理解科普政策的内容，还为后续的政策建议提供了有力的数据支持。借助 UCINET 软件对科普政策内容关系网络进行了可视化呈现。通过将词频数据转化为网络图，可以直观地看到科普政策内容之间的连接和相互影响。这种可视化形式不仅使得分析结果更加易于被理解和接受，还有助于更深入地洞察科普政策的发展动态和趋势。总的来说，词频分析技术为科普政策内容分析提供了客观、科学的分析手段。通过运用这种技术，能够更加准确地把握科普政策的核心内容和发展趋势，使得分析结果更加具有可信性。

（3）从政策工具选择视角提出优化我国科普政策工具结构的对策建议

本书研究旨在通过政策工具理论，深入剖析我国的科普政策。以罗斯韦尔和扎格维德的理论框架为基石，尝试构建了一个全面而系统的分析框架，用以解析我国国家层面的科普政策。根据政策工具的性质和功能，将科普政策工具划分为供给型政策工具、环境型政策工具和需求型政策工具三种类型。为了对我国科普政策工具进行深入的量化分析，采用了一系列严谨的分析步骤。经过深入研究和分析，发现我国科普政策工具在结构和使用上存在一些问题和不足。针对这些问题，提出了改善科普政策工具选择的政策建议。本书研究通过对我国科普政策的深入分析，揭示了政策工具在科普事业发展中的重要作用。本书研究提出的政策建议将有助于优化科普政策工具结构，提高政策工具的使用效率，进而提升科普政策的实际效能。

第2章 我国科普政策研究的理论基础

◆ 2.1 政策工具理论

政策工具在公共政策执行过程中发挥着举足轻重的作用，它犹如一座坚实的桥梁，连接着政策目标与最终结果。选择合适的政策工具以及运用科学的评价标准来评估政策工具的效果，对于政府能否达成既定目标具有至关重要的影响。政策工具作为政策制定和执行的关键环节，其重要性不容忽视。政策目标、手段和结果之间的逻辑关系，一直是政策研究者们关注的核心问题。自20世纪三四十年代以来，随着政府治理研究的深入发展，政策工具研究逐渐成为政府治理领域的重要研究方向之一。国内外学者对此进行了大量的理论探讨和实证研究，为政策工具的选择、应用及评价提供了宝贵的理论支撑和实践指导。国内外学者从多个角度对政策工具进行了深入探讨。一方面，他们关注政策工具的分类和特性，以便更好地选择适合的政策工具。政策工具的种类繁多，包括法律手段、行政手段、经济手段等，每种工具都有其独特的优势和局限性。因此，在选择政策工具时，需要根据政策目标的具体要求和实际情况进行权衡和选择。另一方面，学者们还关注政策工具的应用条件和效果评估。政策工具的应用并非一成不变，它需要根据政策环境的变化进行动态调整。同时，对政策工具效果的评估也是至关重要的，这有助于了解政策工具的实际效果，为政府调整和优化政策工具提供依据。除了理论探讨外，实证研究也为政策工具的研究提供了有力的支持。通过收集和分析大量的数据资料，研究者们可以对政策工具的应用情况进行深入分析，揭示其背后的原因和机制。这些实证研究不仅为政策工具的选择和应用提供了实证依据，也为政策制定者提供了宝贵的参考和借鉴。综上所述，政策工具在公共政策执行过程中发挥着至关重要的作用。通过深入研究政策工具的分类、特性、应用条件和效果评估等方面的问题，可以为政府制定更加科学、有效的政策提供有力的支持和指导。

2.1.1 政策工具的背景

经济学的概念和语言在整个社会科学领域的逐步扩散，无疑成为了 20 世纪下半叶的一个鲜明的学术性标志。这一趋势对于政治学者来说，带来了截然不同的影响。对于一部分政治学者而言，经济学的渗透为他们的研究领域注入了新的活力和思考角度，开启了全新的研究视域。他们看到了经济学对于社会现象和政治问题的深刻洞察，以及经济学分析方法的严谨性和实用性，因此乐于借鉴经济学的理论和方法来丰富和完善自己的研究。然而，另一部分政治学者却对经济学的扩散持保留甚至批评的态度。他们认为，经济学的工具和概念过于强调量化分析和理性决策，忽视了政治现象的复杂性和多样性。这种扩散对于政治学探讨的哲学基础造成了侵蚀，甚至用工具论的概念对某些重要的政治学概念进行了替换。这些政治学者担心，过度的经济学化可能导致政治学失去其独特的学科特性和研究视角。在 20 世纪中期，经济学的工具理性及价值在一些非学术圈内，特别是在政策制定者群体中获得了重要的地位。政府中的政策制定者们开始更加注重运用经济学的方法来分析和解决政策问题，追求效率和优化。这种经济学思维的渗透，最终改变了政府的行为模式和政策取向。从职能或宪法的意义上说，已经对政府对社会、经济生活的纠正式干预加以肯定。政府不再仅仅扮演守夜人的角色，而是更加积极地介入到社会和经济生活中来，通过制定和执行政策来引导和调控社会经济的发展。这种转变有效地改变了古典自由主义对公共政策概念的界定。过去，公共政策更多地被看作反映大众意愿和利益的工具，而现在，政策制定更多地依赖专家们的技术性评估和科学分析。在这种背景下，无论是对于政府干预行为的判断还是解读，都越来越依赖技术标准。政策制定者们在制定和执行政策时，更加注重运用经济学的方法和模型来进行预测和评估，以期达到最优的政策效果。同时，他们也更加重视科学的权威而非政治的权威，更加注重政策的科学性和合理性。因此，那些试图研究公共政策或改进公共政策的学者，通常都会用工具理性和政府干预的词语来推理和解读政策现象。他们借鉴经济学的理论和方法来分析政策问题，探讨政策制定的科学性和有效性。这种跨学科的研究方法不仅丰富了政治学的研究内容，也提高了政策研究的水平和质量。经济学的概念和语言在社会科学领域的扩散对政治学和公共政策研究产生了深远的影响。虽然这种趋势带来了一些争议和挑战，但它也促进了不同学科之间的交流和融合，推动了社会科学的发展和创新。

随着经济的蓬勃发展和社会的不断进步，政府在社会中所扮演的角色及职能的转型问题日益凸显，这使得政府公共政策的发展进入了一个全新的研究阶段。在这一背景下，相关学者不仅要关注政府如何更好地履行其社会职能，还要深入探讨政府如何在新时期重新架构其职能体系，以适应社会的复杂化和持续发展。在新时期，政府社会职能的重新架构成为了摆在政府面前的重要问题。随着社会的快速发展，政府需要不断调整和优化其职能，以更好地满足人民群众的需求。这要求政府不仅要关注经济发展，还要关注社会公平、环境保护、文化繁荣等多个方面。同时，政府还需要加强与其他社会主体的合作，共同推动社会的进步和发展。然而，面对社会的复杂化和不断发展，政府很难再通过传统的管制方式加以治理。传统的管制方式往往过于僵化，无法适应社会的快速变化。因此，政府需要寻找新的治理方式，以更好地应对社会挑战。在这种背景下，某些工具论概念的出现代替了一些曾经的政治学概念，并在社会科学研究领域占据了重要地位。这些工具论概念为政府治理提供了新的思路和方向，使得政府可以更加科学地进行管理。这种经济研究领域的工具理论对于专家学者们以更科学的视角来审视政府管理中的行政行为有着很大的帮助。通过将政府行政行为等同于对社会的有效干预，可以发现政府行为方式可运用特定的政策工具进行表达。这些政策工具包括但不限于法律法规、财政政策、货币政策、产业政策等。它们可以通过多种形式作用于社会研究的对象，以实现政府的治理目标。对于政策制定者来讲，每一种特定的政策工具都有其特征和适用范围。政府的治理意图就是通过这些政策工具的特征加以显现，体现政府在新治理模式下的政治愿景。例如，通过制定和实施法律法规，政府可以规范社会行为，维护社会秩序；通过调整财政政策，政府可以调控经济运行，促进经济发展；通过实施产业政策，政府可以引导产业升级，推动经济结构的优化。总之，政府公共政策的发展是一个不断演进的过程。在新时期，政府需要不断调整和优化其职能和治理方式，以适应社会的快速发展和变化。同时，专家学者们也需要借助工具理论等研究方法，以更科学的视角审视政府管理中的行政行为，为政策制定者提供有益的参考和建议。

2.1.2 政策工具的概念

由于国内外研究者们对政策工具的理解角度存在显著的差异性，因此对"政策工具"的解读呈现出纷繁多样的特点。政策工具可以被视为实现特定政策目标所采取的一系列政治手段。这些手段包括但不限于"目标管理""人力资源政策""政策实验"等。一些学者还将"网络管理"和"内部组织"等概念纳入政策工具的范畴。他们认为，这些管理工具在政策的制定、执行和评估过程中发挥着至关重要的作用。这些政策工具虽然名称各异，但它们都是为实现特定的政策目标而服务的。它们可以单独使用，也可以相互结合使用，以形成更为有效的政策执行方案。因此，对政策工具的理解和运用需要具备一定的灵活性和创新性，以适应不同政策环境和目标的需求。值得注意的是，政策工具的运用并不是孤立的，它需要与其他政策要素相互协调、相互配合。政策工具的选择和实施需要考虑到政策目标的明确性、政策资源的可用性、政策执行者的能力等因素。只有在全面考虑和权衡各种因素的基础上，才能制定出更为合理、有效的政策执行方案。总之，政策工具作为实现政策目标的重要手段，其种类繁多、形式多样，需要深入研究和理解各种政策工具的特点和适用条件，以便在实际政策制定和执行过程中灵活运用、科学选择，从而推动政策目标的顺利实现。在国外的研究中，对于政策工具的理解可谓千差万别，它们可能以各种不同的形式出现，并被赋予了不同的名称和定义。巴里对政策工具的定义是，相对于公共主体的、可用的、具有合法性的治理[145]。姚梦媛引用胡德的观点认为，"工具"概念可以通过区分为"客体"和"活动"而得到更明晰的理解[146]。里格林将工具概念描述为致力于影响和支配社会进步的具有共同特性的政策活动的集合[147]。休斯认为，政策工具是指政府干预的方式，在某种程度上也是政府行为正当化的应用机制[148]。

在国内学术界，关于政策工具的定义众说纷纭，不同学者从不同的角度和层面进行了深入的探讨。陈振明教授在其研究中指出，政策工具是人们为解决某一社会问题或达成一定的政策目标而采用的具体手段和方式[149]。这一定义强调了政策工具的针对性和实用性，即它是为了解决特定问题或实现特定目标而设计的。张成福等则从治理工具的角度对政策工具进行了阐述。他们认为，治理工具又可称为政策工具或政府工具，是指政府将实质目标转化为具体行动的途径和机制。政策工具作为政府治理的核心，是实现政府目标不可或缺的手段。没有政策工具，政府的目标就难以落地生根，变成现实[150]。陈晓晖等进一步丰富了政策工具的内涵。他们认为，政策工具的核心含义是指公共政策主体（尤其是政府）为实现公共政策目标所采用的各种方法、手段和实现机制[151]。这一定义将政策工具与公共政策主体紧密联系在一起，突出了政策工具在公共政策制定和执行中的重要作用。董石桃等认为，政策工具是指政府可以用来实现某种政治目标的手段[152]。康丽等指出，政策工具是政策主体在特定的政策环境中选择的，用以影响政策客体、实现政策目标的手段与途径[153]。这一定义强调了政策工具的选择性和适应性，即政策工具的选择应根据具体的政策环境和目标来进行。陈玲等则从政府主体责任的角度探讨了政策工具的作用。他们认为，政策工具是指政策主体所采用的，用来实现一个或更多政策目标，进而实现政府主体责任的重要途径和措施[154]。这一定义将政策工具与政府主体责任联系起来，凸显了政策工具在实现政府职责和目标中的重要性。潘泽泉等则从行为方式和控制机制的角度对政策工具进行了阐述。他们认为，政策工具是政府为实现一系列政策目标而采取的行为方式，以及调节这种政府行为的控制机制[155]。这一定义强调了政策工具的行为性和控制性，即政策工具不仅是实现目标的手段，还是调节政府行为的重要机制。

综上所述，政策工具作为政府治理和公共政策制定与执行的重要手段和途径，具有广泛的应用价值和重要意义。不同学者从不同角度对政策工具进行了定义和阐述，这些定义既相互补充又各有侧重，共同构成了政策工具研究的丰富内涵。在实践中，政策工具的选择和应用需要根据具体的政策环境和目标来进行，以实现政府治理和公共政策的有效实施。

2.1.3 政策工具的分类

在深入探讨政策工具的具体分类时，可以发现其分类标准呈现多元化态势。不同的学者和实践者，往往会根据自己的研究背景、目的以及实际需要，采用不同的分类方法。这些分类方法不仅有助于更全面地理解政策工具的内涵和外延，还能够为政策制定者提供更为丰富的选择空间。按照政策的目的展开分类是一种常见的分类方法。这种分类方法主要关注政策工具所要实现的目标和效果。例如，有的政策工具旨在促进经济增长，有的则侧重于环境保护或社会公平。通过对政策目的的梳理，可以更加清晰地了解各种政策工具的应用场景和潜在作用。依据是否需要政府支出进行分类也是一种重要的分类方法。这种分类方法主要关注政策工具在实施过程中是否需要政府的财政投入。一些政策工具，如税收优惠、补贴等，需要政府通过财政支出来支持；而另一些政策工具，如法规制定、监管等，则不需要政府直接投入资金。这种分类方法有助于了解政策工具的成本效益，从而为政策制定者提供决策依据。根据是否涉及政府规则进行分类也是常见的分类方法之一。这种分类方法主要关注政策工具是否涉及政府的立法、执法或司法活动。例如，一些政策工具通过制定法规、规章来约束市场主体的行为，而另一些政策工具则通过政府直接干预市场来实现政策目标。这种分类方法有助于理解政策工具在制度框架下的运作方式。遵循使用的资源类别给予分类也是一种具有实际意义的分类方法。这种分类方法主要关注政策工具在实施过程中所使用的资源类型。例如，一些政策工具依赖人力资源，如公务员队伍的建设和管理；而另一些政策工具则依赖信息资源，如数据收集、分析和利用。这种分类方法有助于了解政策工具在实施过程中的资源需求和配置情况。按照国家干预程度和强制性程度等分类也是一种常用的分类方法。这种分类方法主要关注政策工具对市场的干预程度和强制性程度。例如，一些政策工具具有较高的干预程度和强制性，如价格管制、配额管理等；而另一些政策工具则具有较低的干预程度和强制性，如信息引导、激励措施等。这种分类方法有助于了解政策工具调节市场的作用机制和效果。综上所述，政策工具的分类标准多种多样，每种分类方法都有其独特的价值和意义。值得注意的是，不同的分类方法之间可能存在交叉和重叠的情况，需要进行综合考虑，以便更全面、深入地了解政策工具的特点和作用。概括而言，政策工具的主要类型如表 2.1 所示。

表 2.1　主要政策工具表

研究者	对政策工具进行分类
库什曼、罗威、达尔林、德布洛姆	涉及政府规则的手段、不涉及政府规则的手段
狄龙	法律、经济和交流工具
欧文·E. 休斯	供应、补贴、生产、管制
克里斯托弗、胡德	信息、权威、财富、可利用的机构
林德、彼得斯	命令条款、财政补助、管制规定、征税、劝诫、权威、契约
麦克唐纳、艾莫尔	命令、劝导、提高能力建设、制度变迁系统变化

表2.1(续)

研究者	对政策工具进行分类
施奈德、英格拉姆	激励、提高能力、象征符号和劝告、学习
布鲁斯·德林、理查德·菲德	自律……全民所有
戴维·奥斯本、特德·盖布勒	传统类工具（建立法律规章和制裁手段、管制或者放松管制、进行监督和调查、颁发许可证、税收政策、拨款、补助、贷款、贷款担保、合同承包、特许经营、公私伙伴关系、公共部门之间的伙伴关系），创新类工具（半公半私的公司、公营企业、采购、保险、奖励、改变公共投资政策、技术支持、信息、介绍推荐、志愿服务者、有价证券、催化非政府行动、召集非政府领导人开会、政府施加压力、种子公司、股权投资、志愿者协会），先锋派工具（共同生产或自力更生、回报性安排、需求管理、财产的出售、交换与使用、重新构造市场）
迈克尔·豪利特、M. 拉利特	自愿性政策工具（家庭和社区、自愿性自治、私人市场），混合型政策工具（信息和劝诫、补贴、产权拍卖、税收和使用费），强制性政策工具（管制、公共事业、直接提供）
莱斯特·M. 萨拉蒙	直接行政，政府公司或政府资助的企业，经济规制，社会管制，政府保险，公共信息，矫正税、收费和可转让的许可证，合同（购买服务协议），准许，贷款和贷款担保，税费支出，凭单，侵权责任
张成福	直接提供、委托提供、签约外包、补助或补贴、抵用券、经营特许权、政府贩售特定服务、自我协助、志愿服务和市场运作
陈振明	市场化工具（民营化、用者付费、管制与放松管制、合同外包、内部市场），工商管理技术（战略管理技术、绩效管理技术、顾客导向技术、目标管理技术、全面质量管理技术、标杆管理技术和企业流程再造技术），社会化手段（社区治理、个人与家庭、志愿者组织、公私伙伴关系）

资料来源：作者整理。

荷兰著名经济学家科臣对于公共政策工具的分类，源于深厚的经济学理论背景。他深入研究了经济政策的执行过程，从中提炼出了一系列最优化的工具[156]。然而，受限于当时科学技术的发展水平，科臣对于这种政策工具只是进行了初步的、表面的陈述，尚未进行系统的分类。尽管如此，科臣的研究为后续的学者提供了宝贵的思路和方向。麦克唐纳和艾莫尔在科臣研究的基础上，进一步提出了四种选择性的政策工具或机制。他们认为，通过运用这些工具，可以有效地实现政策的实质性目标[157]。这四种工具分别是命令、报酬、职能拓展和权威重组。命令工具指的是政府通过法律、规章等强制性手段来推动政策执行；报酬工具则是政府通过提供奖励或激励措施来引导社会行为；职能拓展工具涉及政府通过扩大自身职能范围来推动社会发展；而权威重组工具则是政府通过调整自身组织结构或权威关系来优化政策执行。除了这四种工具外，麦克唐纳和艾莫尔还提出了第五种政策工具，即劝告政策或劝诱。这种工具强调的是政府通过宣传、教育等手段来引导公众的思想和行为，使其更加符合政策目标。胡德进一步提出了一个更加系统的分类方法[158]。他首先将政府的政策工具分为获取信息的工具和影响社会的工具两大类。获取信息的工具主要用于收集和分析社会信息，以便政府更好地了解社会状况和需求；而影响社会的工具则主要用于推动社会发展，实现政策目标。胡德又从政府所拥有的四种社会资源（即"中心地位、财富、权威符号和组织"）出发，对政策工具进行了进一步的分类。这种分类方法更加深入地挖掘了政策工具背后的社会资源支撑，有助于更全面地理解政策工具的作用机制。政策分析家狄龙也将政策工具进行了分类，他将其分为法律工具、经济工具和交流工具三类。每组工具都有其独特的变种，这些变种可以限制或扩展其影响行动者行为的可能性。法律工具通过制定和实施法律法规来规范社会行为；经济工具则通过调整税收政策、财政支出等手段来影响社会经济发展；而交流工具则强调政府与社会各界之间的沟通和协调，以达成共识和推动合作。萨拉蒙等学者则将政府常用的治理工具进行了详细的分类，包括直接行政、社会管制、经济管制、合同、拨款、直接贷款、贷款担保、保险、税式支出、收费、用户付费、债务法、政府公司以及凭单制等[159]。这些工具各有特点，可以根据不同的政策目标和实际情况进行选择和组合。在探讨政策工具的分类及其应用领域时，美国学者维宁和魏默在其合著的《政策分析：概念与实践》一书中，提出了一个深入而系统的分析框架[160]。他们将政策工具划分为五种类型，每一种类型都有其独特的运作方式和应用场景，为政策制定者提供了宝贵的参考和启示。维宁和魏默在《政策分析：概念与实践》一书中提出的政策工具分类为理解和分析政策工具提供了全面的视角。在实际应用中，政策制定者可以根据具体情况选择合适的政策工具组合，以实现政策目标的最优化。同时，随着社会的不断发展和变化，政策工具也需要不断创新和完善，以适应新的形势和需求[161]。总的来说，政策工具的分类是一个复杂而重要的课题。不同的学者从不同的角度和层面出发，提出了多种分类方法和观点。

2.1.4 政策工具的选择

政策工具选择是政策工具理论中一个不可或缺且至关重要的组成部分。它涉及政策制定者如何根据特定的政策目标、社会背景、资源条件等因素，从众多可用的政策工具中挑选出最合适的工具，以达成预期的政策效果。由于政策工具选择的复杂性和多样性，不同的影响因素和判定标准组合，往往会形成各具特色的政策工具体系。目前，学术界对于政策工具选择的研究已经相当丰富，然而由于研究者们的侧重点不同、学科背景各异，他们在研究过程中形成了各自独特的观点和理论体系。有些学者强调政策工具的有效性，即政策工具是否能够达到预期的政策目标；而有些学者则注重政策工具的合法性，即政策工具是否符合社会公正、法律法规等基本要求。此外，还有学者关注政策工具的可持续性、成本效益等方面。为了更深入地理解政策工具选择，需要对政策工具本身进行详细的解释和说明。政策工具是指政府为实现特定政策目标而采取的一系列手段和措施，包括法律法规、财政金融、行政命令、宣传教育等多种形式。这些工具各具特点，适用于不同的政策环境和目标。在政策工具选择的过程中，需要充分考虑各种影响因素。除了影响因素外，还需要建立科学的判定标准来评估政策工具选择的优劣。这些标准可以包括政策工具的有效性、合法性、可持续性、成本效益等方面。通过对这些标准的综合评估，可以选出最适合当前政策环境和目标的政策工具。政策工具选择是一个复杂而重要的过程，需要综合考虑多种因素和判定标准。未来，随着政策工具理论的不断发展和完善，有理由相信政策工具选择将更加科学、精准和有效。

2.1.4.1 政策工具选择的影响因素

户瑾在麦克拉夫林教授所提出的调适模型基础上，将影响政策工具选择的因素归纳为政策目标、政策工具自身特征、政策目标群体和政策执行者、环境因素四类[162]。

（1）政策目标

政策目标作为政策制定过程中的核心要素，具有深远的影响。它不仅是政策决策者选择政策工具的依据，更是整个政策过程得以顺利推进的基石。因此，深入理解和把握政策目标的内涵、特点及其变化发展规律，对于提高政策制定的科学性和有效性具有重要意义。首先，政策目标具有预见性。这种预见性不仅体现在对政策问题的前瞻性判断，还体现在对未来发展趋势的精准把握。政策目标的预见性要求政策制定者具备敏锐的洞察力和深厚的分析能力，能够准确判断社会、经济、文化等方面的变化趋势，以及这些变化对政策目标的影响。同时，政策目标还需要根据未来发展的需要，及时调整和完善，确保政策目标的科学性和可行性。其次，政策目标具有多元性。从纵向来看，政策目标既有长期目标也有短期目标，它们相互依存、层层制约，构成了一个完整的目标体系。从横向来看，政策目标涵盖了经济、政治、社会等多个领域，这些领域相互交织、相互影响，共同构成了政策目标的多元化格局。这种多元性要求政策制定者在制定政策目标时，要充分考虑各个领域之间的内在联系和相互影响，确保政策目标的协调性和一致性。再次，政策目标还具有变化性。政策问题本身是动态多元的，它们随着社会、经济、文化等方面的发展而不断变化。因此，政策目标也需要随着政策问题的变化而调整和完善。这种变化性要求政策制定者具备灵活应变的能力，能够根据实际情况及时调整政策目标，确保政策目标始终与时代发展保持同步。在实际操作中，政策目标的制定过程往往涉及广泛的利益相关者，如政府部门、专家学者、社会公众等。这些利益相关者之间的利益诉求和观点差异可能会对政策目标的制定产生影响。因此，政策制定者需要充分听取各方面的意见和建议，确保政策目标的制定过程公开透明、科学民主。同时，为了确保政策目标的顺利实现，政策制定者还需要制定具体的政策措施和行动计划。这些措施和计划需要充分考虑政策目标的可行性、可操作性和可持续性，确保政策目标的顺利实现。

政策目标是政策制定过程中的关键环节，具有预见性、多元性和变化性等特点。政策制定者需要深入理解和把握这些特点，确保政策目标的科学性和有效性，为政策实施和评估提供有力的支撑。

（2）政策工具自身特征

政策工具作为政府实现特定政策目标的重要手段，其种类繁多，各有千秋。这些工具在特性、功能以及适用场景上均存在显著的差异，没有一种工具能够适用于所有情况。从彼得斯的论断中，可以提炼出两个核心观点。第一，各种政策工具都具有其特点和优势，它们之间并无优劣之分。每种工具都是根据特定政策目标和社会环境而设计的，因此它们各自具有独特的适用条件和效果。例如，经济激励工具通过提供财政补贴、税收优惠等手段，激发市场主体的积极性和创新动力；而信息工具则通过收集、整理和传播信息，提高政策制定和执行的透明度和有效性。这些工具各具特色，相互补充，共同构成了政策工具箱的丰富内容。第二，每种政策工具都有其适用的情景和范围。这是因为不同的政策工具在效果、公平性、影响程度等方面存在差异，而这些差异决定了它们在何种情况下能够发挥最大的作用。以管制工具为例，它是政府部门凭借权威性用统一标准进行干预的一种手段。管制工具的优点在于其效果直接且显著，能够迅速地对市场行为进行规范和调整。然而，它也存在一些缺点，如抑制创新、缺乏灵活性等。因此，管制工具通常适用于那些需要限制经济权力、促进分配公平、保护公共安全与公共环境等方面的情况，以弥补社会的利益分化、市场失灵等问题。除了管制工具外，政策工具箱中还有许多其他类型的工具，如自愿性工具、混合性工具等。这些工具同样具有各自的特点和优势，适用于不同的政策领域和场景。例如，自愿性工具通过引导市场主体自愿参与政策实施过程，促进政策目标的实现；而混合性工具则结合了多种工具的特点和优势，以适应复杂多变的政策环境。在运用政策工具时，需要根据具体的政策目标、社会环境和资源条件进行选择和搭配。同时，还需要关注政策工具之间的协同作用，以实现政策效果的最大化。此外，随着时代的发展和社会的进步，政策工具也在不断创新和完善。需要不断研究新的政策工具，以适应新的政策需求和社会挑战。政策工具自身特征丰富多样，没有一种工具具有普遍的适应性。在运用政策工具时，需要根据具体情况进行选择和搭配，并关注工具之间的协同作用和创新发展。

（3）政策目标群体和政府执行者

公共选择理论认为，政治"铁三角"间的博弈导致了政策工具的选择。政策执行者既代表本地区团体的利益，又代表国家的利益，同时代表自身的利益。因此，政策执行者同样会以自身利益来考量应该抵制什么工具或者重视什么工具。另外，政策执行者自身的创新应变能力及政治素养直接影响到他对政策的理解与实施效果，政策执行者所具有的知识结构也会对政策工具的偏好产生影响。例如，政治学家认为，在自由民主的社会中，说服、劝告等强制性较低的政策工具应该是政府的首先选择。而福利经济学家则更偏向于使用混合性政策工具和强制性政策工具来弥补市场失灵。不同目标群体对同一政策工具的反应是不相同的。政策目标群体的认知水平、利益取向以及群体力量决定了政府执行政策时所采用的政策工具。例如，政府对中小企业的扶持主要体现在财政补贴和税收优惠两个方面。对中小企业而言，更愿意接受税收优惠而非财政的补贴，因为前者意味着拥有更多自主权的同时承担更少的责任。又如，政府在对待规模较大且组织良好的政策目标群体时更愿意采用自愿性工具，因为强制性工具不但增强了政府监督成本而且不利于公众的自愿接受。但是，不能忽略的是强制性工具在资源重新配置方面非常有效。政策目标群体和政策执行者并不能够完全做到信息对称，在价值观、需求等方面都存在着差异。一方面，执行者要提高目标群体的认同感以减少执行阻力。另一方面，两者要在公共利益基础上，以平等的身份通过协商、妥协、沟通来寻觅适合的政策工具，这样既提高了公众的满意度又提高了政府的回应性。

（4）环境因素

在当前的社会背景下，政策工具的选择受到多种因素的影响，这些因素不仅涉及当下的价值标准，还涉及深厚的传统文化以及过往政策工具选择的经验。这些因素相互作用，共同塑造了政策工具选择的复杂性和多元性。

第一，当下价值标准对政策工具选择的影响不可忽视。在当前的时代背景下，人们越来越关注政治体系中民主含量的增长，认为这是社会进步的重要体现。然而，民主的增长往往伴随着更多的责任和挑战。随着民众对政治自由的期望不断提高，如何平衡政治自由与社会稳定、经济发展之间的关系成为了一个重要的问题。同时，随着我国逐渐融入国际体系，国际民主力量对我国的影响也日益增强，这要求在政策工具选择时更加注重与国际接轨，借鉴他国的成功经验。

第二，传统文化在政策工具选择中发挥着举足轻重的作用。任何社会中的公民都会受到其所在文化的熏陶和影响，这种影响不仅体现在个体的思想信仰和价值观上，还体现在社会集体的行动和决策中。中国传统文化具有强大的独立性和连贯性，其中的信念和价值观念至今仍然对政策工具选择产生着深远的影响。例如，中国传统政治文化强调统一、稳定和服从，这种文化传统使得在政策工具选择时更加注重维护社会稳定和国家统一。同时，传统文化中的政治认同感和容忍感也为政策执行提供了良好的社会基础。

第三，过往政策工具选择的经验也对当前政策工具选择产生着影响。政策执行者在选择政策工具时通常是理性的，他们会根据过去的经验和教训来评估各种政策工具的优劣和适用性。因此，过去政策工具的实践对当前政策设计的效果有着直接的影响。同时，政策工具的种类也是既定的，需要在既定的政策工具范围内进行相互配合、灵活选择和适当创新。这意味着在选择政策工具时需要考虑到继承性和连续性，确保新的政策工具能够与过去的政策工具相衔接，避免政策多变带来的社会信任危机。

政策工具的选择是一个复杂而多元的过程，它受到当下价值标准、传统文化以及过往政策工具选择经验等多种因素的影响。因此，在制定政策时，需要全面考虑这些因素，确保政策工具的选择既符合当前的社会需求和价值标准，又能够继承和发扬传统文化的精髓，同时借鉴过去的经验和教训，为实现政策目标提供有力的保障。

2.1.4.2 政策工具选择的标准

公共行政管理者和政府部门在明确了政策目标后，必须选择有效的政策工具，以改变政策目标群体的行为，从而使其行为能够达到政策目标的要求，最终实现政策目标。其中便涉及政策工具选择的问题。选择政策工具的过程不能没有相应的选择标准，没有标准就不能很好地进行选择。萨拉蒙的工具选择标准是效率、效果、可执行性、合法性、公平性[163]。

效率（efficiency）。效率注重的是成本与结果之间的比率，考察的是完成效果所要付出努力的程度。效果和效率不具有一一对应的关系，即最有效率的工具不一定最有效果，反之亦然。在政府行政中，有限的资源决定了成本控制的重要性。从效率视角上来看，最好的工具就是最为有效率的工具，即用最小成本达到最佳政策效果的政策工具。政策工具的成本不仅仅包含政府采用政策工具所达成治理目标的成本，还应包含政策目标群体为响应政策而付出的代价。

效果（effectiveness）。效果就是通过政策工具选择而达成的政策目标程度。政策工具是连接政策结果和政策目标的桥梁，政策工具选择的目的在于完成一定的政策目标。从该角度出发，效果就是衡量政策工具是否成功的最重要标准。政策目标一般是复合而非单一的，包括社会上、政治上或经济上的目标。所以，对政策目标效果的考察也应该是非单一的，即不能单纯只从一个方面对某项政策工具的好与坏进行判断。另外，目标效果也有程度之分，治理效果与治理现状之间有多个层次，因此对政策工具效果的考察，要看在多大程度上能够实现效果，不能只看是否能够达到效果。需要强调的是，效果往往是独立于成本的，因此，从效果上进行考察，最好的政策工具是最能实现政策效果和达成政策目标的工具，其最注重的是结果，而成本则不在其考虑之列。

可执行性（executable）。在政策工具选择过程中，政策工具的可执行性占有重要地位。涉及的参与者越多，政策工具越复杂，则执行难度就会越大。虽然有些政策工具在理论上显示能带来良好的效果，但在实践中可能因执行难度过大而搁浅。因此，部分学者甚至把可执行性视为评判政策工具的第一标准。依据这一标准，最好的政策工具就是那些最直接与最简单的工具。

合法性（legibility）。政策工具的合法性不仅仅是指其符合现有的法律，更主要是指其受到政治支持和公众的认可程度。在合法性的前提下，要考虑选用任一政策工具所涉及的利害相关人，哪些会支持，哪些会反对，支持或反对的程度是多少，即考虑一项政策的政治可行性是多少。有的政策虽然是符合群众意愿的，合法的，但因为政治阻力大而不得不放弃。

公平性（equity）。公平性包括三层含义，第一，基本的公平，即个人所付出的成本应该与其收益相等。一种工具能够让谁从服务中受益，那么这个人就应该付出相应的成本。受益与付出相当，即通常所提的少劳少得，多劳多得。第二，平均分配，即将社会资源对社会上所有的个人进行平均分配，那么在全社会范围内这就是最公平的。第三，再次分配的公平，即通过再次分配将社会资源与服务对社会中最需要的人进行分配。这些服务和资源通常来源于社会中的富裕阶层，政府对他们强制征收一部分资源分配给最底层的阶层。由此可知，再分配的公平性是针对社会的弱势群体进行的利益倾斜的配给，从而达到了一定程度上的公平。政府在进行政策工具选择时，必须公正、公平地对待多方利害关系人。依据这一标准，最能够满足公平要求的工具就是最好的政策工具。

2.1.4.3 政策工具选择的基本原则

政策工具的选择是一个复杂且关键的过程，它涉及多种因素的综合考量。为了确保政策的有效性和可行性，需要遵循四项基本原则来选择政策工具。第一，针对不同的环境，需要选择与之相适应的政策工具。这是因为政策工具的选择必须与工作需求相匹配，不存在一种能够适用于所有环境的通用工具。因此，在选择政策工具时，必须深入分析和评估各种环境因素，如社会背景、经济状况和文化差异等，以确定最适合当前环境的工具类型。第二，在选择某种政策工具时，需要对其他可替代的方案进行充分的考虑。这意味着需要对各种可能的政策工具进行详细的比较和分析，以评估它们的优缺点和适用性。通过综合考虑各种因素，如成本效益、实施难度、社会影响等，选择出最符合政策目标和实际情况的工具。第三，追求有效性并非政策工具选择的唯一目标。虽然有效性是政策工具选择的重要考量因素之一，但还需要关注成本问题。在选择政策工具时，必须以较小的代价来换取政策目标的达成。这涉及对政策工具的成本效益进行精确的评估和权衡，以确保能够在有限的资源下实现最大的政策效果。第四，选择的政策工具不能超越道德伦理的底线。这意味着在选择政策工具时，必须充分考虑其可能产生的社会影响，确保其符合道德规范和公众期望。如果某种政策工具虽然能够实现政策目标，但违反了道德伦理原则，那么就应该避免使用它，以免引发不良后果和社会负面评价。在实际操作中，这些原则并非孤立存在，而是相互关联、相互影响的。需要根据具体情况综合运用这些原则，以确保政策工具选择的科学性和合理性。同时，还需要不断总结经验教训，不断完善和优化政策工具选择的方法和流程，以适应不断变化的社会环境和政策需求。政策工具的选择是一个需要综合考虑多种因素的复杂过程。通过遵循上述四项基本原则，可以更加科学、合理地进行政策工具的选择，为实现政策目标提供有力的支持和保障。

在进行政策工具的选择时，我国著名学者张成福教授提出了七点值得特别关注的建议。这些建议不仅是对政策制定者的重要指导，也是对社会公众了解政策制定过程的重要参考。第一，政策工具的选择必须以多元理性为基础。包括法律理性、经济理性、社会理性、技术理性等多个维度。政策制定者需要综合考虑各种因素，以全面的视角来评估各种政策工具可能带来的影响。第二，政策工具选择时要进行多元利害人分析。这意味着政策制定者需要充分考虑到不同利益相关者的态度和立场，包括政策受益者、受损者以及中立者等。通过深入了解各方的需求和关切，政策制定者可以更加精准地把握政策的方向和重点。第三，各种政策工具都有其优点和缺点，之间并无绝对的优劣。因此，政策制定者需要根据具体情况灵活选择适合的政策工具。同时，也需要对政策工具可能带来的风险和挑战进行充分评估，以确保政策的稳健性和可行性。第四，对不同的政策工具进行选择和评估时，其标准也应该是多元化的。这包括效果、效率、公平性、合法性和可执行性等多个方面。政策制定者需要综合考虑这些标准，以选出最符合公共利益和政策目标的政策工具。第五，政府在进行政策工具选择时，应从公共利益的基点出发。作为公共利益的维护者，政府存在的合法基础就是公共利益。政策制定者需要思考如何提升和维护社会多数人的利益，如何保障公民的合法权利等关键问题。第六，随着当代社会公共问题的日趋复杂，政府对多种政策工具进行选择与应用的需求也日益增强。这些政策工具可能包括行政手段、法律手段、经济手段等，它们各有特点，相互补充，共同构成政策工具箱。政府需要根据问题的性质和特点，选择合适的政策工具组合，以实现管理目标。第七，政策工具效果的好坏并不完全取决于政策工具本身，而是受到多种因素的影响。这些因素包括利害关系人的态度、政府的能力、政治风险以及政府拥有的资源等。因此，政策制定者需要全面考虑这些因素，确保政策工具能够发挥最大的效用。上述七点建议为政策工具的选择提供了全面的指导。在政策制定过程中，需要充分考虑到各种因素，确保政策工具的选择既符合公共利益，又能够解决实际问题。

2.1.4.4　政策工具的选择模型

对政策工具的特性、分类以及使用情境的探究最终都可归结为对政策工具的选择研究。可以说，政策工具选择研究是实践和理论的交汇点。国外相关学者将对于政策工具的选择总结为三个基本模型，即政治学模型、经济学模型以及综合模型[164]。

（1）经济学模型

经济学模型主要有两个学派，一个是福利主义经济学派，另一个为新古典主义经济学派。某些经济学家通常倾向于把政策工具的选择视为一种技术上的操作，至少是在理论层面上，正是由于这种操作才把特定政策工具的特征和其任务结合起来。

福利主义经济学家和新古典主义经济学家在很大程度上都倾向于自发调节的工具，但是，福利主义经济学家允许使用更大范围的强制干预，以及运用纠正市场失灵的混合性工具。与此相反，新古典主义经济学家只赞成在提供公共物品上使用这样的工具，任何基于其他原因的运用都被视为扭曲市场过程并且导致了次优的结果。福利主义经济学家对国家干预上的普遍认同使得他们将政策工具选择当成一种严格意义上的技术操作，主要由以下方面构成：将不同类型的市场失灵与其匹配；对各种政策工具的特征进行评估；选择最能有效地克服市场失灵的政策工具；对它们的相对成本进行估计。

经济学模型中更多的是倾向于理论层面上的研究，是在政府做什么和应该怎么做这样一种理论假设的基础上对政策工具的选择进行分析，而不是以政府在实际中做什么的经验调查为基础。在现实生活中，政府究竟对政策工具是如何选择的，经济学模型缺乏一个非常坚实的经验基础，由于经验性探讨的缺乏，经济学模型忽视了诸多影响政策工具选择的复杂性因素。

（2）政治学模型

林德和彼得斯政治学模型。林德和彼得斯认为，在工具选择中有五种起决定性作用的因素。第一，国家的政治文化和政策风格以及社会分裂程度。第二，政策工具的特征。这些特征包括政治风险、资源密集度、目标、对国家行为的约束。第三，决策者个人偏好因素，如决策者的制度关系、认知因素以及专业背景等。第四，工具选择受限于所关心机构的组织文化以及其与客户或其他机构之间的联系。第五，问题所处的环境、时机和它包括的行动主体范围。

胡德的政治学模型。胡德认为工具选择过程本质上存在偶然性，但驱动这个过程的是可确定的力量，这些力量是以政府对各种工具的试验和这些工具对社会行动主体所展示的效果为基础的，不同的工具因其影响的社会群体的性质不同，效果也不相同。如果存在组织良好的并且庞大的社会群体，政府将会使用开支工具和劝说工具。目标群体的规模对工具的选择有重要作用，因为，受影响的群体规模越大，政府就会越倾向使用被动的而非主动的强制性工具。可是，无论社会群体受影响的规模如何，如果政府要取得一个社会群体的自觉服从，将不会采用强制性工具；如果政府想要在这些群体中对资源进行重新分配，那么它就将会运用强制性工具。

多尔恩政治学模型。基于在所有工具技术上都可被替代的假设，多尔恩及其合作者们认为，在自由的民主社会中，理论上任何工具都可以实现政策目标，但是，除非受到某种外力的推动，否则政府会选择强制性较小的政策工具。这种外力来自国民的反抗，并且这种持续的社会压力是由要求改用更有强制性的工具所带来的。对此，多尔恩和他的合作者们对相关政治学模型进行了概括，开始时政府采取最低限度的行动，例如劝告，假如根本无效，会缓慢地转向直接供给。

以上三个政治学模型中，每个模型都从各自的角度对影响政策工具选择的某些因素进行了强调，都具有片面性。多尔恩虽然考察了决策者的偏好和社会主体可能的反应，以及决策者在过去工具使用中的经验，但没有顾及所面对的任务性质以及工具的特征是其一大缺陷；胡德虽然对社会行动主体和决策者的偏好做了假设，然而这种假设限制了其模型对于不同国家工具选择模式的解释；彼得斯和林德虽然集中关注了政策工具面对的任务、特征、国家及社会行动主体的偏好，但是对于行动主体的偏好是如何形成的，以及如何受到阻碍或者得到实现，没有足够的概念化。

（3）政策工具选择的综合模型

工具选择受到各种各样因素的制约，是个复杂的问题。无论是政治学模型还是经济学模型，在考虑这些影响因素对政策工具选择所造成的影响时，都存在令人不满之处。对此，拉米什和迈克尔·豪利特主张把政治学模型和经济学模型结合起来。他们发现，政治学家和经济学家在着手理论框架时，都要含蓄或明确地依赖于两个相互关联的总体变量。一个是政策子系统的复杂特性，尤其是政府在执行某项政策和计划时所要面对的行动主体的类型和数量。另一个是国家计划能力的大小，即国家影响社会行动主体的组织能力大小。

这个综合性模型又可划分为以下四种情况：

第一，国家具有较强的能力，政策子系统稍微复杂的情况。假如政府对社会行为主体拥有较强的管控能力，而面对的社会行为主体的类型相对单一和规模不大时，决策者可采用管制或直接提供等强制性的政策工具。

第二，国家具有较强的能力，政策子系统非常复杂的情况。如果政府对于社会具有较强的控制力和管制力，而政府面对的社会行动的主体类型较多并且规模较大或相互冲突时，政府可能利用市场工具这只"看不见的手"来对资源进行配置以及实现自由竞争。

第三，国家所具有的能力较弱，政策子系统略微复杂的情况。如果国家对于社会行动主体的控制力较弱，而面对的社会行动主体类型较少或规模不大时，决策者则会较少地介入，可能依据实际的情况而选用适当的混合型政策工具，例如政府补贴、规劝和信息、产权拍卖、税收等。

第四，国家具有的能力较弱，政策子系统异常复杂的情况。如果国家对于社会行动主体的掌控能力相对较弱，而所面对的社会行动主体类型多或规模大，政府没有足够的能力对其进行约束和管理，只能采取一些自愿性工具，如志愿者组织、家庭与社区等，借助社会的力量来对政策加以实施。从某种意义上说，自愿性工具就是一种诱因管理，这种诱因有的时候是普遍使用的社会价值，而有的时候是经济利益。其抓住了人们内心具有改变现有行为以图改善福利的潜在动机，通过外部诱导来实现对社会行动主体的控制。

◇ 2.2 文献计量学理论

"文献计量学是以文献体系和文献计量特征为研究对象，采用数学、统计学等计量方法，研究文献情报的分布结构、数量关系、变化规律和定量管理，并进而探讨科学技术的某些结构、特征和规律的一门科学。"[165]文献计量学作为一门以文献体系和文献计量特征为研究对象的科学，其内涵广泛且深远。它借助数学、统计学等先进的计量方法，旨在深入剖析文献情报的分布结构、数量关系、变化规律以及定量管理等，从而进一步揭示科学技术的某些结构、特征和规律。在文献计量学的研究中，需要对文献体系有一个清晰的认识。文献体系是指由各种文献所构成的庞大网络，这些文献涵盖了从古老的典籍到现代的科技论文等。通过对文献体系的深入挖掘，可以发现其中的内在联系和规律，进而为科学研究提供有力的支撑。文献计量特征则是指文献在数量、质量、分布等方面的具体表现。这些特征不仅反映了文献的自身特点，还揭示了科学技术的发展状况和趋势。例如，通过统计某一领域内论文的发表数量，可以了解到该领域的研究热度和发展状况；而通过分析论文的引用情况，可以揭示出学术界的影响力和研究趋势。为了深入研究文献情报的分布结构、数量关系、变化规律和定量管理，文献计量学运用了多种计量方法。这些方法包括但不限于频次分析、共词分析、聚类分析、网络分析等。这些方法的应用，能够更加精确地揭示文献情报的内在联系和规律，为科学研究提供更为准确的数据支持。此外，文献计量学还关注科学技术的某些结构、特征和规律。通过对大量文献的深入挖掘和分析，可以发现科学技术的发展脉络、研究热点以及未来趋势。这些发现不仅有助于更好地了解科学技术的发展现状，还能够为未来的科研方向和策略提供有益的参考。文献计量学作为一门以文献体系和文献计量特征为研究对象的科学，具有广泛的应用价值和深远的意义。它不仅有助于深入了解文献情报的内在联系和规律，还能够为科学技术的研究和发展提供有力的支撑和指导。随着科学技术的不断进步和文献资源的日益丰富，文献计量学将在未来发挥更加重要的作用。

2.2.1 文献计量学的起源

文献计量学研究始于 20 世纪初，博物馆馆长伊尔斯和动物学教授科尔合作，对一年内欧洲各国刊物上发表的关于解剖学的论文进行了统计，得出欧洲各国在此期间对解剖学作出的贡献，并探讨了不同时期的各种出版物、研究成果，以及研究者对解剖思想史的影响，为文献计量学发展做了开创性的工作。此后，文献计量学获得了迅速的发展[166]。伊尔斯和科尔使用简单的按年代统计文献数量的方法得到了很多重要成果，表明了文献定量研究的巨大潜力。传统的文献定性描述方法很难取得如此好的效果。伊尔斯和科尔的研究同时也给人们以启示，看起来杂乱无章的文献群中可能存在一些数学规律，而这些规律被揭示出来，将成为文献定量研究理论基础的组成部分之一，从这里也可看出，文献的定量研究的基础就是建立在统计学之上的。

英国专利图书馆的工作者休姆对文献计量学的发展作出了重大理论贡献。1922 年，他两次在剑桥大学发表了关于目录学的学术演讲，强调文献作为知识记录载体的重要性，把书目与科学、教育并列，将其视为人类进步文明的重要动力和产品。1923 年，他将演讲稿印成小册子，于是"书目统计学"这一文献计量学的早期称谓应运而生[167]。可以看出，休姆认为按专业分类的书目编年序列能反映出某一门学科的成长和发展。休姆的另一个贡献就是首次提出了用统计书目学来表示文献定量研究的新术语。美国格罗斯夫妇对 1927 年《美国化学会志》（Journal of American Chemical Society, J. A. C. S.）所载论文后面提供的参考文献进行了数量统计，然后根据被引次数的总和对期刊进行排序，为波蒙纳大学（Pomona Univ.）专业和相关专业期刊的订购提供了可靠的依据。"文献被引次数的多寡可以在某种程度上反映出该文献价值"的看法也是他们提出的[168]。这些都是文献定量研究的重要成果，也是首次以被引文献为对象的文献计量学的实际应用和理论研究。

来自美国科学信息研究所（Institute for Scientific Information, ISI）的著名情报学家 E. 加菲尔德在 1955 年首次提出将引文索引作为一种新型的文献检索和分类工具，并在 1961 年利用计算机编制了《一九六一年遗传学引证索引》[169]。在 1964 年，由 E. 加菲尔德主持编制的多学科的《科学引文索引》（Science Citation Index, SCI）正式出版，覆盖了生命科学、医学、物理、化学、农业和工程技术等多种学科，尤其能够反映自然科学的研究学术水平，为后来的文献计量学发展提供了强有力的科学工具，此后关于文献计量学应用的研究蓬勃发展[170]。英国学者普理查德在 1969 年首次提出了文献计量学（bibliometrics）这一术语，将文献计量学定义为把数学和统计学用于图书和其他文字通讯载体的科学，这也标志了文献计量学的正式诞生[171]。普理查德使对文献计量学的论证逐步上升到理性认识的阶段，书目统计学这一概念终于被文献计量学正式替代，从此，文献计量学的概念被广泛接受。在 1985 年布鲁克斯就曾指出过，图书馆以及传统的文献被文献计量学这一术语过窄地限制。因此，从那以后，文献计量学这一术语仅局限地指对图书馆和书目的定量研究。与此同时，布鲁克斯还考虑到由于新技术出现而不断产生的知识记录及传播的非传统文献形式，建议应该采用德国人纳克于 1979 年提出的情报计量学（informetrics）这一名称来取代使用仅仅三十多年的文献计量学[172]。1998 年 12 月，大学科研量化评价国际研讨会暨第五次全国科学计量学情报计量学年会报告指出，通过应用文献计量学原理对科研量化评价和排序已成为国际上的通行做法和普遍趋势。此后，文献定量研究的水平不再停留在用简单百分数和用简单统计计数来表示结果的初等统计计量阶段，而是数理统计以及其他数学工具逐渐成为主要的研究手段[173]。同时该年会报告还指出，引进定量分析方法和量的概念，进一步揭示文献情报的数量变化规律和体系结构是基本文献计量学的根本目标。

2.2.2　文献计量学著名定律

在文献计量学这一学科的演变历程中，众多研究者通过深入研究与探索，提出了一系列具有划时代意义的公式化定律。这些定律不仅为文献计量学的发展奠定了坚实的理论基础，而且在实际应用中得到了广泛的认可与接受。深入了解这些具有代表性的著名定律，对于全面把握文献计量学的本质以及推动其进一步发展具有重要意义。这些定律从不同的角度揭示了文献的生成、传播、利用等过程中的特点和规律，提供了量化分析文献的有效方法。这些定律的提出和验证过程中，研究者们运用了多种方法和手段。他们通过收集大量的文献数据，运用统计学、数学等方法进行分析和处理，从而得出了这些具有普遍意义的定律。这些定律的提出不仅丰富了文献计量学的理论体系，而且为后来的研究者提供了宝贵的经验和启示。这些定律在文献计量学的实际应用中也发挥了重要作用。文献计量学中的公式化定律是其发展的重要理论基础和支撑。这些定律不仅揭示了文献资源的本质特点和规律，而且为实际应用提供了有效的工具和方法。

2.2.2.1 布拉德福定律

布拉德福定律是指在给定的时间段内，且针对某个特定的学科或主题，将科技期刊按照所包含的文献数进行降序排列，若在此基础上对科技期刊进行分区，且使得各期刊分区都对应相同的文献累积数，则各期刊分区所具有的期刊累积数构成等比数列，其公比称为布拉德福常数[174]。该定律是布拉德福于1934 年在 *Sources of information on specific subjects* 上提出的，其文字表述为，如果将科技期刊按其刊载某专业论文的数量多寡，以递减顺序排列，则可分出一个核心区和相继的几个区域。每区刊载的论文量相等，此时核心期刊和相继区域期刊数量成 $1:n:n^2$ 的关系[175]。布拉德福定律，这一在文献计量学领域举足轻重的定律，不仅为情报学领域的研究提供了坚实的理论基础，更在其他相关领域得到了广泛的应用与发展。它与齐夫定律、洛特卡定律共同被誉为文献计量学的三大基石，共同构建起了文献计量学的理论大厦。布拉德福定律的核心观点在于揭示了文献分布与学科发展之间的内在联系。该定律指出，某一学科领域的文献分布并非均匀，而是呈现出一种特殊的规律。具体来说，就是大部分的文献集中在该领域的少数核心期刊上，而剩余的文献则分散在众多的一般性期刊中。这一规律的发现，不仅为学者们提供了一种全新的视角来审视学科文献的分布状况，更为后续的文献计量学研究提供了重要的参考依据。布拉德福定律自提出以来，经过数十年的研究与发展，在情报学领域的应用已经日益广泛。越来越多的学者开始利用布拉德福定律来分析学科领域的发展态势、预测学科未来的发展方向，以及评估学术研究成果的质量与影响力。此外，布拉德福定律还为图书馆、档案馆等机构的文献资源建设提供了重要的指导，帮助其更加科学、合理地进行文献资源的收集、整理与利用。然而，布拉德福定律的影响并不仅限于情报学领域。随着跨学科研究的兴起与发展，越来越多的学者开始尝试将布拉德福定律应用于其他相关领域的研究中。例如，在经济学、管理学、社会学等领域，布拉德福定律被用于分析不同领域文献的分布规律，揭示学科之间的内在联系与发展趋势。此外，布拉德福定律还在科技政策制定、学术评价等方面发挥着重要作用，为决策者提供了有力的理论支持与实践指导。总之，布拉德福定律作为文献计量学的重要定律之一，不仅为情报学领域的研究提供了坚实的理论基础，更在其他相关领域得到了广泛的应用与发展。未来，随着科学技术的不断进步和学科交叉融合的深入发展，布拉德福定律将继续发挥其重要作用，为学术界的繁荣与进步贡献力量。

2.2.2.2 齐夫定律

齐夫定律的产生是以频率词典的出现为前提的，含有 N（N 充分大）个词的文句中，词的出现频率与词在词典中的位置（序号）是频率词典的两个基本数据[176]。齐夫在"最小努力原则"思想的指导下，首先对语言进行了研究，因为这是人类活动很重要的一个方面。他考察了很多文体的文章，发现词在任何一段文字表述中都有一定的规律。如果把每个词在一篇文章中的出现次数（频率）按照递减的顺序排列起来（高频词在先，低频词在后），并用自然数从小到大给词频的倒顺序命予等级（高频词等级值小，低频词等级值大），就会发现，等级值和频率值相乘是一个常数，即 $R×F=C$，式中，R 表示等级，F 表示频率，C 为常数。当然，这里的常数并不是绝对不变的恒等值，而是围绕一个中心数值上下波动的，有时相差很大。齐夫揭示的这种词频规律，后来就被人们称为齐夫定律[177]。齐夫定律，这一著名的经验定律，已经在多个学科领域，如语言学、情报学、地理学、经济学以及信息科学等，得到了广泛而深入的应用，并取得了众多令人欣喜的成果。中国数学家和语言学家周海中曾对此定律进行了深入研究，并明确指出，齐夫定律是描述词频分布规律的强大数学工具。然而，尽管其应用广泛，但作为一种经验定律，它仍然存在着不足之处，需要进一步加以完善。在语言学领域，齐夫定律揭示了词汇使用频率的规律。它表明，在一个文本中，少数词汇的使用频率极高，而大多数词汇的使用频率则相对较低。这一规律不仅适用于书面文本，也适用于口语交流。通过运用齐夫定律，语言学家们可以更加深入地理解语言的本质和特性，进一步推动语言学的发展。在情报学和信息科学领域，齐夫定律同样发挥了重要作用。它有助于分析和预测信息资源的分布和使用情况。通过运用齐夫定律，可以发现信息资源的集中和分散现象，进而制定更加有效的信息管理和利用策略。然而，尽管齐夫定律具有广泛的应用价值，但它仍然存在着一些局限性。首先，作为一种经验定律，齐夫定律的适用范围和准确性还有待进一步验证。其次，随着学科领域的发展和数据资源的不断丰富，齐夫定律可能需要结合其他理论和方法进行综合运用，以更好地解决实际问题。总之，齐夫定律作为描述词频分布规律的强大数学工具，已经在多个学科领域得到了广泛应用。然而，它仍然存在着不足之处，需要在未来的研究中进一步加以完善和发展。

2.2.2.3　洛特卡定律

1926 年，美国统计学家洛特卡发表了《科学生产率的频率分布》一文。他统计了《化学文摘》（1907—1916）的索引中和《物理学史一览表》（1919年）中的科学家人数及其论文数，发现了作者数与其论文数"平方反比"的数量关系。论文发表后，并未引起学术界的重视。直到 1949 年，洛特卡的研究结论才被称为"洛特卡定律"[178]。洛特卡定律也被称为"平方反比定律"或"倒数平方定律"，被认为是文献计量学中第一次揭示作者数量与文献数量之间关系的定律。洛特卡定律，这一具有深远影响力的理论，提供了一个独特的视角，即通过统计作者的数量来预测文献流动方向和增长速度。这一规律不仅在文献计量领域具有显著意义，更可以从宏观上揭示某一学科领域发展的规模和趋势，为科研工作者和决策者提供宝贵的参考依据。在深入探讨洛特卡定律之前，首先需要了解它的背景。这一定律源于对文献分布和作者分布的研究，揭示了文献产出与作者数量之间的密切关系。通过对大量文献数据进行统计分析，洛特卡发现，在某一学科领域内，高产作者的数量相对较少，而低产作者则占据了绝大多数。这种分布特征为预测文献流动方向和增长速度提供了重要线索。洛特卡定律在考察学科领域未来发展方面发挥着关键作用。通过对某一学科领域的作者数量进行统计和分析，可以大致了解该领域的研究活跃度和学术水平。高产作者的涌现往往意味着该领域研究热点和突破点的出现，而低产作者的普遍存在则表明该领域研究范围广泛，但尚未形成明显的核心研究团队。这些信息对于科研工作者来说至关重要，可以帮助他们把握研究方向和趋势，提高研究效率和质量。此外，洛特卡定律在辅助科学文献管理研究方面也具有积极意义。通过对文献产出和作者分布的统计分析，可以更好地了解文献资源的分布和利用情况，为文献的收集、整理、保存和利用提供有力支持。同时，这也有助于优化文献管理策略，提高文献资源的利用效率。在学科研究的成熟度分析方面，洛特卡定律同样发挥着重要作用。通过对某一学科领域的作者数量和文献产出进行综合分析，可以判断该领域的研究成熟度和发展阶段。例如，一个成熟的学科领域往往拥有更多的高产作者和高质量的文献产出，而一个新兴的学科领域则可能呈现出作者数量较少、文献产出不稳定的特点。这些信息对于决策者来说具有重要参考价值，可以帮助他们制定更加科学合理的学科发展规划和政策。总之，洛特卡定律提供了一个全新的视角来审视学科领域的发展状况和趋势。通过运用这一规律，可以更加深入地了解学科领域的内在规律和特点，为科研工作者和决策者提供有力的支持和指导。在未来的科研工作中，应充分利用洛特卡定律的优势，推动学科研究的深入发展和创新。

2.2.2.4　普赖斯定律

普赖斯定律为：完成该专业论文总和一半的高产作者的人数在数量上应与该专业作者总数的平方根相等[179]。普赖斯定律，作为学术领域的一个重要法则，对于理解和分析文献作者分布规律具有深远的意义。这一定律不仅揭示了作者频率与文献数量之间的内在联系，还提供了深入洞察科学生产率频率分布规律的有力工具。普赖斯定律的核心思想在于，在任何一个学科领域中，文献作者的数量并不是均匀分布的。相反，它呈现出一种特定的规律，即少数作者发表了大量的文献，而大多数作者则只发表了少量的文献。这种分布规律，实际上反映了科学生产率的集中与分散现象。为了更好地理解这一定律，可以借助一些具体的例子和统计数据来加以说明。例如，在某一学科领域，可能只有少数几位顶尖学者发表了数十篇甚至上百篇高质量的学术论文，他们的研究成果对于该领域的发展起到了关键性的推动作用。而与此同时，大量的其他学者则可能只发表了寥寥几篇甚至一篇论文，他们的贡献虽然不容忽视，但相比之下显得较为分散。普赖斯定律的这种分布规律，实际上也符合其他领域的类似现象。例如，在经济学中的帕累托原则，即"二八法则"，也揭示了类似的规律：少数的人或事物掌握了大部分的财富或影响力。这种规律不仅存在于经济学领域，也广泛存在于社会、文化、技术等多个领域。那么，普赖斯定律对于学术研究和文献分析有何重要意义呢？首先，在评估一个学科领域的发展状况时，不能仅仅关注文献数量的多少，而更应该关注文献质量的高低以及作者的分布情况。其次，普赖斯定律也提供了一种有效的方法来识别和评价学科领域内的关键学者和研究成果。这些关键学者和成果往往代表着该领域的前沿和趋势，对于推动学科发展具有重要意义。此外，普赖斯定律还揭示了科学研究的内在规律和特点。科学研究往往需要长时间的积累、深入的思考和艰苦的探索，这使得能够持续产出高质量研究成果的学者相对较少。同时，科学研究也具有高度的专业性和复杂性，这使得大多数学者只能在某个特定领域或方向上有所建树。因此，普赖斯定律所揭示的作者分布规律，实际上也反映了科学研究的本质和特点。综上所述，普赖斯定律作为衡量各个学科领域文献作者分布规律的定律，具有深远的意义和广泛的应用价值。它不仅揭示了作者频率与文献数量之间的关系，还提供了深入洞察科学生产率频率分布规律的有力工具。通过理解和应用普赖斯定律，可以更好地评估学科领域的发展状况、识别关键学者和研究成果，并推动科学研究的不断进步和发展。

◆◇ 2.3 政策工具和文献计量学理论在科普政策研究中的适用性

（1）政策工具理论在科普政策领域的适用性

政策工具理论，作为一种综合性强、适用性广的理论框架，近年来在国内外学术界引起了广泛关注。它不仅为政策制定者提供了有力的分析工具，还在多个领域展现出了强大的解释力。正是由于其广泛的应用和强大的适用性，政策工具理论在我国得到了广泛认可，并在科普政策制定和实施过程中发挥了重要作用。政策工具理论之所以具有如此强大的适用性，一方面是因为其灵活性和多样性。政策工具可以根据不同领域的特点和需求，进行针对性的选择和组合，以实现政策目标。另一方面，政策工具理论注重实证研究和数据分析，能够基于实际数据和案例进行深入的分析和解释，使得政策制定更加科学、合理。在科普政策领域，政策工具理论的应用更是发挥了重要作用。科普政策旨在提高公众的科学素养和科学意识，推动科学技术的普及和应用。政策工具理论可以帮助政策制定者明确科普政策的目标和重点，选择合适的政策工具进行实施。例如，通过政策引导、资金支持、人才培养等手段，推动科普活动的开展和普及，提高公众对科学技术的认知和兴趣。此外，政策工具理论还可以为科普政策的评估和优化提供有力支持。通过对科普政策实施效果进行定期评估和反馈，政策制定者可以及时调整政策工具和措施，以更好地适应社会发展和公众需求的变化。这种动态调整和优化过程，使得科普政策能够持续发挥作用，为推动我国科学技术事业的发展作出积极贡献。综上所述，政策工具理论因其广泛的适用性和强大的解释力，在科普政策领域得到了广泛应用。通过与科普政策的有效结合，政策工具理论不仅为政策制定者提供了有力的分析工具，还为科普事业的发展提供了有力保障。

（2）文献计量学理论易获得科学的科普政策研究结果

随着科学技术的发展日新月异，各个学科之间的交流与融合日益紧密，形成了许多新兴交叉学科。在这一背景下，文献计量学理论和方法在科普政策研究领域的应用逐渐得到了广泛关注，成为了一种全新的研究范式。将文献计量学引入科普政策研究，不仅可以为政策制定者提供更为客观、可验证的数据支持，还有助于研究者从宏观层面揭示政策演进的内在规律和发展趋势。文献计量学是一门以量化方法分析文献信息的学科，通过统计、分析文献的引用、发表、传播等各方面的数据，揭示学科发展的内在规律。在科普政策研究领域，文献计量学可以帮助研究者系统地梳理和分析大量的政策文本，挖掘其中的关键信息和潜在规律。例如，通过对科普政策文本的计量分析，可以了解不同政策制定主体在制定科普政策时的偏好和策略，进而揭示政策制定的影响因素和动力机制。

在科普政策文本载体形式方面，文献计量学同样发挥着重要作用。随着信息技术的快速发展，政策文本的载体形式日益多样化，如网络文本、电子文档等。文献计量学可以运用各种技术手段，对这些不同形式的政策文本进行统一处理和量化分析，从而更加全面地揭示政策文本的特征和规律。本书研究在系统梳理文献计量学理论的基础上，结合大量实际案例和文本数据，对科普政策文本进行了深入的计量分析。通过对不同政策制定主体、不同政策主题、不同政策实施阶段等多个维度的比较和分析，得出了一系列有价值的研究结论。这些结论不仅有助于更好地理解和把握科普政策的本质和规律，还为政策制定者提供了有益的参考和借鉴。值得一提的是，本书研究所得出的结论均基于大量文本数据和科学量化的分析方式，因此具有较高的可信度和说服力。通过文献计量学的应用，可以更加准确地把握科普政策的发展方向和趋势，为政策的制定和实施提供更为科学的依据和支持。综上所述，文献计量学在科普政策研究领域具有重要的理论和实践意义。未来，应该进一步加强文献计量学在科普政策研究中的应用和推广，充分利用其对公共政策进行分析和研究的能力，推动科普政策理论和实践的不断发展。同时，也应该关注文献计量学本身的发展和创新，不断完善其理论和方法体系，以适应日益复杂的政策环境和研究需求。

第 3 章 我国科普政策时间序列分析

◆ 3.1 样本选择与筛选

3.1.1 样本来源

在深入探索政策文本的来源这一环节时，本书研究对科普政策文本的数据来源进行了筛选，力求确保数据的权威性和全面性。主要的数据来源是"中国法律资源库"，这是一个权威的法律信息服务平台，集中了国家法律法规、司法解释、行政规章等各类法律文件，具有极高的权威性和可信度。选择"中国法律资源库"作为主要的数据源，可以确保获取到的科普政策文本具有高度的法律效力和权威性，为后续的研究提供了坚实的基础。除了"中国法律资源库"外，本书研究还选取了政府官方网站公布的政策文本作为补充数据来源。通过从政府官方网站获取政策文本，可以进一步丰富数据样本，防止由遗漏导致的信息不全面。同时，政府官方网站的政策文本具有公开性，便于公众查阅和了解，这也符合本书研究对样本选择的要求。在样本的选择上，本书研究严格遵循公开颁布的原则，只选取已经公开发布的政策文本作为研究对象。这样做的好处在于，可以确保研究的政策文本是真实存在的，具有现实意义和应用价值。同时，公开颁布的政策文本也更容易获取和验证，为研究提供了便利。通过综合利用"中国法律资源库"和政府官方网站等多个权威数据来源，本书研究确保了政策文本选取的权威性和全面性。这不仅可以为深入研究科普政策提供丰富的数据支持，还可以为政策制定者提供有益的参考和借鉴，推动科普事业的健康发展。值得一提的是，在获取政策文本的过程中，还注重了文本的准确性和完整性。仔细核对每一份政策文本的来源和发布时间，确保数据的真实可靠。同时，还对政策文本进行了深入的解读和分析，以便更好地理解其背后的政策意图和实际效果。这些工作都为本书研究提供了有力的支撑，能够更全面、深入地探讨科普政策的相关问题。

3.1.2 政策文本的筛选和整理

1994年12月5日，党中央和国务院联合发布的《关于加强科学技术普及工作的若干意见》，不仅是新中国成立以来首个全面阐述科普工作的纲领性文件，更是我国首个官方用以指导科普工作的重要文件。这是新中国成立以来，党中央和国务院首次共同发布的全面论述科普工作的纲领性文件，具有里程碑式的意义。这份文件不仅为我国科普工作指明了方向，也为未来的科普事业发展奠定了坚实的基础。因此，本书研究将检索时间起点设定为1994年。为确保所选取的政策文本具备高度的准确性和代表性，进而提升研究的针对性和实效性，本书研究遵循了一系列严格的原则对检索到的政策文本进行了细致的遴选和整理。这一过程中，充分考虑到政策文本的来源、类型、内容相关性以及重复性等多个维度，力求使研究结果更加准确、全面和深入。首先，在选取政策文本时，严格限定其来源为国家层面发布的文件。仅采用由中共中央、全国人大、国务院及其所属机构等权威机构发布的政策文本。这些机构所制定的政策通常具有全局性、战略性和权威性，能够反映国家层面在科普领域的发展导向和重点任务。其次，在政策类型方面，主要聚焦于法律法规、纲要、通知、意见、规划、公告等文件。这些文件通常包含了对科普领域的明确要求和指导，能够提供有力的政策依据和参考。相比之下，复函、批复等其他类型的文件虽然也可能涉及科普内容，但通常不具备政策文件的普遍性和规范性，因此未被纳入研究范围。再次，对政策文本的内容进行了严格的筛选。对于科普内容相关性较低的政策文本，以及在政策条文中未直接规定和明确体现科普措施的文件，进行了剔除。这些文件虽然可能在一定程度上反映了国家对科普工作的重视，但由于缺乏具体的科普措施和要求，因此无法为研究提供有力的支撑。最后，在整理政策文本的过程中，本书研究特别关注了转发和重复文件的问题。对于这类文件，进行了严格的剔除，以避免重复统计和误导研究结果。通过对政策文本的整理以及对政策文本收集结果的调整和完善，梳理出了1100份有效的政策文本。这些文本将为后续的研究提供有力的支撑和参考，更深入地了解科普领域的政策发展脉络和未来趋势。

◆◇ 3.2 科普政策文本时间序列分析

本书研究从历史沿革的角度出发，对我国国家层面科普政策文本的发展嬗变过程进行梳理和分析，探索其基本发展规律，力求揭示各个发展阶段的特点以及其核心内容。本书研究以我国科普政策数量分析结果为参考，将我国国家层面科普政策的历史沿革分为政策初始阶段（1994—2001 年）、政策发展阶段（2002—2008 年）和政策密集阶段（2009 至今），并运用 ROSTCM 分析软件对每一阶段的科普政策进行核心内容挖掘。

3.2.1 政策初始阶段（1994—2001 年）

3.2.1.1 政策初始阶段基本情况概述

表 3.1 政策初始阶段主要科普政策

法规名称	颁布日期	颁布主体	政策文号
《关于加强科学技术普及工作的若干意见》	1994.12.05	中共中央、国务院	—
《关于加强科普宣传工作的通知》	1996.06.12	中共中央宣传部、国家科委、中国科学技术协会	—
《2000—2005 年科学技术普及工作纲要》	1999.12.09	科学技术部、中共中央宣传部、中国科学技术协会、教育部、国家发展计划委员会、财政部、国家税务总局、国家广播电影电视总局、新闻出版署	国科发政字〔1999〕582 号

资料来源：作者整理。

1994 年，中共中央、国务院正式发布了《关于加强科学技术普及工作的若干意见》（以下简称《意见》），这一文件的出台标志着我国将科学普及工作提升至前所未有的战略高度。在这一重要文件的指引下，科学普及工作被赋予了推动社会主义现代化事业兴旺发达及民族强盛的重大使命，进一步明确了其在我国社会发展中的重要地位和作用。《意见》明确指出，科学技术普及工作是提高全民素质、建设社会主义物质文明和精神文明的必要内容。它强调，通过普及科学知识、传播科学思想、倡导科学方法，可以有效提升公民的科学素养，从而推动社会的全面进步。此外，科学普及工作也是实现我国经济发展战略目标的关键环节，它有助于提升我国在国际竞争中的综合实力，为实现中华民族的伟大复兴提供有力支撑。《意见》还强调了科学普及工作对于经济发展、社会稳定和科技进步的保障作用。通过普及科技知识，可以帮助公众理解并适应经济发展带来的变革，从而维护社会稳定；同时，科技普及也有助于激发科技创新活力，推动科技进步，为我国经济发展注入新的动力。为了确保科学普及工作的顺利开展，《意见》还提出了加强和完善党和政府对科普工作的领导和组织的要求。各级党委和政府要高度重视科普工作，将其纳入重要议事日程，切实加强对科普工作的领导和组织协调。同时，要充分利用改革开放的契机，创新科普工作机制，推动形成全社会多元参与科普工作的新格局。在《意见》的指引下，我国科普事业取得了显著成效。各级政府和社会各界纷纷投入大量资源，开展形式多样的科普活动，普及科学知识，传播科学思想。这些努力不仅提高了公民的科学素养，也为我国经济发展、社会稳定和科技进步提供了有力保障。总之，《关于加强科学技术普及工作的若干意见》的颁布标志着我国科普事业迈上了新的台阶。它强调了科学普及工作的重要性和战略地位，为今后科普工作的发展指明了方向。在党和政府的领导下，在全社会的共同努力下，我国科普事业必将迎来更加美好的未来。

1996 年 9 月，为了深入贯彻党的十四届五中全会精神，积极落实中共中央、国务院提出的《关于加强科学技术普及工作的若干意见》，中宣部正式出台了《加强科普宣传工作的若干意见》（以下简称《若干意见》）。这份文件的出台，标志着我国对于科学技术普及工作的高度重视，也标志着我国正式迈开了提升全民科学文化素质的新步伐。《若干意见》的出台，是为了加大科技知识普及和宣传的力度，提高全民族科学文化素质，从而加强社会主义精神文明建设。这一举措的提出，既是对我国当前社会科技普及现状的深刻反思，也是对未来发展的前瞻布局。我国作为一个发展中国家，人口众多，公民的科学文化素质相对较低。这一现状严重制约了我国经济和社会的快速发展。因此，《若干意见》明确指出，要深入阐述科技进步与经济增长方式转变之间以及科技进步与经济发展之间的关系。这种关系的深入阐述，旨在让广大人民群众深刻认识到，提高科学文化素质不仅是个人成长和发展的需要，更是国家实现经济增长方式由粗放型向集约型转变、推动经济持续健康发展的根本保证。在

《若干意见》中，还强调了要结合我国重大科技计划的宣传，使人民群众了解科技进步对我国经济发展的巨大推动作用。通过宣传我国最迫切需要解决的科技发展问题和科技发展的动态与成果，人民群众更加直观地感受到科技进步带来的实惠，从而激发他们的学习热情和创新精神。此外，《若干意见》还提出要掌握与此相关的基本科技知识与思想。这意味着，科普宣传工作不仅要注重科技知识的普及，还要注重科技思想的传播。通过传播科技思想，可以帮助人们更好地理解科技进步的本质和意义，从而更好地应对未来科技发展的挑战。为了实现上述目标，《若干意见》还提出了一系列具体的措施和建议。例如，加强科普教育体系建设，提高科普教育的质量和水平；加强科普队伍建设，培养一支高素质的科普人才队伍；加强科普资源整合和共享，提高科普资源的利用效率等。这些措施和建议的实施，将为我国科普事业的发展提供有力的保障。《若干意见》的出台是我国科普事业发展史上的一个重要里程碑。它为我国科普事业的快速发展指明了方向，也为提高全民科学文化素质、推动经济和社会持续健康发展奠定了坚实的基础。

在 1999 年，我国为了进一步推动科学技术普及工作，并为接下来的几年设定明确的目标和任务，正式颁布了《2000—2005 年科学技术普及工作纲要》（以下简称《纲要》）。这一纲领性文件的出台，标志着我国科普事业进入了一个新的发展阶段，为未来的科普工作提供了具体的指导意见和实施细则。《纲要》作为我国官方发布的第一个针对科普工作的规划纲要，充分体现了国家对于科学技术普及工作的重视。这一文件明确了我国科普事业发展的目标和任务，提出了科普工作的基本原则和具体措施，为各级政府和相关部门开展科普工作提供了有力的政策支持和指导。在《纲要》中，我国政府深刻认识到提高国民素质、推动经济社会全面发展的重要性和紧迫性。而科学技术普及作为提升国民科学素质、培养创新精神的重要途径，自然成为了这一过程中不可或缺的一环。因此，《纲要》将科普工作作为经济社会发展中的一项长期战略性工程来加以推进。然而，尽管我国科普事业取得了一定的成绩，但仍然存在不少问题和挑战。《纲要》明确指出，科普工作面临的任务极其繁重艰巨，现有的管理体系和运行机制尚未完全符合社会主义市场经济的要求，科普事业自身发展也缺乏系统规划和长远部署。这些问题不仅影响了科普工作的深入开展，也制约了我国科普事业的可持续发展。此外，科普工作力度不够、公民科学素质偏低与经济社会发展速度不匹配的矛盾正日益凸显。一些地区和群体对科学普及的认知程度和参与积极性仍然不高，科学精神和科学思维的培养还需要进一步加强。这些问题如果得不到及时有效的解决，将对科普事业发展的进程产生负面影响。为了解决这些问题，《纲要》提出了一系列具体的措施和建议。例如，加强科普工作的组织领导，建立健全科普工作体系；加大科普投入，提高科普工作的质量和效益；加强科普队伍建设，培养一支高素质的科普人才队伍；加强科普宣传和教育，提高公民的科学素质，等等。这些措施的实施，将有助于推动我国科普事业不断向前发展。《2000—2005年科学技术普及工作纲要》的颁布实施，为我国科普事业的发展指明了方向，提供了有力的政策保障。

3.2.1.2 政策核心内容挖掘

为了挖掘出这一阶段科普政策文本的核心内容，本小节择取了这一阶段中具有代表性的6项科普政策文本进行分析。在对每一项科普政策文本进行仔细研读的基础上，运用ROSTCM内容挖掘软件对该阶段中的研究样本分别进行词频分析，并借助软件关键词提取功能，从每项政策文本中提取出有实际意义的关键词。为了保证关键词具备一定的代表意义，仅对排在前30的关键词进行统计。通过以上处理，统计结果如表3.2所示。

表3.2 科普政策初始阶段的词频统计

关键词	词频	关键词	词频	关键词	词频
科学技术	392	培训	32	创新	20
青少年	176	科技素质	26	企业	20
科普	103	社区	24	科学思想	20
科普活动	72	基础设施	24	社会主义	20
教育	66	战略	23	科学技术协会	19
社会	59	科技知识	23	鼓励	18
经济	38	科学方法	22	政策	17
科普宣传	35	学校	21	文化	16
规划	34	项目	21	引导	16
政府	33	封建迷信	21	社会发展	16

资料来源：根据"北大法律信息网"的"中国法律法规规章司法解释全库"下载数据整理统计而成。

这一时期政策文本中的关键词共词网络图谱如图3.1所示，可以看出，"科学技术""科普""青少年""社会""科普活动"等关键词处于网络的中

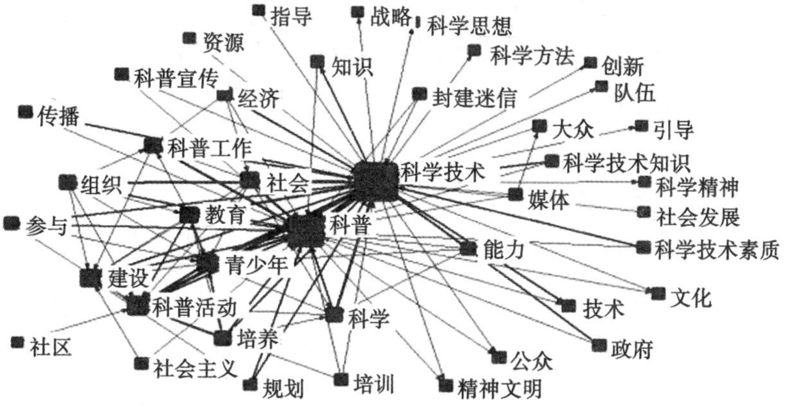

图 3.1　科普政策初始阶段的关键词共词网络图谱

（资料来源：根据"北大法律信息网"的"中国法律法规规章司法解释全库"下
载数据整理，通过 UCINET 软件生成）

心位置，说明这些关键词与其他关键词的联系最为紧密，是这一阶段政策文本
中的核心内容。还可以看出，大部分关键词处于网络的边缘位置，这些关键词
节点之间的联系比较稀疏，是这一阶段政策文本中的次重点。

　　本书研究选取了词频最高的 30 个关键词进入这一阶段的关键词表，排在
前 10 位的关键词依次为"科学技术""青少年""科普""科普活动""教育"
"社会""经济""科普宣传""规划""政府"，这些词都对应在共词网络的中
心位置。在这 30 个关键词中，有 8 个关键词是这一阶段独有的，即在之后的 2
个阶段的高频关键词中并未出现，它们分别是"经济""科技知识""科学方
法""封建迷信""社会发展""社会主义""文化""科学思想"，约占这一阶
段关键词的 26%，这一阶段独有的关键词可以反映出当时的发展烙印和时代特
点。如"封建迷信"在这一阶段的政策文本中经常被提及，是由于在 20 世纪
90 年代初，一些地方忽视了对广大人民群众进行科学思想、科学精神、科学
方法的普及，致使伪科学、反科学活动频频发生，封建迷信活动日渐蔓延、泛
滥和猖獗，社会上兴起了一阵阵伪科学、反科学的封建迷信思潮，这种思潮严
重阻碍了我国社会主义物质文明和精神文明发展与建设。我国政府对此高度重
视，政府希望通过传播科学方法、科学思想、科技知识等方式提升公民科普意
识，以抑制这种思潮，这也是"科学方法"和"科学思想"等词频现的主要
原因。从另一角度也可看出，政策文本中过多强调科学方法、科学思想和科学
精神的普及，是将公众视为知识的被动接受者，而非将公众作为知识的使用

者、利益相关者以及政策参与者等来看待。

此外，"经济"经常在这一阶段的科普政策文本中出现，这一阶段的科普政策更多的是强调我国科普工作要紧紧围绕经济建设展开，这与 20 世纪 90 年代我国所进行的如火如荼的改革开放这一特殊背景是紧密相关的。20 世纪 90 年代我国经济、社会发展也到了一个"攻坚"阶段，大量的"瓶颈问题"通常以科技实力和经济实力为主的综合国力的提升来加以解决。经济的增长方式也由粗放型向集约型进行转变，科学技术的进步是社会生产力提高的主要依存方式，提高劳动强度和增加劳动力数量对提高社会生产力的作用已大打折扣。"在社会化大生产过程中，人们要提高生产效率，使经济又好又快地持续发展，必须依赖于科学技术的进步和普及。如果只依靠人力、财力和物力的投入，经济增长是很有限的。"[180]科学技术需要在全民的推动下才能转化为现实生活中的生产力，要发展生产力，就是要为生产力要素创造出不断量变和质变的环境，而科普就是由量变到质变的催化剂。科普通过其系统性、外渗性、广延性等特点，将科学技术转变为潜在的知识形态的生产力和物化的生产力，并将其渗透到经济系统诸要素中，从而推动经济系统的协调发展和良性运行，这对国家经济的可持续发展有着显著的作用和影响。

3.2.2 政策发展阶段（2002—2008 年）

3.2.2.1 政策发展阶段基本情况概述

表 3.3 政策发展阶段主要科普政策

法规名称	颁布日期	颁布主体	政策文号
《中华人民共和国科学技术普及法》	2002.06.29	全国人民代表大会常务委员会	中华人民共和国主席令第 71 号
《全民科学素质行动计划纲要（2006—2010—2020 年）》	2006.02.06	国务院	国发〔2006〕7 号
《关于加强国家科普能力建设的若干意见》	2007.01.17	科学技术部、中共中央宣传部、国家发展改革委、教育部、国防科学技术工业委员会、财政部、中国科学技术协会、中国科学院	国科发政字〔2007〕32 号

表3.3(续)

法规名称	颁布日期	颁布主体	政策文号
《科普基础设施发展规划（2008—2010—2015）》	2008.11.14	国家发展改革委、科学技术部、财政部、中国科学技术协会	发改高技〔2008〕3086号

资料来源：作者整理。

自改革开放以来，我国科普事业在党中央、国务院的坚强领导和全社会的共同努力下，取得了显著的发展成果。科普基础设施作为推动科学普及的重要载体，其建设取得了长足的进展，不仅政策环境得到了明显的改善，各类科普基础设施的数量也显著增加，科普服务能力得到了持续的提升。这一系列的成就，主要得益于我国国内对科普的旺盛需求以及科普政策的成功引领。科普基础设施作为普及科学知识、传播科学思想、弘扬科学精神的重要平台，在提升全民科学素质、推动创新驱动发展战略实施等方面发挥着不可替代的作用。我国政府对科普设施建设历来高度重视，将其视为推动科学普及事业发展的关键环节。为了引导和规范科普设施的建设，我国政府颁布了一系列与之相关的政策法规，为科普设施的健康发展提供了坚实的制度保障。在政策推动下，我国科普基础设施呈现出蓬勃发展的态势。一方面，各类科普场馆、科技馆、博物馆等不断涌现，为公众提供了丰富多样的科普活动场所。这些场馆不仅拥有先进的科技展示设备，还配备了专业的科普讲解员，能够引导公众深入了解科学知识的奥秘。另一方面，社区科普设施、农村科普站等基层科普设施也逐步完善，为广大群众提供了更加便捷的科普服务。这些设施贴近群众生活，通过举办科普讲座、科普展览等形式，将科学知识送到基层，激发了公众对科学的兴趣和热爱。除了数量上的增加，我国科普基础设施的质量也得到了显著提升。许多科普场馆在建筑设计、展览内容、互动体验等方面都进行了创新尝试，力求为公众提供更加生动、有趣的科普体验。同时，我国还加强了对科普设施的运营管理，提升了其服务水平和运营效率。这些举措使得我国科普基础设施在数量和质量上都达到了新的高度。值得一提的是，我国科普事业的发展还得益于社会各界的广泛参与。企业、高校、科研机构等纷纷加入到科普事业中来，通过捐赠资金、提供技术支持等方式支持科普设施建设。同时，越来越多的志愿者也加入到科普工作中来，为公众提供科普咨询、讲解等服务。这些力量共同推动我国科普事业不断向前发展。改革开放以来，我国科普基础设施建设取得了长足的发展，这主要得益于政策引领和社会各界的广泛参与。

自 2002 年《中华人民共和国科学技术普及法》正式颁布以来，该法第 24 条的规定便为我国的科普场馆、设施建设提供了明确的法律保障和指导。该条款明确指出，省、自治区、直辖市人民政府以及其他具备条件的地方人民政府，必须将科普场馆、设施的建设纳入城乡建设的整体规划之中，并将其视为基本建设规划的重要一环。这一规定不仅凸显了科普工作在现代化建设中的重要地位，也体现了国家对于提高全民科学素质、推动科技进步的坚定决心。在城乡建设的规划中，科普场馆、设施作为重要的公共服务设施，其建设和布局需要充分考虑公众的需求和便捷性。因此，各级政府在制定城乡建设规划时，应将科普场馆、设施纳入其中，并合理规划其位置、规模和功能，确保公众能够便捷地享受到科普服务。此外，对于已经建成的科普场馆、设施，各级政府也应当加强对其利用、维修和改造。这些场馆、设施作为传播科学知识、弘扬科学精神的重要阵地，需要不断进行优化和完善，以适应时代发展的需求。政府可以通过加大资金投入、引入先进技术、提升服务水平等方式，不断提高科普场馆、设施的品质和效益。值得注意的是，随着科技的飞速发展和社会的不断进步，公众对于科普的需求也在不断增加。因此，各级政府在加强科普场馆、设施建设的同时，还应注重创新科普形式和内容，通过举办各类科普活动、开展科普教育等方式，吸引更多公众参与科普活动，提高全民科学素质。此外，统计数据也显示，科普场馆、设施的建设对于提升地区科技水平、推动经济发展具有显著作用。因此，各级政府更应充分认识到科普场馆、设施建设的重要性，加大投入力度，推动科普事业不断向前发展。各级政府应认真履行法律职责，加强科普场馆、设施的建设和利用，推动科普事业繁荣发展，为提高全民科学素质、推动科技进步作出积极贡献。

在 2003 年，中国科协联合多个相关部门共同制定并印发了《关于加强科技馆等科普设施建设的若干意见》。这份文件的出台，不仅标志着我国科普事业迈出了坚实的步伐，更成为指导科技馆等科普基础设施建设的重要政策指导性文件。《关于加强科技馆等科普设施建设的若干意见》的出台，彰显了国家对科普事业的高度重视。它明确了科技馆等科普设施在提升全民科学素质、推动创新驱动发展战略中的重要作用，并提出要大力推进科技馆等各级各类科普设施的建设。这一举措，不仅有利于满足人民群众日益增长的科学文化需求，也有助于提升我国在国际上的科技竞争力。在《关于加强科技馆等科普设施建设的若干意见》的指导下，各级政府和相关部门纷纷行动起来，积极投入科技馆等科普设施的建设。结合当地实际，充分利用现有资源，新建、扩建或改造了一批科技馆、科学馆等场所，为公众提供了更为丰富的科普教育资源。此外，《关于加强科技馆等科普设施建设的若干意见》还强调，科技馆等科普设施的建设应注重实效性和创新性。这意味着，在推进建设的过程中，不仅要注重设施的数量和规模，更要关注其科普教育的质量和效果。因此，各地在科技馆等科普设施的建设中，纷纷引入先进的科技手段和教育理念，打造了一批具有互动性、体验性、趣味性的科普活动，吸引了大量公众参与。统计数据显示，自《关于加强科技馆等科普设施建设的若干意见》发布以来，我国科技馆等科普设施的数量和规模均实现了显著增长。这些设施不仅为公众提供了了解科学、探索未知的平台，也为培养青少年的科学兴趣和创新精神发挥了重要作用。同时，科技馆等科普设施的建设也带动了相关产业的发展，为经济增长注入了新的动力。《关于加强科技馆等科普设施建设的若干意见》的出台，为我国科普事业的发展注入了新的活力。在文件的指导下，科技馆等科普设施建设取得了显著成效，为提升全民科学素质、推动社会进步作出了积极贡献。

在 2006 年 3 月，一个重要的历史节点，国务院颁布实施了《全民科学素质行动计划纲要（2006—2010—2020 年）》。这一纲要的出台，标志着我国对于提升全民科学素质的高度重视，并为此制定了一系列具体的行动计划。其中，"科普基础设施工程"被明确列为四大重点工程之一，凸显了其在推动科学普及、提升公众科学素养方面的重要作用。不仅如此，这一工程还作为"十一五"期间重点实施的任务之一，获得了政府的高度重视和大力支持。科普基础设施工程作为提升全民科学素质的关键一环，其重要性不言而喻。它涵盖了科技馆、博物馆、图书馆等各类科普场所的建设与改造，旨在为公众提供一个接触科学、了解科学、热爱科学的平台。通过这些设施，公众可以直观地感受到科学的魅力，深入了解科学的基本原理和应用领域，从而激发他们对科学的兴趣和热情。为了进一步推动科普基础设施工程的发展，国家发展改革委等四部委在 2008 年联合颁布实施了《科普基础设施发展规划（2008—2010—2015）》。这一规划不仅明确了我国 2008—2010 年以及"十二五"时期科普基础设施建设的发展方针和目标，还详细列出了具体的任务和保障措施。它为我国科普基础设施的建设提供了明确的指导和支持，为提升全民科学素质奠定了坚实的基础。在发展科普基础设施工程的过程中，我国政府注重发挥各级政府和社会力量的作用，形成了政府主导、社会参与的多元化投入机制。同时，还注重加强科普设施与教育的结合，推动科普活动进校园、进社区、进农村，让更多的人能够享受到科普带来的乐趣和收获。此外，随着科技的不断发展，科普基础设施工程也在不断创新和完善。例如，一些科普场馆开始引入虚拟现实、增强现实等先进技术，为公众提供更加生动、直观的科普体验。同时，一些线上科普平台也应运而生，为广大网友提供了便捷的获取科普知识的途径。通过《全民科学素质行动计划纲要（2006—2010—2020）》和《科普基础设施发展规划（2008—2010—2015）》的颁布实施，我国科普基础设施工程得到了有力的推动和发展。这不仅有助于提升全民科学素质，还有助于推动科技创新和经济发展。

3.2.2.2　政策核心内容挖掘

本小节选取了这一阶段中具有代表性的 8 项科普政策文本进行分析，对每一项科普政策文本进行了仔细研读，运用 ROSTCM 内容挖掘软件对该阶段中的研究样本分别进行词频分析，并借助软件关键词提取功能提取了排在前 30 的关键词，结果如表 3.4 所示。

表 3.4　科普政策发展阶段的词频统计

关键词	词频	关键词	词频	关键词	词频
科学技术	172	科普宣传	26	青少年	13
科普	139	科普基地	19	经费	13
环境	64	科协	16	教育	13
基础设施	52	规划	16	政府	12
科普活动	51	行政部门	15	自治区	12
科技馆	40	农村	15	博物馆	12
社会	40	财政	15	教育	10
税务	29	鼓励	14	社区	10
申报	29	科技知识	13	企业	10
项目	27	战略	13	引导	10

资料来源：根据"北大法律信息网"的"中国法律法规规章司法解释全库"下载数据整理统计而成。

这一阶段的政策文本关键词共词网络图谱如图 3.2 所示，可以看出，"科学技术"和"科普"是这个网络的 2 个绝对核心，大部分关键词都是围绕这 2 个中心词展开的。本书研究选取了 30 个高频关键词进入这一阶段的关键词表，排在前 10 位的关键词依次为"科学技术""科普""环境""基础设施""科

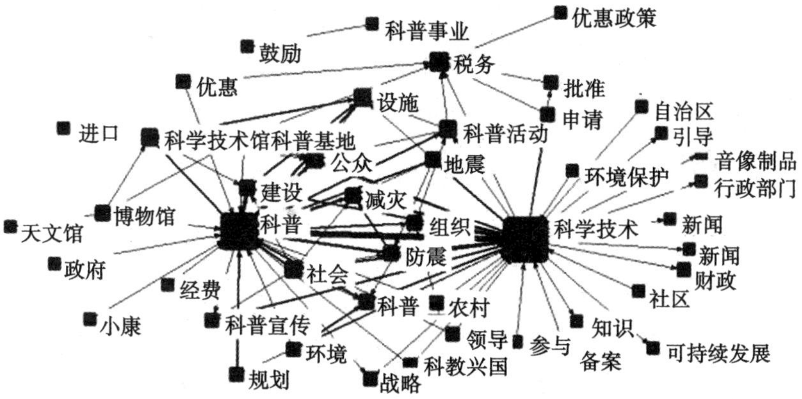

图 3.2 我国科普政策发展阶段的关键词共词网络图谱

(资料来源：根据"北大法律信息网"的"中国法律法规规章司法解释全库"下载数据整理，通过 UCINET 软件生成)

普活动""科技馆""社会""税务""申报""项目"。与前一时期相比，前 10 个关键词中有 6 个产生了更迭，"青少年""规划""政府"等关键词虽然在这一阶段仍然是政策文本的核心，但排名却跌出前 10 名，中心度呈递减趋势，而"基础设施""税务""项目"等关键词热度升温，跻身前 10 名，说明随着时间的推移，政策文本中的核心内容也发生位移。另外，只有 5 个关键词是在这一阶段独有的。"基础设施""科技馆""博物馆""项目"等关键词在这一"科协"阶段的政策文本中频现透射出，科普基础设施建设已然成为了这一阶段我国科普事业发展的工作重点。"一个国家公民科学素质建设工作的实际状况及整个国家文明发展的程度都在一定意义上由本国科普基础设施的建设和发展水平所体现。加强科普基础设施的建设与完善，提高科普基础设施的服务水平，满足不同公众提高科学素质的要求，实现科普公共服务的公平普惠、宣传科普政策法规，对于推动科普事业的发展、全民科学素质建设具有十分重要的作用和意义。"[181] "我国科普基础设施目前虽然发展态势不错，但科普基础设施的建设与发展仍然不能满足全国公众的科学文化需求，面临着诸多困扰科普基础设施健康发展的瓶颈问题，如资金问题、政策问题、人才缺乏问题、资源不足问题等。概括起来，主要表现为平衡发展问题和可持续发展问题。"[182] 我国科普基础设施建设发展不平衡和不可持续，究其原因可归纳为以下两点：第一，社会大科普格局未能建立。第二，建设标准、规范及政策法规不完善，如何找到制度性的解决方案是政策制定者的当务之急。科普基础设施建设需要政府加大投入力度，因此，"财政""税务"等关键词也频现于这一阶段的科普政策文本中，这是我国政府加大科普基础设施建设在政策文本中的折射。

3.2.3 政策密集阶段（2009 至今）

3.2.3.1 政策密集阶段基本情况概述

表 3.5 政策密集阶段主要科普政策

法规名称	颁布日期	颁布主体	政策文号
《国家科学技术普及"十二五"专项规划》	2012.04.05	科学技术部	国科发政〔2012〕224 号
《国务院关于印发全民科学素质行动规划纲要（2021—2035 年）的通知》	2021.06.03	国务院	国发〔2021〕9 号
《"十四五"国家科学技术普及发展规划》	2022.08.16	科学技术部、中央宣传部、中国科学技术协会	国科发才〔2022〕212 号
《关于新时代进一步加强科学技术普及工作的意见》	2022.09.05	中共中央办公厅、国务院办公厅	—

资料来源：作者整理。

2012 年 4 月，科学技术部为了贯彻党的十七届五中、六中全会精神与《中华人民共和国国民经济和社会发展第十二个五年规划纲要》，落实《中华人民共和国科学技术普及法》，实施《国家中长期科学和技术发展规划纲要（2006—2020 年）》《国家"十二五"科学和技术发展规划》《全民科学素质行动计划纲要（2006—2010—2020 年）》，不断加强国家科普能力建设，提高公民科学素质，促进我国科普事业健康持续发展，制定了《国家科学技术普及"十二五"专项规划》（以下简称《专项规划》）。"十二五"时期是我国建设小康社会的关键时期，是创新型国家建设的攻坚阶段，我国科普事业发展应把握住这难能可贵的战略机遇。面对国内经济社会发展的新需求和世界科技发展的新趋势，除我国公民科学素质与发达国家有较大差距外，我国科普事业发展过程中一些深层次问题也随之显现。主要表现为，科普资源整合力度不够，科普基础设施服务能力有待提升；科普产品研发能力不强，科普原创作品少，科普产业培育和发展仍在起步阶段；专业科普人员数量偏少，科技工作者、企业等社会力量参与科普积极性还没有充分调动；科普事业投入不足，企业和社会力量对科普事业的捐助较少等。除《全民科学素质行动计划纲要（2006—2010—2020 年）》规定的提升未成年人、农民、城镇劳动人口、公务员和领导干部四大重点人群科学素质外，《专项规划》新增了一项内容，即提高社区居民科学素质，主要包括依托社区公共服务场所和设施，提升社区科普能力，实施社区科普益民计划。开发社区内及周边科普资源，鼓励科研院所、学校、科普场馆、科普教育基地、企事业等单位开展科普活动，推动科普活动的社会化。鼓励经营性科普产业发展是《专项规划》中的亮点之一，提出以公众科普需求为导向，以多元化投资和市场化运作的方式，推动科普展教品、科普图书出版、科普影视、科普动漫、科普玩具、科普游戏、科普旅游等经营性科普产业的发展。扶持一批具有较强实力和较大规模的科普展览、设计制作公司，形成一批具有较高知名度的科普品牌，形成多渠道兴办科普事业的良好局面。探索科普产业化发展的新机制和政策措施，研究制定科普产业相关技术标准和规范。加大对科普产品研发的支持力度，扩大科普服务外包、科普产品与服务采购。科普产业发展在我国还处于起步阶段，面临着许多棘手的问题，但通过以上信息可以看出我国政府对发展科普产业的重视程度，我国政府不但要大力发展科普公益性事业，还应进一步加大对经营性科普产业的扶持力度，形成公益性科普事业和经营性科普并举的发展道路。

2021 年 6 月 3 日，为贯彻落实党中央、国务院关于科普和科学素质建设的重要部署，依据《中华人民共和国科学技术进步法》《中华人民共和国科学技术普及法》，落实国家有关科技战略规划，国务院特制定了《全民科学素质行动规划纲要（2021—2035 年）》（以下简称《科学素质纲要》）。《科学素质纲要》作为一份旨在提升全民科学素质的重要文件，着重强调了科技资源科普化机制在提升公众科学素养方面的关键作用。为了实现这一目标，纲要提出了多项举措，其中包括引导企业和社会组织建立有效的科技资源科普化机制，支持中国公众科学素质促进联合体等组织的发展，推动科普事业与科普产业的深度融合，并积极探索"产业+科普"的创新模式。引导企业和社会组织建立有效的科技资源科普化机制是提升公众科学素质的重要途径。企业和社会组织作为社会发展的重要力量，拥有丰富的科技资源和专业知识。通过建立科普化机制，这些资源可以得到有效的整合和转化，以更加通俗易懂的方式传递给公众。支持中国公众科学素质促进联合体等组织的发展也是提升公众科学素质的重要举措。这些组织在科普工作中发挥着桥梁和纽带的作用，能够连接政府、企业和社会公众，推动科普工作的深入开展。通过加强对这些组织的支持和培育，可以进一步激发其科普工作的积极性和创新性，为提升公众科学素质提供更多的动力和资源。推动科普事业与科普产业的深度融合也是实现全民科学素质提升的关键一环。科普事业和科普产业是相互依存、相互促进的。通过加强两者的融合，可以形成更加完善的科普生态体系，为公众提供更加丰富的科普产品和服务。探索"产业+科普"模式也是提升公众科学素质的重要创新路径。这一模式旨在将产业发展与科普工作相结合，通过产业的力量推动科普事业的发展。《科学素质纲要》强调了建立有效的科技资源科普化机制的重要性，并提出了多项举措来推动科普事业与科普产业的发展。这些举措不仅有助于提升公众的科学素养，还有助于推动社会整体的进步和发展。

"科技创新、科学普及是实现创新发展的两翼，要把科学普及放在与科技创新同等重要的位置"。为深入贯彻落实习近平总书记关于科普工作的重要指示精神，落实党中央、国务院有关决策部署，推进新时代科普事业发展，编制了《"十四五"国家科学技术普及发展规划》。《"十四五"国家科学技术普及发展规划》不仅指明了未来科普工作的方向，更为科普领域市场的繁荣与发展提供了有力的政策支持。规划中提到："探索利用高新技术产业、科技成果转化、文化创意产业等支持政策，促进科普领域市场发展。"这一举措无疑为科普领域注入了新的活力，推动了科技创新与科学普及的深度融合。高新技术产业作为当今世界经济发展的重要引擎，具有强大的创新能力和技术支撑。通过探索高新技术产业支持政策，可以充分利用高新技术在科普领域的优势，推动科普内容、形式和手段的创新。例如，利用虚拟现实、增强现实等先进技术，打造沉浸式科普体验，让公众更加直观地了解科技知识，提高科普效果。科技成果转化是科技创新的重要一环，也是科普工作的重要内容。通过促进科技成果的转化与应用，可以将科研成果转化为科普资源，丰富科普内容，提高科普的针对性和实用性。同时，科技成果的转化还能带动相关产业的发展，形成科普与产业相互促进的良性循环。文化创意产业作为新兴产业，具有独特的创意性和文化性，可以为科普工作提供丰富的素材和灵感。通过文化创意产业的支持政策，可以推动科普与文化的融合，打造具有文化内涵的科普品牌，提升科普的吸引力和影响力。在具体实施上，政府可以出台相关政策，鼓励高新技术产业、科技成果转化、文化创意产业等领域的企业和机构参与科普工作，提供相应的资金支持和税收优惠。《"十四五"国家科学技术普及发展规划》提出的探索利用高新技术产业、科技成果转化、文化创意产业等支持政策，促进科普领域市场发展的举措，不仅有助于推动科普工作的创新与发展，还能为经济社会发展注入新的动力。

2022 年 9 月 5 日，中共中央办公厅、国务院办公厅印发了《关于新时代进一步加强科学技术普及工作的意见》。《关于新时代进一步加强科学技术普及工作的意见》明确指出了在新时代背景下，科普工作的重要性和紧迫性，特别强调了推动科普产业的发展，并提出了具体的方向和措施。在新时代背景下，科普产业的发展显得尤为关键。科普产业是指以科学技术普及为核心，以知识传播、科普教育、科普活动等形式为载体，通过市场化运作，实现科普资源的优化配置和高效利用的产业。随着科技的不断进步和人们科学素质的提高，科普产业在促进经济发展、提升社会文明程度、推动科技创新等方面发挥着越来越重要的作用。为了培育壮大科普产业，政府和社会各界需要共同努力。首先，政府应加大对科普产业的扶持力度，制定相关政策，提供资金支持，鼓励企业和社会组织积极参与科普工作。同时，还应加强科普基础设施建设，提高科普场馆、科普教育基地等场所的覆盖面和服务水平，为公众提供更加便捷、优质的科普服务。其次，促进科普与文化、旅游、体育等产业的融合发展也是推动科普产业发展的重要途径。科普与文化产业的融合，可以提升科普的吸引力和影响力。科普与旅游产业的融合，可以开发科普旅游线路和产品，将科普元素融入旅游活动中。科普与体育产业的融合，可以通过举办科普体育赛事、科普健身活动等形式，将科学精神融入体育文化中，提升公众的科学素质和健康意识。此外，推动科普产业发展还需要加强科普人才队伍建设。科普人才是科普工作的核心力量，他们应具备丰富的科学知识、良好的传播能力和创新精神。因此，应加强对科普人才的培养和引进，建立科普人才库，为科普工作提供有力的人才保障。《关于新时代进一步加强科学技术普及工作的意见》的出台，为科普产业的发展指明了方向。

3.2.3.2 政策核心内容挖掘

为了对这一阶段科普政策文本的核心内容进行挖掘，本小节选择了这一阶段中具有代表性的 40 项科普政策文本进行分析，运用 ROSTCM 内容挖掘软件对该阶段中的研究样本进行关键词提取，由于该阶段分析样本数远多于前 2 个阶段，因此选择词频排名前 40 的关键词进行统计，统计结果如表 3.6 所示。

表 3.6 科普政策密集阶段的词频统计

关键词	词频	关键词	词频	关键词	词频
科普	509	项目	200	环境	116
科学技术	496	社区	189	政府	111
科普活动	407	科普宣传	185	科普产业	96
社会	292	科普教育	178	网络	95
规划	286	国土资源	178	惠农	95
青少年	282	申报	144	引导	92
基础设施	282	共享	140	学校	89
农村	270	基层	138	展教	89
科普资源	255	科技馆	128	自治区	88
科普基地	240	社区科普	128	创新	88
科学素质	233	经费	126	企业	87
教育	215	推荐	123	科普能力	85
培训	211	政策	121		
服务	200	鼓励	118		

资料来源：根据"北大法律信息网"的"中国法律法规规章司法解释全库"下载数据整理统计而成。

结合图 3.3 的关键词共词效果，不难发现这一时期政策文本的关键词共词网络与前 2 个时期相比更为复杂，关键词无论是在数量上，还是在彼此之间的联系紧密程度上，都有了大幅度的提高，尤其是边缘节点关键词的数量增幅尤其明显。由于这一阶段政策文本数量较多，因此该阶段选取词频前 40 的关键词进行统计分析，如表 3.6 所示。在这一阶段，词频排名在前 15 的关键词依次为"科普""科学技术""科普活动""社会""规划""青少年""基础设施""农村""科普资源""科普基地""科学素质""教育""培训""服务""项目"，其中"农村""科普资源""科学素质""培训"等关键词成为这一阶段新的政策文本核心。在这一关键词表中，有 13 个新兴的关键词是前 2 个阶段关键词表中从未出现的，分别为"科普教育""科普资源""服务""国土资源""共享""基层""社区科普""科普产业""推荐""科普能力""惠农""展教""网络"。一些新兴关键词可以反映出科普发展中新的重点领域，如"科普产业"在这一阶段的政策文本中频现，说明其重要性日益显著，科

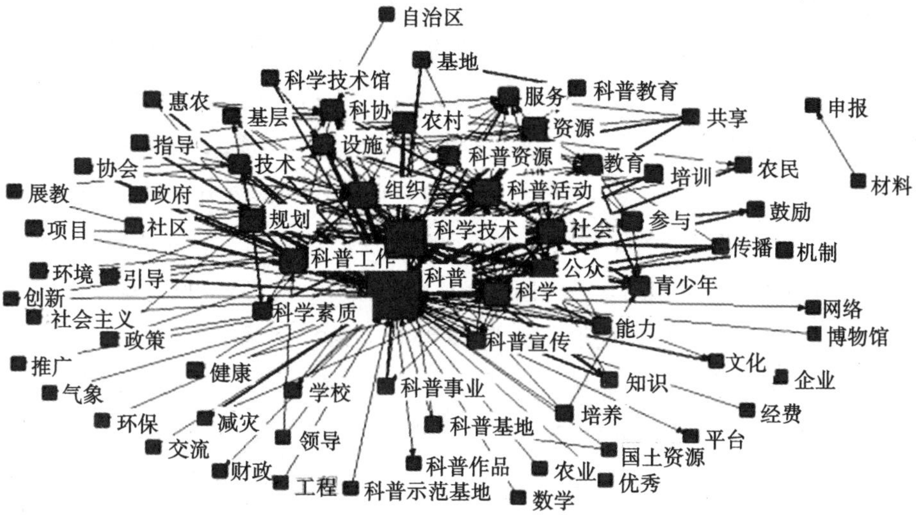

图 3.3 我国科普政策密集阶段的关键词共词网络图谱

（资料来源：根据"北大法律信息网"的"中国法律法规规章司法解释全库"下载数据整理，通过 UCINET 软件生成）

普产业的兴起顺应了历史发展的潮流。《中华人民共和国科学技术普及法》明确规定："国家支持社会力量兴办科普事业。社会力量兴办科普事业可以按照市场机制运行。"这实际上已经将发展科普产业上升到了法律高度。科普作为一项公益性的事业，长期以来一直以政府投入为主，随着公众科普需求的日益增长，公益性的科普难以满足公众的需求。科普事业要进一步发展，就必须大力推进科普产业化进程，探索经营性科普产业与公益性科普事业并举的发展道路，二者相互促进、相互补充，形成结合发展之态势。

◆◇ 3.3 本章小结

（1）初始阶段政策强调围绕经济建设及提升公民科普意识展开

自 1994 年起，我国科普工作进入了一个全新的阶段。在这一时期，有两个标志性政策文件尤为引人关注，它们不仅为科普工作指明了方向，也为我国科普事业的发展奠定了坚实基础。1994 年出台的《关于加强科学技术普及工作的若干意见》是我国科普事业发展的重要文件。该文件将科学普及工作提升至事关社会主义现代化事业的兴旺及民族强盛的战略高度，深刻认识到科普工作对于国家发展和民族进步的重要意义。在这一文件的指导下，我国开始加大对科普工作的投入力度，推动科普活动的广泛开展，旨在提高全民科学素质，推动科技进步和创新。1999年出台的《2000—2005年科学技术普及工作纲要》是我国官方发布的第一个有关科普工作的规划纲要。该纲要详细阐述了科普工作的目标任务、工作重点和实施措施，为科普工作的深入开展提供了具体指导。《纲要》强调，科普工作要紧密结合国家经济建设和社会发展需要，推动科技创新与科学普及相结合，为国家经济战略服务。通过对初始阶段的政策文本进行词频分析，可以挖掘出反映当时时代特点和发展烙印的关键词。这些关键词包括"经济""科技知识""科学方法""封建迷信""社会发展""社会主义""文化""科学思想"等。这些关键词不仅反映了当时我国科普工作的主要内容和方向，也揭示了我国科普事业所处的历史背景和时代背景。结合这一阶段科普政策的基本概况和政策文本核心内容的挖掘，可以得出以下结论：该阶段科普政策更多的是强调我国科普工作要紧紧围绕经济建设展开，为国家经济战略服务成为当时科普工作的主基调。我国政府希望通过传播科学思想、科学方法、科技知识等方式提升公民科普意识，从根本上动摇和拆除封建迷信赖以生存的社会根基。这是我国特定的历史阶段所决定的，也是我国科普事业发展的必然选择。总之，1994年至2005年这一阶段是我国科普事业发展的重要时期。通过两个标志性政策文件的出台和实施，我国科普工作取得了显著成效，为后续的科普事业发展奠定了坚实基础。

（2）发展阶段政策着重强化科普基础性设施建设

在科普事业发展的历程中，《中华人民共和国科学技术普及法》《全民科学素质行动计划纲要（2006—2010—2020年）》《关于加强国家科普能力建设的若干意见》《科普基础设施发展规划（2008—2010—2015）》无疑是最具里程碑意义的政策文本。这些法规不仅标志着我国科普工作的重大进步，而且为科普事业的持续发展奠定了坚实的基础。《中华人民共和国科学技术普及法》的出台，具有划时代的意义。它是世界上首部专门针对科普工作制定的法律文件，标志着我国科普工作正式纳入了法治化的轨道。该法明确了科普工作的地位、任务和目标，为各级政府和相关部门提供了明确的行动指南。它的颁布不仅为科普工作提供了法律保障，而且推动了科普工作的规范化、专业化发展。这一阶段中具有代表性的政策文本还有《全民科学素质行动计划纲要（2006—2010—2020年）》，这是我国第一个提高全民科学素质的纲领性文件，对于提升我国公民科学素质和指导我国科普工作发展具有里程碑式的意义。
《关于加强国家科普能力建设的若干意见》首次对国家科普能力进行了官方的
正式诠释，并指出加强我国科普能力建设的重要性以及如何加强科普能力建
设。而《科普基础设施发展规划（2008—2010—2015）》则是对全国科普基
础设施建设的宏观指导、前瞻布局和系统设计。它提出了建设科普基础设施的
目标、任务和措施，为我国科普工作的发展提供了坚实的物质支撑。在这一规
划的指引下，我国科普基础设施建设得到了快速发展，博物馆、科技馆等科普
场所如雨后春笋般涌现，为公民提供了丰富的科学知识和实践体验。通过对这
一阶段政策文本的词频分析，可以发现"基础设施""税务""行政部门"
"财政""博物馆""科技馆"等关键词频繁出现，这些关键词反映了这一阶段
我国科普工作的主要特点和重点方向。科普基础设施建设成为了这一时期我国
科普工作发展的重点，我国政府也通过税收优惠、财政支出等手段加大了对科
普基础设施建设的投入力度。具体来说，政府在税收优惠方面为科普基础设施
建设提供了有力支持。通过减免相关税费、提供税收优惠政策等方式，鼓励企
业和个人积极参与科普基础设施建设。同时，政府在财政支出方面也给予了重
点支持，将科普基础设施建设纳入国家发展规划和财政预算，确保资金投入的
稳定性和持续性。此外，我国还加强了科普基础设施建设的统筹规划和协调管
理。各级政府和相关部门按照规划要求，加强协作配合，共同推进科普基础设
施的建设和运营。同时，我国还注重发挥市场机制的作用，吸引社会资本参与
科普基础设施建设，形成多元化的投入格局。这些政策的实施，为我国科普基
础设施建设提供了有力的政策保障和经费支持，推动了科普事业的快速发展。
科普基础设施的完善不仅提高了公民的科学素质，而且为我国的科技创新和经
济社会发展提供了重要支撑。展望未来，随着科技的不断进步和社会的发展，
科普工作将继续发挥重要作用。我国将继续加强科普基础设施建设，完善科普
服务体系，提高科普工作的质量和效益。

（3）密集阶段政策强调公益性科普事业与经营性科普产业并举

《国家科学技术普及"十二五"专项规划》作为我国科普事业发展的重要
纲领性文件，其亮点之一便是鼓励经营性科普产业的发展。这一规划明确提
出，要以公众需求为导向，推动科普产业的蓬勃发展。这一举措不仅有助于提
升公众的科学素养，还能为科普事业注入新的活力，推动其向更高层次发展。
在《全民科学素质行动规划纲要（2021—2035 年）》中，进一步强调了推动

科普事业与科普产业发展的重要性。指出，要充分发挥市场机制的作用，引导社会资本投入科普产业，推动形成多元化的科普服务供给体系。这一举措的实施，为科普产业的发展提供了更加广阔的空间和更多的可能性。《"十四五"国家科学技术普及发展规划》则进一步明确了科普与科技、文化、旅游、体育等产业融合发展的方向。规划提出，要充分利用各种资源和平台，推动科普内容的创新传播，让科学知识更加贴近群众、深入人心。这一举措的实施，将有助于提高科普活动的吸引力和影响力，吸引公众更多参与到科普活动中来。《关于新时代进一步加强科学技术普及工作的意见》则进一步强调了以科普需求为导向的原则，提出要以多元化投资和市场化运作的方式，推动经营性科普产业的发展。意见还指出，要加强科普资源的整合和共享，提高科普服务的覆盖面和普及率。这一举措的实施，有助于优化科普资源配置，提高科普工作的效率和效果。通过对这些科普政策文本的词频分析，可以发现"科普资源""共享""基层""社区科普""科普产业""科普能力""惠农""网络"等关键词成为这一阶段新兴的发展方面。这些关键词反映了科普政策在推进科普产业化进程、加强基层科普工作、推动科普资源共享以及利用现代信息技术手段等方面的关注重点。从政策文本的核心内容来看，这一阶段的科普政策着重强调要大力推进科普产业化进程，以促进公益性科普事业与经营性科普产业的结合发展。这一举措的实施，将有助于形成科普事业与科普产业相互促进、共同发展的良好局面。同时，政策还强调了科普工作的重心逐渐向社区等基层转移、分化的态势，这体现了科普工作更加注重贴近群众、服务基层的理念。综上所述，这些科普政策为科普事业的发展以及科普产业的兴起起到了关键作用。它们不仅为科普工作提供了明确的指导方向，还为科普产业的发展提供了有力的政策支持。

第4章 我国科普政策发文主体及其网络特性分析

自改革开放以来，我国政策制定和实施等方面复杂性程度日益加深，科普政策参与制定的主体呈逐步增加的态势。本章对我国政策主体情况进行研究，对于完善我国科普政策体系，提升政策质量和影响都有重要意义。

◆◇ 4.1 科普政策主体构成

政策主体，顾名思义就是制定政策的主体。郭雯认为，政策主体（政策活动者）是直接或者间接地参与政策制定、执行、评估和监控的个人、团体或组织[183]。本章以政策的制定主体为对象，并将政策主体划分为独立发文和联合发文两种情况。参与科普政策制定的主体多达62个，分别为中共中央、全国人大及其常委会、国务院、科学技术部、农业部、国家中医药管理局等。该62个发文主体按权威性来分，大致可以分为三个层次，第一层次为中共中央及全国人大，第二层次为国务院，第三层次为国务院各部委、直属机构以及其他发文部门。

◆◇ 4.2 科普政策发文主体的描述性分析

4.2.1 单独制定科普政策文本主体分析

表4.1 国家层面单独制定科普政策的主体构成及发文数量

政策主体	1994（1995）	1996（1997）	…	2006（2007）	2008（2009）	2010（2011）	…	总计
国务院及办公厅				4（7）	1（1）	1（5）		27

表4.1（续）

政策主体	1994（1995）	1996（1997）	...	2006（2007）	2008（2009）	2010（2011）	...	总计
科学技术部		1		2	1（1）	1（6）		49
农业部				2	2	2（2）		21
国家中医药管理局					2（2）	2（6）		26
国土资源部（原）				1	1（6）	3（4）		31
教育部								2
中国气象局				1		5（2）		30
中国科协				10（34）	25（29）	22		545
⋮								⋮
民政部					2			2
财政部				1	1			2

资料来源：根据"北大法律信息网"的"中国法律法规规章司法解释全库"下载数据整理统计而成。

经统计得出，单独制定我国科普政策的主体多达 42 个，单独发文量为 919 项，占比为 83.55%。其中，由全国人大及其人大常委会颁布的法律文件只有 1 项，由国务院独自颁布的行政法规有 27 项。由国务院各部委、直属机构以及其他发文主体独自发文 1027 项，中国科协、国土资源部（原）、科学技术部、国家中医药管理局、中国气象局等是主要的发文主体。在 1994 年之前，几乎没有专门性的科普政策，处于政策真空期。在 1994—2002 年间，国家科普政策文本数较少，尤其是在 2002 年之前，政策制定主要由科学技术部、国土资源部、科学技术协会、文化部等少数部门承担，其他部门鲜有参与到科普政策的制定中。2002 年，随着我国科普法的颁布，这一状况有了一定改善，2002—2008 年间，科普政策数量和制定部门较以往都有了明显的增多。2008 年以后，随着我国提高公民素质力度的日益加大，参与科普政策制定的部门如雨后春笋般出现，呈现出爆发式增长，政策数量和政策制定部门都呈现出激增的态势，这与国家关于鼓励和重视发展科技、提高公民素质的相关战略部署，以及一些关键性的、具有标志性意义的政策，如《全民科学素质行动计划纲要（2006—2010—2020 年）》《关于加强国家科普能力建设的若干意见》《国家科学技术普及"十二五"专项规划》的出台有着密切关联，对我国科普事业的发展产生了重要影响。

4.2.2 联合制定科普政策文本主体分析

表 4.2 政策主体联合发文情况

联合发文部门数/个	政策数量/项	百分比
2	108	59.67%
3	35	19.34%
4	17	9.39%
5 及以上	21	11.60%
合计	181	100.00%

资料来源：作者整理。

由表 4.2 可以看出，我国国家层面科普政策由 2 个及 2 个以上部门联合发布的文件数共有 181 项，占政策总数的 16.45% 左右。其中，联合发文部门数为 2 个的政策数量为 108 项，占比为 59.67%，联合发文部门数为 3 个的发文数量为 35 项，占比为 19.34%，4 个、5 个及以上的发文数量分别为 17 项和 21 项。在联合发文的主体中，参与发文次数最多的是科学技术部，说明科学技术部在参与科普政策的制定中与其他部门的联系最为紧密。其次是中国科协。还可以看出，无论在单独制定科普政策还是联合参与科普政策制定方面，科学技术部和中国科协都有着稳定的、高频的政策数量输出，是政策制定的主要力量。在单独制定相关科普政策方面，除了科学技术部与中国科协外，国土资源部（原）、国家中医药管理局、农业部等部门在政策输出中也是名列前茅，但在联合发文方面却并不突出。

我国目前科普政策的颁布仍然以部门独立发文为主，根据统计得知，联合发文的政策数量占科普政策总量的比例虽然不高，却呈现出明显上升趋势。例如，2000 年科学技术部、中宣部、教育部、中国科协、共青团中央共同颁布了《2001—2005 年中国青少年科学技术普及活动指导纲要》；2007 年，科学技术部、中宣部、教育部、发改委、财政部、国防科工委、中国科协及中国科学院共同发布了《关于加强国家科普能力建设的若干意见》；2011 年，教育部、科学技术部、中国科学院、中国科协联合颁布了《关于建立中小学科普教育社会实践基地和开展科普教育的通知》。随着多部门联合发文的逐渐增多，一些问题也逐步显现出来。譬如，多个部门参与制定科普政策，以哪个部门的意见为准，政策在实施过程中如果遇到问题，又该由哪个部门负责等，这些问题是我国政府在制定科普政策时不得不面对的问题。政策主体间应加强彼此的协同，关键是协同合作后，应明确各个政策主体在政策中的职责，只有这样才能有效地形成合力，有利于科普政策的实施。全民科学素质工作领导小组在2006年发布的《全民科学素质行动计划纲要实施工作方案》（以下简称《工作方案》）就值得参考，该《工作方案》对相关政策主体在《全民科学素质行动计划纲要（2006—2010—2020年）》中的主要任务及职责进行了分解，在针对未成年人科学素质行动中，明确牵头部门为教育部和共青团中央，责任单位包括中国科协、中宣部、全国妇联、科学技术部、人事部、劳动保障部、广电总局、工程院、自然科学基金会。在针对农民科学素质行动中，牵头部门为农业部和中国科协，责任单位为中组部、中宣部、教育部、科学技术部、人事部、劳动保障部、广电总局、工程院、全国总工会、共青团中央、全国妇联。虽然该《工作方案》并未对政策主体的具体任务作出明确规定，但其政策制定方式是值得推广和借鉴的。

◆ 4.3 科普政策发文主体网络特性分析

4.3.1 科普政策发文主体网络结构图

"社会网络分析（social network analysis，SNA）是当代社会科学研究方法的一个重要分支，已发展成为一种具有专门的概念体系和测量工具的研究范式，它通过一系列节点及节点之间连线组合来分析不同社会单位（个体、群体或元素）所构成社会关系的结构及属性。"[184]社会网络分析可对各行为主体之间关系进行质性描述和量化，揭示节点（各行为主体）间的关联结构，可以直观地对网络图进行展示[185]。受到社会网络分析的影响，政策主体网络分析是对政策主体间互动的结构性分析。政策主体网络分析通过定量和定性的方法绘制网络结构图，以视觉方式直观呈现出政策主体之间的关系。

为了直观地揭示各发文主体的协作情况，本节运用社会网络分析方法绘制我国科普政策发文主体的网络图谱。首先，在整理得出的501项科普政策中提取政策主体，若两个主体之间有合作发布政策的情况，则对应的值为1，否则为0，形成发文主体间的 $N×N$ 阶对称邻接矩阵。其次，运用UCINET软件对该邻接矩阵进行分析，为了便于观察网络的特征，本书研究对分析数据进行了二值化处理, 即将多值关系数据转换成二值关系数据, 最终得到科普政策发文主体网络图谱, 如图4.1所示。

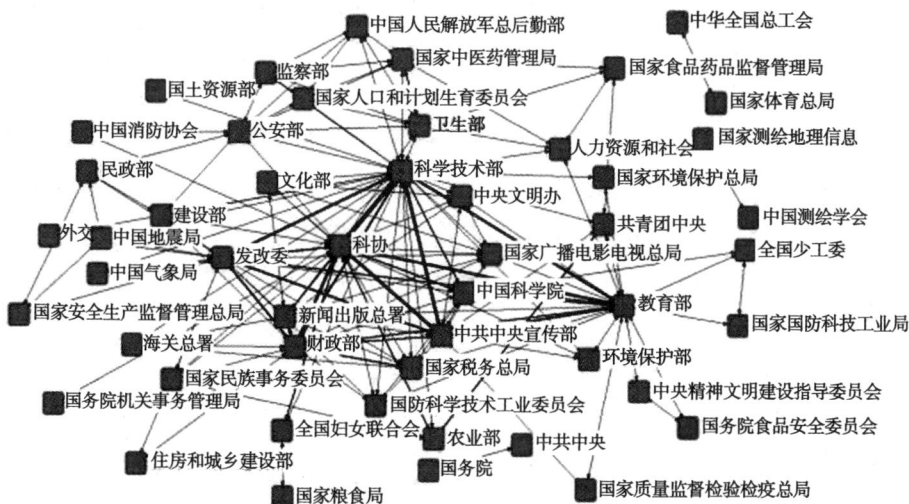

图4.1 科普政策发文主体的网络图谱

(资料来源: 根据"北大法律信息网"的"中国法律法规规章司法解释全库"下载数据整理, 通过 UCINET 软件生成)

其中, 网络图谱中的"节点"表示科普政策发文主体, 节点之间的线段表示政策主体之间存在联系, 并且两个政策主体之间至少合作发文1次, 箭头方向表示信息的接收者和发出者。从图4.1可看出, 科学技术部、中国科协、农业部、教育部、财政部等处于政策网络的核心地位, 并且有很多连接关系, 即它们是整个政策网络的核心节点。另外, 图中还可看出有三个独立的线段处于整个网络的边缘位置, 说明它们在该政策网络中与其他成员间缺乏连接, 即它们与其他成员基本没有联系。通过对它们的背景情况进行调查分析后, 发现该图基本符合实际情况。政策主体之间的关系以图谱方式表现出来, 呈现出一幅系统的关系图。量化分析为质性假设提供了支持, 使得复杂的交流模式能够以直观的形式呈现出来, 能帮助研究者发现其中可能被遗漏的细节。

4.3.2 科普政策发文主体网络密度分析

"网络整体密度指群体成员间彼此的联系程度, 即团队成员间人员互动连带的平均程度。数学上以网络中节点间实际拥有的连接数与最多可能拥有的连接数的比例来表达，简单的理解是'实际存在的关系总数'和'理论上最多可能存在的关系总数'的比值，网络密度的取值范围是［0，1］，一个网络的密度越高，越接近1，则说明网络成员间的联系越紧密，信息在成员间流通的速度和效率就越高，成员之间交流的通道越顺畅，反之越稀疏。"[186]也可这样理解，一个密度很大的网络就是强关系网络，而弱关系网络则正好相反。弱关系网络中成员间的关系相对稀疏，其联系不紧密，相互交流较少，必然会导致信息流通渠道不畅，阻碍协作和共同发展。对于一个强关系网络，其成员之间的联系紧密，成员之间的信息流通、合作行为等都会变得非常顺利和容易，也易取得好的工作成果。运用 UCINET 对网络密度进行测量，在 UCINET 中选择"Network—Cohesion—Density"项目，输出结果如图4.2所示。这一结果显示，此次的网络密度值为 0.1257，而均方差值为 0.3315。网络密度为 0.1257，说明节点间连接呈现稀疏状态，普遍的交流关系不明显，总体网络结构松散，即网络主体间的合作程度不高，全体网络成员之间的联系不紧密；均方差为 0.3315，说明网络节点间连接稀疏，没有密切的交流关系，网络离散度不高，主体成员之间存在小群体现象，即仅在个别成员之间存在比较紧密的联系。

```
BLOCK DENSITIES OR AVERAGES
--------------------------------------------------------

Input dataset:              分析数据GT0 (C:\Users\Administrator\Desktop\分析数据GT0)


Relation: Sheet1

Density (matrix average) = 0.1257
Standard deviation = 0.3315

Use MATRIX>TRANSFORM>DICHOTOMIZE procedure to get binary image matrix.
Density table(s) saved as dataset Density
Standard deviations saved as dataset DensitySD
Actor-by-actor pre-image matrix saved as dataset DensityModel


--------------------------------------------------------
Running time:  00:00:01
Output generated:  07 十一月 14 10:01:21
Copyright (c) 1999-2008 Analytic Technologies
```

图 4.2　样本网络密度测量结果

（资料来源：根据"北大法律信息网"的"中国法律法规规章司法解释全库"下载数据整理，通过 UCINET 软件生成）

4.3.3 科普政策发文主体网络中心性分析

在科普政策主体网络的研究中，中心性分析是一个不可或缺的环节。它有助于深入洞察网络中各个节点的地位、影响力以及相互之间的关系，从而更加精准地把握网络的整体结构和功能。中心性作为社会网络分析中的一个核心概念，提供了一种量化节点在网络中重要程度的方法。在科普政策主体网络中，中心性可以揭示出哪些节点是核心节点，哪些节点处于边缘地位，以及节点之间的连接关系和互动模式。具体而言，中心性分析主要包括中心度和中心势两个方面。中心度关注的是单个节点在网络中的位置和影响力，它可以通过计算节点的度数、中间性、接近性等指标来量化。而中心势则是对整个网络中心化程度的度量，它反映了网络中节点地位和影响力的分布情况。在科普政策主体网络中，不同节点的中心度往往存在显著差异。一些关键节点，由于其在政策制定、实施和推广中的关键作用，往往具有较高的中心度。这些节点在网络中扮演着桥梁和枢纽的角色，对于政策的传播和落地具有重要影响。此外，通过对中心势的分析，可以了解整个网络的整合程度和一致性。如果网络中心势较高，说明网络中存在明显的核心节点和权力中心，这有助于政策的集中和高效传播；而如果中心势较低，则表明网络结构相对分散，节点之间的地位和影响力差异不大，这可能会导致政策传播的不均衡和效率低下。综上所述，通过对科普政策主体网络的中心性分析，可以更加清晰地了解网络的结构和功能，识别出关键节点和潜在的影响者，为优化网络布局、提升政策传播效果提供有益的参考。在未来的研究中，可以进一步结合实证数据和案例分析，深入探索中心性与网络功能之间的关系，为科普政策的制定和实施提供更加科学、系统的支持。

4.3.3.1 点度中心度

"点度中心度指的是与某个节点直接相连的节点的数目，是衡量行动者在网络中所处地位的指针，用来测量网络中行动者的自身交互能力。"[187] "点度中心性是一个最常用也最为简单的中心度定义，它可以直观地表示出节点与网络中其他节点直接联系的情况。它通过计算节点的度数在网络中度值的比例来判断一个节点在该网络中所处的位置，而居于中心位置的节点往往比居于边缘位置的节点与其他节点的直接联系多"[188]。

一般情况下，节点的点出度高，则表示该节点与其他节点交流紧密，在网络中处于活跃状态。而节点的点入度大，则说明该节点在网络中具有较大影响力，处于网络中比较重要的地位。点度中心度又分为绝对点度中心度和相对点度中心度[189]。设 C_{AD}（i）表示行动者 i 的绝对点度中心度，d（i）表示行动者 i 的连接度，那么行动者 i 的绝对点度中心度就等于该行动者的连接度，C_{AD}（i）$= d$（i）。用绝对中心度来衡量一个行动者的中心度时，考虑的是很小范围内的局部特性，即与一个行动者直接连接的行动者有多少个。从全局来讲，这样的绝对中心度只有在同一个图的成员间或者在同等规模的图之间进行比较才有意义。这就引出了另一个点度中心度概念：相对点度中心度。C_{RD}（i）表示行动者 i 的相对点度中心度，与前面一样，d（i）表示行动者 i 的连接度，那么相对点度中心度的值等于行动者的度数与网络中行动者的最大可能度数之比，即 C_{RD}。前者测量的是该节点的"局部中心度"，是指该节点与网络中其他节点直接相连的个数；后者采用的是比值的形式，该指标可用于多个网络间的节点中心度的比较。

UCINET 中，选择"Network—Centrality—Degree"项目，对点度中心度进行分析，分析结果如图4.3所示。点度中心度描述的就是网络主体中单个成员在网络中的地位，通过分析结果可以看出哪些主体在网络中处在核心位置，不同主体表现出不同的点度中心度。其中科学技术部的点度中心度最大，为106，即科学技术部在参与科普政策的制定中与其他部门的合作能力以及在网络的影响力是最强的。另外，中国科协、宣传部、教育部、财政部、国家发展改革委等部门也具有较高的点度中心度，分别为100、62、61、58和55，在网络中表现活跃，具有较高的影响力。而另一些主体成员，其点度中心度并不高，它们却构成了网络的主体部分，其中，点度中心度大于20的主体有7个，而点度中心度小于20的主体有43个，占总体的86%。这说明在该网络中，只有少部分主体间的联系是紧密的，大部分主体间的联系呈现出疏松状态。从数据分析的整体状况上看，中心势指数越接近1，说明网络合作情况越活跃，但从图4.3可知，整个网络的点度中心度只有8.89%，这说明整个网络表现出较低的中心度趋势，绝大数主体合作情况并非相对均匀，这也印证了只有少数主体呈现出联系紧密的状态。

4.3.3.2 中间中心度

中间中心度（betweenness centrality）的概念是由弗里曼教授提出来的。其测量的是行动者对资源以及信息的控制程度，体现在节点对于网络中的"中

```
FREEMAN'S DEGREE CENTRALITY MEASURES:
─────────────────────────────────────────────────────────────

Diagonal valid?              YES
Model:                       SYMMETRIC
Input dataset:               分析数据 (C:\Users\Administrator\Desktop\分析数据)
                             1          2         3
                           Degree   NrmDegree   Share
                         ───────────────────────────────
     17   KJB             106.000     9.636     0.151
      8   KX              100.000     9.091     0.142
     14   XCB              62.000     5.636     0.088
      7   JYB              61.000     5.545     0.087
      3   CZB              58.000     5.273     0.083
      5   FGW              55.000     5.000     0.078
    ...   ...              ...        ...       ...
      9   LSJ               1.000     0.091     0.001
     33   ZGH               1.000     0.091     0.001
     24   JGJ               1.000     0.091     0.001
     32   TYJ               1.000     0.091     0.001

DESCRIPTIVE STATISTICS
                             1          2         3
                           Degree   NrmDegree   Share
                         ───────────────────────────────
      1   Mean             14.040     1.276     0.020
      2   Std Dev          23.702     2.155     0.034
      3   Sum             702.000    63.818     1.000
      4   Variance        561.798     4.643     0.001
      5   SSQ           37946.000   313.603     0.077
      6   MCSSQ         28089.920   232.148     0.057
      7   Euc Norm        194.797    17.709     0.277
      8   Minimum           1.000     0.091     0.001
      9   Maximum         106.000     9.636     0.151


Network Centralization = 8.89%
Heterogeneity = 7.70%.  Normalized = 5.82%

Note: For valued data, the normalized centrality may be larger than 100.
      Also, the centralization statistic is divided by the maximum value in the input dataset.
```

图 4.3　点度中心度测量结果

(资料来源：根据"北大法律信息网"的"中国法律法规规章司法解释全库"下载数据整理，并通过 UCINET 生成)

介"作用。如果一个点处于许多其他节点连接的捷径上，说明该节点具有较高的中间中心度，因此处于整个网络的中心。如节点 X 和节点 Y 相连，节点 Y 和节点 Z 相连，那么节点 X 和节点 Z 就通过节点 Y 间接联系。中间中心度测量的就是节点 Y 在连接 X 和 Z 之间的桥梁作用的程度大小。处于这种位置的个人可以通过控制或者传递信息而影响群体。"如一个行动者处在许多交往网络的路径上，可以认为此人处于重要地位，因为该人具有控制其他行动者交往的能力，其他人的交往需要通过该人才能进行，这种控制能力就是中间中心度。"[190]

中间中心度的计算如下：假设点 j 和 k 之间存在的捷径数目用 g_{jk} 来表示。第三个点 i 能够控制此两点交往的能力用 $b_{jk}(i)$ 来表示，即 i 处于点 j 和 k 之间的捷径上的概率。点 j 和 k 之间存在的经过点 i 的捷径数目用 $g_{jk}(i)$ 来表示。那么，$b_{jk}(i) = g_{jk}(i)/g_{jk}$。把点 i 相应于图中所有的点对中间度加在一起，就得到该点的中间中心度（记为 C_{ABi}），$C_{ABi} = \sum_{j}^{n} \sum_{k}^{n} b_{jk}(i)$，$j \neq k \neq i$，并且 $j < k$。点的中间中心度测量的是该点在多大程度上控制他人之间的交往，如果一个点的中间中心度为 1，就意味着该点可以 100% 地控制其他行动者，其处于网络的核心位置。如果一个点的中间中心度为 0，就表示该点不能对任何行动者进行控制，处于网络的边缘地带。总之，中间中心度测量的是该点对资源的控制程度。中间中心度越大，说明该点对整个资源控制的程度越大，控制其他点间的交往程度也越大，其在整个网络中的核心地位就越显著，拥有的权力也越大。反之，中间中心度越小，说明该点对整个资源控制的程度越小，控制其他点间交往的程度也就越小。

```
FREEMAN BETWEENNESS CENTRALITY
--------------------------------------------------------------------
Input dataset:               分析数据 (C:\Users\k\Desktop\新建文件夹\分析数据)

阿Important note: this routine binarizes but does NOT symmetrize.

Un-normalized centralization: 16832.778

                         1            2
                    Betweenness  nBetweenness
                    -----------  ------------
      17  KJB         357.476       30.398
       7  JYB         192.531       16.372
       8  KX          151.670       12.897
       5  FGW         104.389        8.877
      ...  ...          ...          ...
      47  JSW           0.000        0.000
      48  JHQB          0.000        0.000
      24  JGJ           0.000        0.000
      25  WJB           0.000        0.000


DESCRIPTIVE STATISTICS FOR EACH MEASURE

                         1            2
                    Betweenness  nBetweenness
                    -----------  ------------
       1  Mean         20.820        1.770
       2  Std Dev      60.438        5.139
       3  Sum        1041.000       88.520
       4  Variance   3652.746       26.412
       5  SSQ      204310.906     1477.328
       6  MCSSQ    182637.297     1320.611
       7  Euc Norm    452.008       38.436
       8  Minimum       0.000        0.000
       9  Maximum     357.476       30.398

Network Centralization Index = 29.21%

Output actor-by-centrality measure matrix saved as dataset FreemanBetweenness
```

图 4.4　中间中心度统计描述

（资料来源：根据"北大法律信息网"的"中国法律法规规章司法解释全库"下载数据整理，通过 UCINET 软件生成）

测量中间中心度的步骤是：将数据导入 UCINET，按照"Network—Centrality—Betweenness—Node"的步骤进行中间中心度分析，得到网络节点的中间中心度，如图 4.4 所示。点度中心度描述的是主体的局部中心指数，测量网络中主体自身的交往能力。与点度中心度不同的是，中间中心度研究的是一个主体在多大程度上居于其他两个主体之间，所运用的数据被看成对称性质的。它们的中间中心度指数越高，就说明它们对某部信息传播的控制程度越高，在信息传播中的权力越大。从分析结果来看，不同的主体表现出不同的中间中心度。其中，科学技术部所表现出来的中间中心度最大，为 357.476。说明在该网络中，科学技术部处于网络的核心，拥有很大的权力，对整个群体的影响也是最大的。另外，教育部、中国科协、发改委的中间中心度分列 2 至 4 位，分别为 192.531、151.670、104.389，这些数据也说明它们在该网络中处在很重要的桥梁位置，对其他主体的合作互助起到了很大的作用。即其他主体在合作过程中对它们的依赖程度比较大，它们在网络中所起的连接作用是毋庸置疑的。还有一些节点的中间中心度值为 0，说明它们对其他主体的影响几乎没有，处于网络的边缘。网络标准化中心势越接近 0，说明整个主体彼此之间控制或者影响其他主体的程度越小。网络标准化中心势越接近 1，说明主体彼此间对其他主体的交往施加越大的影响，资源控制程度越大。就整个网络来看，该图网络标准化中心势为 29.21%，数值并不是很高，说明该网络节点之间对应的中间点很少，不太需要通过桥梁节点就可以获取信息，大部分主体彼此之间对其他主体的影响较小。

◆◇ 4.4 科普政策发文主体–主题关联分析

4.4.1 样本选择和主题词提取

由于政策，主体众多，全面分析会对分析结果的科学性和准确性产生影响，因此，为了分析需要，本书研究只选取网络中心度较高的政策主体作为研究对象。研究对象选定为科学技术部、中国科协、教育部、宣传部、财政部、农业部、国土资源部（原）、国家中医药管理局和全民科学素质工作领导小组，并选取具有代表性分析样本 82 项，其中财务部 9 项，国家中医药管理局 8

项，国土资源部（原）6 项，教育部 7 项，科学技术部 14 项，中国科协 26 项，农业部 6 项，宣传部 6 项，全民科学素质工作领导小组 6 项。

利用 ROSTCM 软件分别对 9 个政策主体各自对应的分析样本进行"合并文本文件"、"分词"和"词频统计"处理，为了降低低频词对分析结果的干扰，只选取每个政策主体的前 20 个主题词进行分析，如表 4.3 所示，共得到主题词 180 个，其中带有 * 的主题词是政策主体所独有的，即这些主题词未和其他政策主体发布的主题词发生重复。可以看出，绝大多数主题词都是重复出现，具有较高的重复率，经统计，180 个主题词，只有 27 个主题词是单独出现的，主题词重复率高达 85%，这从侧面反映出我国在科普政策内容方面出现了政策资源重叠和损耗现象。

表 4.3　政策主体发布的高频主题词

政策主体	财政部		国土资源部（原）		教育部		农业部		科学技术部	
关键词	科普	93	国土资源	206	青少年	93	农业*	82	科普	571
	增值税*	81	科普基地	112	科学技术	83	农村	54	科学技术	469
	出版物*	58	科普	80	科普	74	科学素质	43	设施	178
	报纸*	58	地质*	54	教育	50	科普基地	36	国土资源	127
	期刊*	50	组织	38	科普活动	45	转基因*	31	灾害	124
	财政*	49	推荐	36	组织	37	妇女*	31	科普活动	122
	计划	47	灾害	35	社会	35	科普	30	科普基地	117
	图书	43	公众	27	科普教育	32	科普作品	28	科普资源	116
	税务*	42	科普活动	26	试点*	32	组织	26	社会	112
	专项资金*	42	社会	24	指导	28	农民	24	公众	101
	政策*	41	申报	23	科研机构	24	科学技术	59	环境保护	98
	农村	39	科普作品	23	学校	22	申报	24	气象*	93
	惠农	31	科研	20	科普基地	22	教育	23	科技馆	84
	科普活动	31	科普资源	19	公众	21	科普宣传	20	培训	77
	预算*	29	地球日*	17	教师	20	生物*	18	展教*	76
	营业税*	26	科学技术	16	科研	20	培训	17	传播	71
	项目	26	专家	12	社区	19	青少年	17	组织	65
	组织	25	科普能力	11	培训	19	社会	13	科普能力	64
	推荐	22	科学素质	11	科普资源	19	知识	13	科学素质	64
	新闻	22	计划	11	学生*	17	专家	11	服务	61

表4.3(续)

政策主体	中国科协		宣传部		国家中医药管理局		全民科学素质工作领导小组	
关键词	科普	609	科学技术	141	中医药*	349	科普	134
	科学技术	553	科普	89	文化*	196	科学素质	115
	科普资源	184	青少年	77	科普	68	科普资源	80
	组织	176	科普宣传	69	科普基地	64	培训	56
	设施	174	科普活动	57	专家	56	科学技术	88
	农村	167	社会	45	组织	41	设施	54
	青少年	153	组织	40	项目	37	组织	47
	计划	152	公众	37	知识	35	教育	39
	科学素质	141	教育	34	新闻	24	能源*	35
	服务	139	传播	32	申报	22	社会	32
	教育	129	科普能力	26	科普宣传	20	公众	31
	科普活动	124	设施	24	推荐	18	科技馆	31
	社会	116	教师	24	社会	18	科普活动	29
	惠农	115	科研	24	科学技术	17	学校	27
	社区科普*	114	培训	22	宣传教育*	15	农民	26
	社区	114	企业*	21	培训	12	环境保护	26
	科技馆	105	社区	21	图书	12	农村	26
	科普宣传	102	计划	20	传播	10	青少年	24
	科普教育	94	科普资源	19	科普能力	10	项目	23
	培训	89	科研机构	18	考核*	10	指导	23

资料来源：根据"北大法律信息网"的"中国法律法规规章司法解释全库"下载数据整理统计而成。

4.4.2 科普政策发文主体与主题词关联性分析

将政策主体字段和其主题字段相结合，构造政策主体和其主题的关系矩阵，如表4.4所示。利用 UCINET 软件绘制两个字段的关系图，如图4.5所示，连线代表政策主体与相应主题存在关联，即政策主体发布了相应主题的政策。

表4.4 政策主体–主题关系矩阵

	财政部	国土资源部（原）	教育部	农业部	科技部	中国科协	宣传部	国家中医药局	全民科学素质工作领导小组
科普	93	80	74	30	571	609	89	68	134
计划	47	11	0	0	0	152	20	0	0
图书	43	0	0	0	0	0	0	12	0
农村	39	0	0	54	0	167	0	0	26
科学技术	0	16	83	59	469	553	141	17	88
惠农	31	0	0	0	0	115	0	0	0
科普活动	31	26	45	0	122	124	57	0	29
项目	26	0	0	0	0	0	0	37	23
组织	25	38	37	26	65	176	40	41	47
科学素质	0	11	0	43	64	141	0	0	115
科普资源	0	19	19	0	116	184	19	0	80
培训	0	0	19	17	77	89	22	12	56
设施	0	0	0	0	178	174	24	0	54
指导	0	0	28	0	0	0	0	0	23
科研机构	0	0	24	0	0	0	18	0	0
教育	0	0	50	23	0	129	34	0	39
社会	0	24	35	13	112	116	45	18	32
学校	0	0	22	0	0	0	0	0	27
公众	0	27	21	0	101	0	37	0	31
环境保护	0	0	0	0	98	0	0	0	26
科技馆	0	0	0	0	84	105	0	0	31
青少年	0	0	93	17	0	153	77	0	24
国土资源	0	206	0	0	127	0	0	0	0
科普基地	0	112	22	36	117	0	0	64	0
传播	0	0	0	0	71	0	32	10	0
推荐	22	36	36	0	0	0	0	18	0
科普作品	0	23	0	28	0	0	0	0	0
申报	0	23	0	24	0	0	0	22	0
科普能力	0	11	0	0	64	0	26	10	0

表4.4(续)

	财政部	国土资源部（原）	教育部	农业部	科技部	中国科协	宣传部	国家中医药局	全民科学素质工作领导小组
科研	0	20	20	0	0	0	24	0	0
专家	0	12	0	11	0	0	0	56	0
农民	0	0	0	24	0	0	0	0	26
知识	0	0	0	13	0	0	0	35	0
科普宣传	0	0	0	20	0	102	69	20	0
社区	0	0	19	0	0	114	21	0	0
科普教育	0	0	32	0	0	94	0	0	0
教师	0	0	20	0	0	0	24	0	0
服务	0	0	0	0	61	139	0	0	0
灾害	0	35	0	0	124	0	0	0	0
增值税	81	0	0	0	0	0	0	0	0
出版物	58	0	0	0	0	0	0	0	0
报纸	58	0	0	0	0	0	0	0	0
期刊	50	0	0	0	0	0	0	0	0
财政	49	0	0	0	0	0	0	0	0
税务	42	0	0	0	0	0	0	0	0
专项资金	42	0	0	0	0	0	0	0	0
政策	41	0	0	0	0	0	0	0	0
预算	29	0	0	0	0	0	0	0	0
营业税	26	0	0	0	0	0	0	0	0
地质	0	54	0	0	0	0	0	0	0
地球日	0	17	0	0	0	0	0	0	0
试点	0	0	32	0	0	0	0	0	0
能源	0	0	0	0	0	0	0	0	35
中医药	0	0	0	0	0	0	0	349	0
文化	0	0	0	0	0	0	0	196	0
新闻	22	0	0	0	0	0	0	24	0
宣传教育	0	0	0	0	0	0	0	15	0
考核	0	0	0	0	0	0	0	10	0

表4.4(续)

	财政部	国土资源部(原)	教育部	农业部	科技部	中国科协	宣传部	国家中医药局	全民科学素质工作领导小组
气象	0	0	0	0	93	0	0	0	0
展教	0	0	0	0	76	0	0	0	0
社区科普	0	0	0	0	0	114	0	0	0
农业	0	0	0	82	0	0	0	0	0
转基因	0	0	0	31	0	0	0	0	0
妇女	0	0	0	31	0	0	0	0	0
生物	0	0	0	18	0	0	0	0	0
企业	0	0	0	0	0	0	21	0	0
学生	0	0	17	0	0	0	0	0	0

资料来源：根据"北大法律信息网"的"中国法律法规规章司法解释全库"下载数据整理统计而成。

从图4.5可以看出，该图由三部分构成，即政策主体节点、主题词节点以及它们之间的连线，其中网络中心部分的主题词为至少2个政策主体共同关注的主题，网络外围的主题词为政策主体独自关注的主题。以农业部、科学技术部和财政部为例，农业部侧重于"农业""农村""科学素质""科普基地""转基因""妇女""科普作品""农民""科普宣传""生物""培训""青少年""知识""专家"等方面的内容，其中"农业""转基因""妇女""生物"是农业部独自关注的主题，其余方面的主题是与其他政策主体共同关注的，例如，"科普基地"就是与科学技术部、教育部、国土资源部以及国家中医药局共同关注的主题。"科学技术""设施""国土资源""灾害""科普活动""科普基地""科普资源""环境保护""气象""科技馆""培训""展教""科普能力""科学素质""服务"等方面的内容是科学技术部所侧重的主题，其中，"灾害""气象""展教"是科学技术部独自关注的主题，其余是与其他政策主体共同关注的主题，"计划""农村""科普活动""项目""惠农"等方面的内容是财政部与其他政策主体共同关注的主题"增值税""出版物""政策""营业税""专项资金""预算"等主题是财务部单独关注的。通过对政策主体与主题进行关联分析，掌握和了解了政策主体所关注的主题和侧重，为以后的科普政策制定和政策主体间的合作提供了参考和依据。

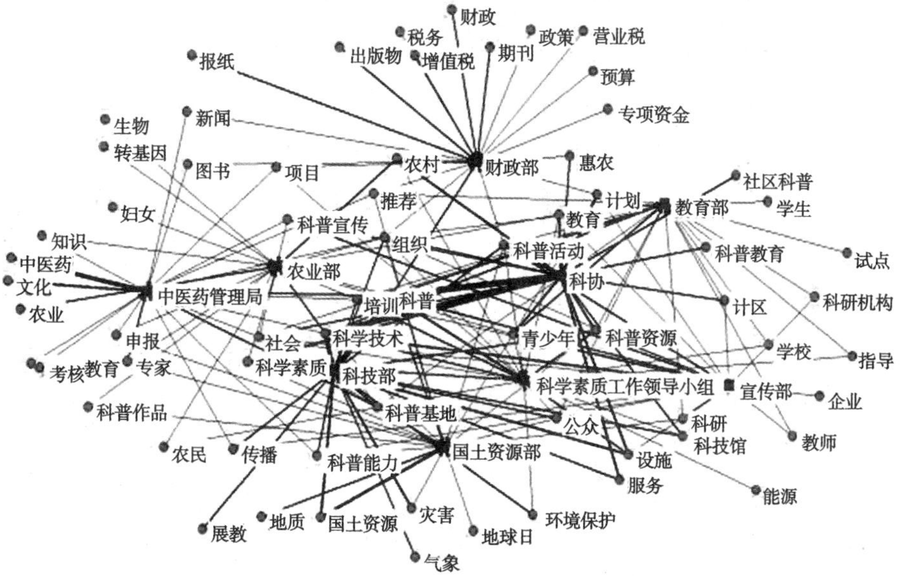

图 4.5　政策主体发布主题词关联图

（资料来源：根据"北大法律信息网"的"中国法律法规规章司法解释全库"下载数据整理，通过 UCINET 软件生成）

◆◆ 4.5　本章小结

（1）科普政策呈现"政出多门"的特征

科普政策作为推动社会科普事业发展的重要力量，其制定和实施的主体及方式对于科普工作的效果具有深远的影响。近年来，随着科普工作日益受到重视，科普政策的制定也呈现出一些新的特点，其中最显著的就是"政出多门"的现象。在 2008 年之前，科普政策的制定主要由科学技术部、国土资源部、中为科协等少数部门承担。这些部门在科普领域具有较高的专业性和权威性，因此其制定的政策具有较强的针对性和可操作性。然而，随着科普工作的重要性日益凸显，越来越多的部门开始参与到科普政策的制定中来，呈现出爆发式增长的趋势。目前，我国科普政策的颁布主要以政策主体独立发文为主，占总政策量的 83.55%。其中，单独发文的政策主体达到了 42 个，涵盖了中科协、科学技术部、国土资源部（原）、国家中医药管理局、农业部等众多部门。这些部门在各自的领域内具有独特的优势和资源，能够针对特定的科普需求制定出更加精细化的政策。尽管独立发文的方式具有一定的优势，但联合发文的重要性也不容忽视。尽管联合发文的总数相对较少，仅占政策总量的16.45%，但近年来呈现出明显的上升趋势。在联合发文的主体中，科学技术部的参与次数最多，其次是中国科协。此外，宣传部、教育部、财政部、发改委等主体也与其他政策主体呈现出较高的关联度。这种跨部门、跨领域的合作有助于形成合力，共同推动科普事业的发展。然而，科普政策制定主体的多元化也带来了一些问题。由于涉及的政策发文主体数量庞大，共涉及62个部门，这导致我国科普政策呈现出"政出多门"的特征。这种特征在一定程度上增加了政策的灵活性和多样性，但同时也容易引发政策主体责任不明确的情况。不同部门之间的政策可能存在重复、交叉甚至矛盾的现象，这不仅给执行者带来了困扰，也影响了科普政策的效果和公众对政策的信任度。为了解决这一问题，需要加强科普政策制定主体的协调与沟通。首先，应明确各部门的职责和权限，避免出现政策重复和交叉的情况。其次，可以建立跨部门协作机制，加强信息共享和资源整合，形成合力推动科普事业的发展。最后，还可以引入第三方评估机构对科普政策进行定期评估和调整，确保政策的针对性和有效性。总之，科普政策呈现"政出多门"的特征既带来了灵活性和多样性，也带来了责任不明确的问题。因此，需要加强政策制定主体的协调与沟通，形成合力推动科普事业的发展，为提升公民素质和社会进步作出更大的贡献。

(2) 科普政策发文主体网络结构存在"小群体"现象

在研究中发现，科普政策主体网络结构存在"小群体"现象。这不仅揭示了科普政策主体间的交流与合作现状，同时也为进一步探讨如何优化政策主体网络结构提供了重要线索。通过对政策发文主体网络特性的网络密度分析，得到了两个关键性数据：网络密度为0.1257，均方差为0.3315。这两个数据结果揭示了网络节点间连接的稀疏状态。具体来说，网络密度较低意味着各政策主体间的交流关系并不普遍，而是呈现出一种相对松散的状态。这种松散的网络结构表明，政策主体间的合作程度并不高，缺乏紧密的沟通与协作。此外，均方差的结果提供了有关网络离散度的信息。均方差值为0.3315，说明网络间离散度不高，即政策主体间存在一定的差异性，但并未形成明显的分化或割裂。这种离散度不高的现象，进一步印证了"小群体"现象的存在。在科普政策主体网络中，尽管整体上呈现出松散的连接状态，但仍有部分主体之间形成了较为紧密的联系，形成了相对独立的"小群体"。为了更深入地了解这些"小群体"的构成和特点，进一步进行了点度中心度和中间中心度的分析。结果表明，科学技术部、中国科协、教育部、宣传部和发改委等部门在科普政策主体网络中表现活跃，具有较高的影响力。这些部门不仅在网络中占据重要地位，而且它们之间的交流与联系也相对紧密，共同构成了网络中的核心节点。这些核心节点对其他政策主体的交流与联系起到了重要的纽带和桥梁作用，是推动整个科普政策主体网络发展的关键力量。然而，值得注意的是，"小群体"现象的存在也在一定程度上制约了科普政策主体网络的全面发展。由于部分主体间缺乏联系或联系不够紧密，导致整个网络在信息传播、资源共享和协同合作等方面存在一定的障碍。这不仅影响了科普政策的制定和执行效率，也限制了科普工作的深入开展和普及效果的提升。因此，为了优化科普政策主体网络结构，需要在加强各政策主体间的沟通与协作上下功夫。首先，可以通过搭建信息交流平台、建立定期沟通机制等方式，促进各政策主体之间的信息共享和资源整合。其次，可以加强跨部门的协同合作，形成合力，共同推动科普工作的发展。最后，还可以引导和鼓励更多的社会力量参与科普工作，扩大科普政策的覆盖范围和影响力。综上所述，科普政策主体网络结构中的"小群体"现象是一个值得关注和重视的问题。需要深入分析其成因和影响，并采取有效措施加以解决，以推动科普政策主体网络的优化和发展，为科普工作的深入开展和普及效果的提升提供有力保障。

（3）科普政策发文主体聚焦点重叠现象明显

科普政策主体聚焦点重叠现象明显，这一现象不仅揭示了我国科普政策在实施过程中存在的问题，也提供了改进和优化科普政策的重要方向。通过对科普政策主体与主题关联的深入分析，能够更好地了解和掌握各政策主体在科普领域的关注点，从而为优化科普政策提供有力的支撑。以农业部为例，其在科普政策中主要聚焦于多个方面，如"农业""农村""科学素质""科普基地""转基因""妇女""科普作品""农民""科普宣传""生物""培训""青少年""知识""专家"等。这些主题词不仅反映了农业部在科普工作中的重点方向，也体现了其在推动农业科普、提升农民科学素质方面的积极作用。然而，这些主题词的频繁出现，也揭示了我国科普政策主体在主题选择上存在着明显的重叠现象。据统计，我国科普政策主体发布的主题词重复率高达85%，这一数字充分说明了我国科普政策主体聚焦点重叠现象的普遍性。这种重叠现象不仅导致了科普资源的损耗与浪费，还加大了科普政策实施的难度。有限的科普资源在多个主体之间分散，难以实现集中和高效的利用。同时，各主体间的竞争关系也加剧了科普资源的损耗和浪费。这种现状不仅影响了科普政策资源系统整体性功能的运用和发挥，还可能导致科普政策资源间的脱节以及科普政策资源调节盲区的形成。为了克服这一问题，需要加强科普政策主体间的协同性，促进各主体之间的合作与交流。通过加强政策主体间的沟通与协调，可以避免科普政策资源的重复和浪费，实现科普资源的科学有效开发与整合。同时，还需要建立科普政策资源的动态平衡和配套协调机制，确保科普政策资源在不同主体之间得到合理分配和高效利用。综上所述，科普政策主体聚焦点重叠现象明显，这不仅影响了科普政策资源的有效利用和整体功能的发挥，也制约了我国科普事业的发展。因此，需要加强科普政策主体间的协同性，建立科普政策资源的动态平衡和配套协调机制，同时加强对科普政策实施效果的评估和反馈机制建设，以推动我国科普事业的健康发展。

第5章　我国科普政策的政策工具选择

我国社会和经济的发展正受到科学技术迅猛发展的深刻影响，科技创新对社会经济的促进作用日益凸显。科学研究、技术创新与社会进步的一体化发展态势日趋显著，标志着创新驱动发展的新阶段已经到来。创新型国家建设已成为时代发展的主旋律，引领着我国迈向更加繁荣昌盛的未来。"在创新型国家建设中，科技创新与科学普及发挥着重要的基础作用"[191]。科普政策作为调节科普资源的有力杠杆，其制定是否科学、体系是否完善对于能否营造出良好的科学传播环境、促进科普事业高速发展及提高我国公民科学素质产生直接影响。科普政策作为调节科普资源的关键工具，其制定的科学性和体系的完善性对于营造良好的科学传播环境、推动科普事业迅猛发展以及提升我国公民科学素质具有直接的决定性作用。此外，科普政策的实施效果不仅关乎科普资源的优化配置，更直接影响到国家科技创新能力的提升和经济社会发展的可持续性。在科普政策的执行过程中，应建立健全的监督和评估机制，及时跟踪政策实施效果，发现问题并及时进行调整和优化。此外，还应加强科普政策的宣传和普及工作，提高公众对科普政策的认知度和认同感，为科普事业的发展营造良好的社会氛围。总之，科普政策作为调节科普资源的有力杠杆，其制定与执行对于推动科普事业发展、提升公民科学素质以及促进国家科技创新和经济社会发展具有重要意义。应以严谨、稳重、理性和官方的态度，不断完善和优化科普政策体系，为构建创新型国家和实现科技强国目标提供有力支撑。本章运用内容分析法，以我国国家层面颁布的专门性科普政策文本为研究样本，经过精心构建政策分析框架、确定分析单元、编码归类、信度检验以及频数统计等一系列严谨的步骤，对我国的科普政策工具进行了深入的量化分析。通过此种方式，得以深入剖析科普政策在政策工具选择与应用过程中所存在的问题与不足。基于分析结果，针对性地提出了一系列具有合理性和可操作性的政策建议。这些建议旨在优化科普政策工具的结构，提升科普政策工具的使用效率，从而推动科普事业的持续健康发展。通过这一研究，期望能为我国科普政策的制定与实施提供更为科学、系统的理论支撑和实践指导。

◆◇ 5.1 研究设计

5.1.1 研究步骤

本章旨在运用内容分析法对中国科普政策文本进行深入剖析，以揭示其内在规律和特点。首先，为了确保研究的针对性和有效性，对研究样本进行筛选。这一过程中，综合考虑了政策文本的时间跨度、发布机构、涉及领域等多个维度，力求选取具有代表性、全面性和时效性的样本，为后续分析奠定坚实基础。并根据政策工具理论，制定了分析框架，还对分析框架进行了多次修订和完善，确保其能够准确反映科普政策文本的实际情况。其次，在确定研究样本和分析框架后，确定了分析单元及构建类目。将科普政策文本按照不同的政策工具类型进行划分，并对每项政策文本中的政策工具内容进行详细编码。为了确保编码的准确性和可靠性，采用了多人协作、交叉检验的方式，对编码结果进行反复核对和修正。随后，将符合分析框架的科普政策编号归入相应的分析单元中，进行频数统计。通过对比不同政策工具类型在政策文本中的出现频次和分布情况，可以深入了解各类政策工具在科普政策中的运用情况和特点。在此基础上，最终得出了研究结论，并对结论进行了深入的分析、推论并提出相关建议。通过本次内容分析法的应用，不仅深入剖析了中国科普政策文本的内在规律和特点，还为政策制定者提供了有价值的参考信息。

5.1.2 数据来源及样本选择

为保证政策选取的准确性，提高研究针对性，笔者对整理的 1100 份政策文本逐一进行了仔细研读，在此基础上，最终确定了 50 项具有代表性的科普政策文本作为本章的分析样本，如表 5.1 所示。

表 5.1 科普政策文本表（部分）

序号	政策文本	发文部门
1	《基层科普行动计划专项资金管理办法》	财政部、中国科学技术协会
2	《国家科学技术普及"十二五"专项规划》	科学技术部
3	《全国青少年农业科普示范基地管理办法》	农业部办公厅、共青团中央办公厅
4	《关于加强农业转基因科普宣传工作的通知》	农业部
5	《国土资源"十二五"科学技术普及行动纲要》	科学技术部、国土资源部（原）
35	《关于加强国家科普能力建设的若干意见》	科学技术部、中共中央宣传部、发展和改委、教育部、国防科学技术工业委员会、财政部、中国科学技术协会、中国科学院
36	《关于对全国科普示范县（市、区）开展培训的通知》	中国科学技术协会
37	《关于开展全国科普日活动有关事项的通知》	中国科学技术协会
38	《关于 2007 年度西部科普工程项目批准资助的通知》	中国科学技术协会
39	《国家环保科普基地申报与评审暂行办法》	科学技术部、国家环境保护总局
40	《关于加强县（市）科技工作和科普事业发展的指导意见》	科学技术部
41	《关于加强科技馆等科普设施建设的若干意见》	科学技术部、财政部、建设部、国家发展和改革委员会（含原国家发展计划委员会、原国家计划委员会）、中国科学技术协会
42	《关于鼓励科普事业发展税收政策问题的通知》	科学技术部、财政部、国家税务总局、海关总署、新闻出版总署（原新闻出版署）

表5.1(续)

序号	政策文本	发文部门
43	《科普法》	全国人民代表大会常务委员会
44.	《关于加强全国环境保护科普工作的若干意见》	国家环境保护总局、科学技术部
45	《关于推进〈2001—2005 年中国青少年科学技术普及活动指导纲要〉实施工作的意见》	科学技术部办公厅、教育部办公厅、宣传部、共青团中央
46	《中国科学院科普经费管理办法》	中国科学院
47	《2001—2005 年中国青少年科学技术普及活动指导纲要》	科学技术部、教育部、中共中央宣传部、中国科学技术
48	《2000—2005 年科学技术普及工作纲要》	科学技术部、中共中央宣传部、中国科学技术协会、教育部、国家发展计划委员会、财政部、国家税务、总局、国家广播电影电视总局、新闻出版署
49	《关于加强科普宣传工作的通知》	中共中央宣传部、国家科委、中国科学技术协会
50	《关于加强科学技术普及工作的若干意见》	国务院、中共中央

资料来源：根据"北大法律信息网"的"中国法律法规规章司法解释全库"下载数据整理统计而成。

◆◇ 5.2　基于政策工具的科普政策分析框架

基于政策工具视域建立我国科普政策分析框架，可以对我国科普政策工具的特点、规律和趋势进行更深层次的把握。本文结合罗斯韦尔和扎格维德[19]的思想，将科普政策工具分为供给、环境和需求三种类型。

5.2.1　供给型政策工具

供给型政策工具在推动科普事业发展中扮演着举足轻重的角色，其重要性不仅体现在对科普事业的强大推动力上，更在于其对于科普事业全面发展的深远影响。这些政策工具旨在通过一系列具体而有效的措施，为科普事业的可持续发展奠定坚实基础。首先，政府通过加大对科普设施的支持力度，有效扩大科普事业的供给面。这些设施包括但不限于科普场馆、展览厅、实验室等，它们为公众提供了近距离接触科学、了解科学知识的机会。此外，政府还通过加强设施建设的规划与监管，确保设施的科学性、实用性和安全性，为公众提供优质的科普体验。其次，信息支撑是供给型政策工具的另一重要方面。政府通过搭建科普信息平台、发布科普资讯、推广科普作品等方式，将科学知识普及千家万户。同时，政府还积极支持科普媒体的发展，鼓励媒体创新科普传播方式，提高科普信息的传播效率和覆盖面。再次，基础设施建设也是供给型政策工具的重要组成部分。政府通过投入大量资金和资源，加强科普基础设施建设，包括建设科普图书馆、科普教育基地等，为公众提供更多样化、更高质量的科普服务。这些设施不仅有助于提升公众的科学素养，还能激发公众对科学的兴趣和热爱。此外，在资金投入方面，政府通过设立科普专项资金、提供税收优惠等方式，为科普事业提供充足的资金支持。这些资金主要用于支持科普项目的研发与实施、科普人才的培养与引进等方面，为科普事业的快速发展提供了有力保障。最后，公共服务是供给型政策工具不可忽视的一环。政府通过完善科普服务体系、提升科普服务质量等方式，为公众提供更加便捷、高效的科普服务。这些服务包括但不限于科普讲座、科普展览、科普活动等，它们不仅丰富了公众的文化生活，还提高了公众的科学素质。综上所述，供给型政策工具在推动科普事业发展中发挥着举足轻重的作用。通过加大对设施、信息、资金和服务等方面的支持力度，政府有效扩大了科普事业的供给面，改善了科普事业相关要素的供给状况，为科普事业的可持续发展奠定了坚实基础。未来，政府应继续完善和优化供给型政策工具，推动科普事业不断迈上新台阶。

5.2.2 环境型政策工具

环境型政策工具是科普事业发展的重要推动力，它们通过税收优惠、法规管制、财务金融等手段，为科普工作提供了良好的政策环境和发展空间。这些工具不仅有助于引导科普事业的发展方向，还能促进其健康、稳定和可持续发展。

在目标规划方面，环境型政策工具发挥着重要的导向作用。政府通过制定科普事业发展的长期目标和短期计划,明确了科普工作的重点任务和发展方向。这些目标和计划不仅为科普活动提供了明确的方向指引,还为评估科普工作的成效提供了依据。

金融支持是环境型政策工具中不可或缺的一部分。政府通过设立科普专项资金、提供贷款优惠等金融政策,为科普事业的发展提供了稳定的资金来源。这些资金不仅用于支持科普项目的实施,还用于改善科普基础设施和提升科普活动的质量。

法规管制也是环境型政策工具的重要组成部分。政府通过制定和实施科普相关法律法规,规范了科普活动的组织和实施行为,确保了科普工作的合法性和规范性。这些法规不仅保障了科普工作者的权益,也提高了科普活动的公信力和影响力。

税收优惠也是环境型政策工具中的一项重要举措。政府通过给予科普事业相关的税收优惠政策,减轻了科普工作者的经济负担,提高了他们参与科普工作的积极性。这些优惠政策还吸引了更多的企业和个人参与到科普事业中来,为科普事业的发展注入了新的活力。

综上所述,环境型政策工具通过目标规划、金融支持、法规管制和税收优惠等手段,为科普事业的发展提供了全方位的政策支持和保障。这些政策工具的运用不仅促进了科普活动的广泛开展和深入实施,还提升了公众的科学素养和科学意识,为社会的科技创新和进步奠定了坚实的基础。

5.2.3 需求型政策工具

需求型政策工具作为政府推动科普事业发展的重要手段,其目的主要是通过降低外部不利因素对科普活动的干扰,促进科普产业的蓬勃发展,从而稳固科普事业建设的基础,并实现对科普事业发展的有效引领和推动。这些政策工具在科普工作中起到了举足轻重的作用,有助于提升科普活动的质量和社会影响力。需求型政策工具的运用方式多种多样,其中政府采购、服务外包和贸易管制等是其主要表现形式。

政府采购通过政府的直接购买行为,为科普产业创造稳定的市场需求,进而推动科普产业的健康快速发展。这种政策工具不仅能够引导市场资源向科普领域流动,还有助于促进科普产品和服务的创新和优化,提高科普活动的吸引力和传播效果。

服务外包是另一种重要的需求型政策工具。通过外包形式，政府将部分科普活动的组织、实施和运营工作交由专业机构承担，从而能够更专注于宏观政策的制定和监管。这种方式不仅能够提升科普活动的专业性和效率，还有助于培育和发展专业的科普服务市场，吸引更多社会资本投入科普事业，推动科普服务的多元化和市场化。

贸易管制在需求型政策工具中也扮演着重要的角色。通过限制或管理科普产品和服务的进出口，政府可以保护国内科普产业的发展空间，避免外部竞争对国内市场的冲击。同时，贸易管制还能够推动国内科普产业的自主创新和技术进步，提高科普产品和服务的国际竞争力，促进科普事业的可持续发展。

在实际运用中，需求型政策工具需要根据科普事业发展的实际情况和需求进行灵活调整和优化。政府需要深入了解科普产业的发展现状和市场需求，制定具有针对性的政策措施，确保政策的有效性和可行性。同时，政府还需要加强与其他相关部门的协调合作，形成合力，共同推动科普事业的繁荣发展。综上所述，需求型政策工具在推动科普事业发展中具有重要作用。政府应充分发挥这些政策工具的作用，加大对科普事业的扶持力度，促进科普产业的蓬勃发展，提高科普活动的普及度和影响力。通过不断创新和优化政策工具的运用方式，政府可以进一步推动科普事业的发展，为国家的科技进步和社会文明进步作出积极贡献。

◆◇ 5.3 科普政策工具单维量化分析

5.3.1 分析单元的定义和类目构建

分析单元指的是计算的对象，可以是一个字、一个词、一段话、一个主题、一篇评论等。分析单元的选取主要是基于实现研究目标所需的信息，本书根据研究需要将研究样本的具体条款作为分析单元。同时，根据科普政策分析框架构建分析类目，构建分析类目应注意以下问题[193]：第一，设立的类目必须与研究目标紧密相关；第二，设立的类目应具有相应的功能，即内容分析研究能说明信息传播过程中的一些问题；第三，类目体系应方便管理，主要是指类目数量应有一定的限制。本书研究构建分析类目如下：政策工具维度——人才培养、信息支持、基础设施建设、资金投入、公共服务、目标规划、金融支持、税收优惠、法规管制、策略性措施、政策采购、外包、贸易管制。

5.3.2 编码

本书研究首先对已遴选出的 50 份政策文本按照政策的具体条款进行编码，然后根据已建立的科普政策基本工具分析框架将其分别归类，最终形成了基于政策工具的科普政策文本内容分析单元编码表，如表 5.2 所示。

表 5.2 政策工具编码表

编号	政策名称	内容分析单元	编码	归类
1	《关于组织开展第三批国土资源科普基地推荐命名工作的通知》	国土资源部科技与国际合作司负责指导和协调，国土资源科普基地管理办公室（以下简称"科普基地办"）具体负责此次科普基地推荐工作	1-2	法规管制
		鼓励积极推荐土地领域或科研实验类科普基地	1-3	策略性措施
2	《关于成立全国高层次科普专门人才培养指导委员会的通知》	指导委员会是在教育部、中国科协领导下，对高层次科普专门人才培养工作提供研究咨询、指导和服务的专家组织	2-1	公共服务
		指导委员会设秘书处。秘书处是指导委员会的工作机构，负责指导委员会的日常工作。秘书处挂靠中国科学技术馆	2-4	法规管制
		请有关部门（单位）对指导委员会的工作给予大力支持。请秘书处挂靠单位在工作人员配备、工作场所、活动经费等方面给予必要支持	2-5	资金投入

表5.2(续)

编号	政策名称	内容分析单元	编码	归类
3	《关于组织实施 2013 年"基层科普行动计划"的通知》	中央财政安排专项资金对受表彰的单位和个人按照"以奖代补和奖补结合"的原则给予奖励支持。其中，农村专业技术协会和农村科普示范基地的奖补资金标准为 20 万元，农村科普带头人的奖补资金标准为 5 万元，少数民族科普工作队的奖补资金标准为 50 万元，科普示范社区的奖补资金标准为 20 万元	3-1	资金投入
		基层科普行动计划的有关要求及规定	3-2	法规管制
⋮	⋮	⋮	⋮	⋮
48	《2000—2005 年科学技术普及工作纲要》	增加全社会对科普事业的投入。随着经济、社会的不断发展和财政收入的不断增加，各级财政部门要逐步加大对科普工作的经费投入，支持科普事业的进一步发展。各大中城市要保证专用科普场馆的建设资金；没有专用科普设施的大中城市不能评为精神文明先进城市	48-4-17	资金投入
		对进口科普设施、制作设备、展示制品和图书资料等，属于国家政策规定免税范围的，按照国家统一政策执行	48-4-17	贸易管制
49	《关于加强科普宣传工作的通知》	对反映科技战线生活和人物的优秀作品，对有较大反响的科技新闻报道及各种科普作品，要采取适当措施予以表彰	49-10	策略性措施

表5.2(续)

编号	政策名称	内容分析单元	编码	归类
50	《关于加强科学技术普及工作的若干意见》	当前,主要是把现有场馆设施改造和利用好,充分发挥其效益。各省、自治区、直辖市、特别是经济较发达地区,应该尽可能地创造条件,对现有的科普设施进行改造,使之逐步完善	50-9	基础设施建设
		各有关部门要研究制定加强和改善科普工的实施方案,并认真督促执行	50-13	法规管制

资料来源:根据"北大法律信息网"的"中国法律法规规章司法解释全库"下载数据整理统计而成。

5.3.3 可靠性检验

可靠性检验,即内容分析中的一致性信度分析。"一致性越高,内容分析的可信度也越高;一致性越低,则内容分析的可信度越低,它是保证内容分析结果可靠性、客观性的重要指标。"[194]内容分析法的信度公式如式(5.1)所示:

$$r = \frac{2M}{N_1 + N_2} \tag{5.1}$$

其中 r 为平均相互同意度(指两个评判员之间相互同意的程度),M 为两者都完全同意的栏目,N_1 为第一评判员所分析的栏目数,N_2 为第二评判员所分析的栏目数。本书研究的第二评判员分别对 50 份政策分析单元按照政策编码栏目进行评判,并与第一评判员的评判结果进行对比检验,其中评判结果不一致标记为"0",否则标记"1"。然后通过公式(5.2)得出内容分析的最终信度。

$$R = \frac{\sum_{i=1}^{50} r_i}{50} \tag{5.2}$$

根据计算得出评判结果为 90.3%,"根据 Nunnaly 的观点,信度程度在 0.7以上时表示前期的研究足够可信"[195],这证明评判结果通过了检验,是可信的。

5.3.4 频数统计

表 5.3 政策工具频数统计

工具类型	工具名称	条纹编号（编码）	小计	百分比 1	百分比 2
供给型	人才培养	4-5-15, 8-2-2-5, 8-3-1-2, 8-3-1-3, 8-3-1-4, 8-3-3-3, 8-4-3-1, 8-4-3-2, 8-4-3-3, 11-3-1-5, 12-3-10, 14-4-5, 15-2, 23-3-4, 26-4-16, 28-2-6-1, 28-2-6-2, 33-3-5, 33-3-8, 34-2-1-4, 36-6, 44-5, 45-3-9, 47-4-1, 48-3-9, 48-3-12, 48-3-14, 50-7	28	20%	46.18%
	信息支撑	4-4-12, 8-3-3-2, 8-3-6-3*, 8-3-7-2, 8-3-7-4, 8-4-4-2, 11-3-4-15, 11-3-4-16, 11-3-4-17, 14-3-1-4, 23-3-3, 28-2-3-2*, 28-2-4-1, 28-2-4-3, 33-3-5*, 34-2-2-3, 34-2-2-4, 39-3-6, 47-4-3, 48-3-11, 48-4-19	21	15%	
	基础设施建设	4-4-10, 4-4-11, 8-2-2-2, 8-3-2-1, 8-3-2-2, 8-3-6-3*, 8-4-4-3, 20-7-2, 23-3-2, 26-3-13, 28-2-2-2, 28-2-2-3, 28-2-3-2, 28-2-5-3, 34-2-2-1, 39-5-1, 43-4-24, 44-4, 45-3-11, 47-4-3*, 48-3-10, 48-3-12*, 48-3-13, 50-9	24	17%	
	资金投入	2-5, 3-1, 5-3, 7, 8-2-2-1, 8-4-2-1, 8-4-2-2, 14-4-3, 17-3*, 23-4-2, 24-5-2, 26-4-19, 27-6, 28-3-2, 35-1-3-4, 39-5-4, 41-4-1, 43-4-23, 44-6, 45-3-13, 46, 48-4-17	22	16%	
	公共服务	1-2, 2-1, 2-4, 4-3, 4-5-14, 4-5-16, 8-2-2-4, 8-3-2-3, 8-3-3-1, 8-3-5, 8-3-6-1*, 8-3-6-2, 8-3-6-3, 8-3-7-3, 8-3-8-1, 8-4-4-1, 11-3-3-11, 11-3-3-13, 11-3-3-14, 11-3-5-20, 11-3-5-21, 14-3-2, 14-3-3-1, 14-3-3-2, 17-3*, 20-3-1, 20-3-2, 20-3-3, 23-3-1, 24-4-3, 26-3-14, 28-2-3-3, 30, 34-2-1-3, 34-2-2-2, 34-4-3, 38-4-2, 39-3-2, 39-3-3, 39-3-4, 39-3-5, 39-5-2, 45-3-8, 45-3-12	44	32%	

表5.3(续)

工具类型	工具名称	条纹编号（编码）	小计	百分比1	百分比2
环境型	目标规划	4-2-6, 8-2-2, 10-2, 11-2, 11-2-1, 11-2-2, 11-2-3, 14-2-2, 17-1, 20-2, 23-2, 24-3, 29-2, 33-2-4, 34-1, 35-1-2-1, 35-1-2-2, 35-1-2-3, 36-4, 37-1, 38-2, 43-3, 48-2	23	14%	52.49%
	金融支持	N/A	0	0%	
	税收优惠	8-4-2-3, 40, 41-4-3, 42-2, 43-4-25, 48-4-17*	6	4%	
	法规管制	3-2, 4-5-13, 4-6-17, 4-6-18, 5, 6-3-1, 6-3-3, 6-4, 8-3-2-4, 8-4-1-2, 8-4-1-3, 8-4-5-1, 9, 10-4, 11-3-2-7, 11-3-3-10, 11-3-5-18, 11-4-1, 11-4-2, 12-2, 12-4, 13-3, 13-4, 14-3-1-1, 14-4-1, 14-4-4, 15-3, 16, 17-3, 18-3, 19, 20-4, 20-6, 20-7-1, 21, 22, 23-4-1, 23-4-3, 24-5-1, 24-5-3, 25, 26-4-15, 27-4, 27-5, 28-2-4-2, 28-2-4-3*, 28-3-1, 29-3, 29-4, 29-5, 31-2, 31-3, 32, 34-2-3-1, 34-2-3-2, 34-4-1, 34-4-2, 35-2, 35-3, 35-4, 36-5, 36-7, 36-9, 36-10, 37-3, 38-3, 40*, 41-4-2, 41-4-4, 42-4, 42-5, 43-2, 43-4-28, 43-5, 44-7, 45-3-14, 46-2, 46-3, 47-4-2, 48-3-16, 50-5, 50-6, 50-11*, 50-12, 50-13	85	54%	
	策略性措施	1-3, 4-6-19, 8-2-2-3, 8-3-1-1, 8-3-1-5, 8-3-6-1, 8-3-7-1, 8-3-8-2, 8-4-1-1, 8-4-5-2, 11-3-1-2, 11-3-1-5, 11-3-2-9, 11-3-5-19, 14-4-2, 26-4-17, 28-2-1-1, 28-2-1-2, 28-2-3-1, 28-2-5-1, 28-2-5-2, 28-2-5-4, 28-3-3, 33-3-6, 34-2-1-1, 34-2-1-2, 36-8, 36-11, 36-12, 39-3-1, 39-4-1, 39-4-2, 39-4-3, 39-4-4, 43-4-26, 43-4-27, 43-4-29, 45-3-10, 48-3-15, 48-4-18, 49-10, 50-8, 50-10, 50-11	44	28%	

表5.3(续)

工具类型	工具名称	条纹编号（编码）	小计	百分比 1	百分比 2
需求型	政府采购	N/A	0	0%	1.33%
	外包	8-3-6-3*	1	25%	
	贸易管制	42-3, 42-6, 48-4-17*	3	75%	
合计	N/A		301		100%

　　资料来源：根据"北大法律信息网"的"中国法律法规规章司法解释全库"下载数据整理统计而成。

　　科普政策工具频数统计结果如表 5.3、图 5.1 所示。科普政策在环境型、需求型和供给型政策工具中的运用，为科普事业发展起到了多方面的促进与激励作用，但是，在具体政策工具运用上却呈现出明显的分化与差异。统计得出，环境型政策工具使用频率最高，占整体政策工具的52.49%，供给型政策工具次之，与环境型政策工具使用频率差别不大，为 46.18%，最少的是需求型政策工具，仅仅为 1.33%。进一步挖掘发现，在环境型政策工具中，法规管制占半壁江山，为 54%，之后依次为策略性措施28%，目标规划14%，税收优惠4%，财务金融则未得到体现。在供给型政策工具中，除公共服务所占比例为 32%外，其余各政策工具呈均衡之势，依次是人才培养 20%，基础设施建设17%，资金投入 16%，信息支撑15%。在需求型政策工具中，仅有 3 条贸易管制工具和 1 条服务外包工具得到了采用，政府采购工具存在缺失现象。以上表明中央政府在科普政策工具选择上主要以环境型和供给型为主，更倾向于使用间接影响和直接推动的策略，但需求型政策工具缺失直接导致对科普事业拉动力严重不足。

◆◇ 5.4　本章小结

　　（1）环境型政策工具显分化之态

　　经过详细统计分析，环境型政策工具的使用情况呈现出显著的分化特点。其中，法规管制和策略性措施的使用存在过溢现象，而税收优惠和财务金融等经济激励工具则明显匮乏或缺失，进而形成环境型政策工具的两极分化格局。法规管制作为一种简单且高效的政策工具，是行政权力直接干预的具体体现。然而，其过溢现象揭示了政府在政策工具选择和应用上对于法规管制的偏爱。

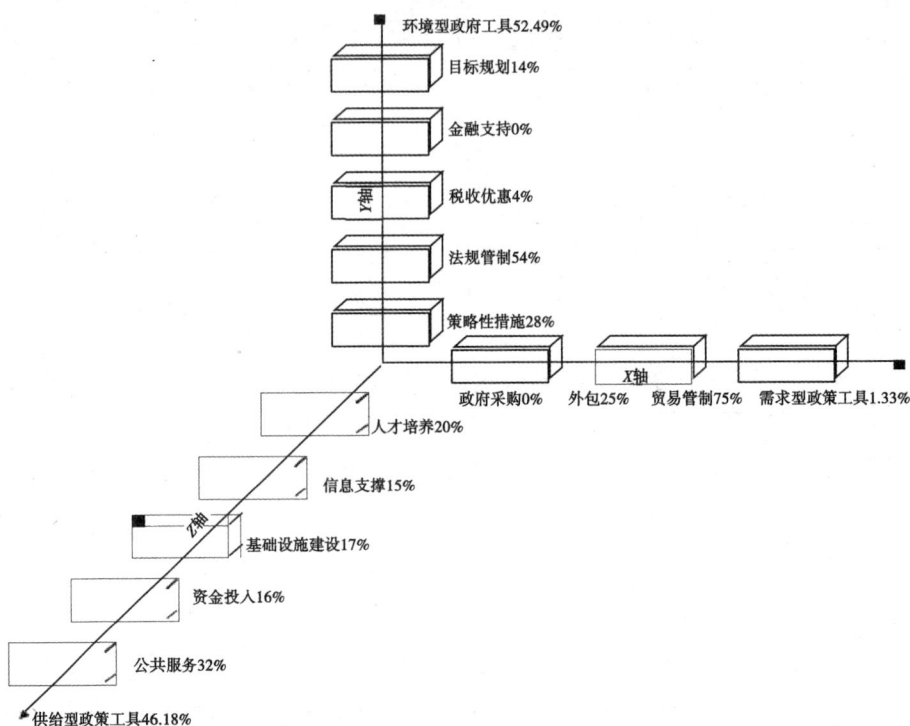

图 5.1　政策工具分布图

(资料来源：根据"北大法律信息网"的"中国法律法规规章司法解释全库"下载数据整理绘制而成)

当科普事业发展到一定阶段时，法规管制的过度使用可能产生一定的负面影响。法规管制工具的频繁使用，主要源于其简单、直接的特点，这也使得政策制定者在运用过程中逐渐形成了一种路径依赖。因此，在优化政策工具结构、提升政策效果的过程中，应充分考虑各种政策工具的平衡使用，避免过度依赖单一手段，以实现科普事业的健康、可持续发展。此外，先前政策未得到切实执行，而后续政策又反复提及，这在某种程度上导致了法规管制的过度使用。鉴于我国科普事业尚处于探索阶段，政策层面采取了较多的策略性措施。这些策略性措施的频繁出现，凸显了加强科普环境建设的重要性和紧迫性。政府旨在通过宏观政策的引导，对科普事业发展的整体环境进行改善。然而，策略性措施本质上属于短期行为，对于像国家法规这样的正式文件而言，其适用性相对有限[196]。因此，在未来的政策制定中，必须实施必要的调整与矫正措施。财政金融作为推动科普事业迅猛发展的核心驱动力和坚实后盾，涵盖低利率贷款、财政贴息及分期付款等重要内容。然而，当前政策体系中该类关键政策工具的缺失，充分暴露出对其重视不足的问题，这不仅对我国科普事业宏观氛围的营造构成阻碍，更对科普事业的健康、持续发展形成制约。同时，税收优惠政策的匮乏也极大削弱了社会各界组织、团体及企事业单位等参与科普事业的积极性与投入意愿，进而影响了我国科普凝聚力的提升和科普资源的有效共享。

（2）供给型政策工具呈均衡之势

经过统计分析，供给型政策工具的运用总体上呈现出一种均衡的状态。在各类供给型政策工具中，公共服务的使用频率最为显著，这主要源于两方面原因。一方面，我国政府在过去的科普工作中，对公共服务的供给存在明显不足，这在一定程度上制约了我国科普事业的发展，使得其基础条件、能力及水平均处于较低层次，因此政府有意加大力度予以加强。另一方面，随着我国科普事业的持续推进，对与之配套的科普服务措施的需求也愈发旺盛，这进一步推动了公共服务在供给型政策工具中的重要地位。值得注意的是，尽管公共服务的使用频率较高，但供给型政策工具间的组合并未出现结构性失衡的情况。这充分表明，政府在运用供给型政策工具时，基本秉持了"一视同仁"的原则，政策制定者在人才培养、基础设施建设、资金投入、信息支撑以及公共服务等多个方面均有所侧重和考虑，以实现科普事业的全面、均衡发展。实际上，在资金投入、人才培养、基础设施建设以及信息支撑工具的使用等方面，仍存在显著的提升空间。进一步强化这些要素的运用，对于营造浓厚的科普氛围，为科普事业的蓬勃发展注入源源不断的动力，夯实科普事业的基础，具有极其重要的意义。此举将有效推动科普事业实现稳定、持续且健康的发展。

（3）需求型政策工具突缺位之形

根据政策工具频数统计结果分析，需求型政策工具的应用存在显著的缺位与不足现象，其在整体政策工具中的占比仅为 1.33%。尤其值得关注的是，政府采购工具在需求型政策工具中并未得到任何体现，目前仍处于空白状态。此外，服务外包和贸易管制等政策工具也鲜少涉及。需求型政策工具通过服务外包、政府采购和贸易管制等形式，在某种程度上确保了科普事业发展的持续性和稳定性，有效减少了其发展的不确定性。相较于环境型政策工具，需求型政策工具对科普的促进作用更为直接显著，能够有效减轻政府在财政、人员等多方面的压力，是推动科普事业发展的关键要素。这些政策工具具备鲜明的针对性，旨在推动科普事业的快速发展。然而，当前需求型政策工具的缺乏与不足，导致在实际操作中出现了断裂现象，从而削弱了政策整体的导向作用，对于科普事业的健康、持续发展构成了一定程度的阻碍。因此，政府应高度重视并加强需求型政策工具的运用，这不仅是当前的紧迫任务，也是未来政府工作的重要着力点。

第6章 我国科普政策文本内容挖掘

本章利用 ROSTCM 词频分析软件对科普政策文本关键词进行了提取，构建了关键词共词矩阵、相关矩阵和相异矩阵，之后运用 UCINET 和 SPSS 软件对关键词进行了聚类分析、多维尺度分析和社会网络分析，以挖掘出科普政策核心内容及其存在问题。

◆◇ 6.1 关键词提取与整理

6.1.1 关键词提取

本章所选取的分析样本与第 5 章分析样本保持一致，对分析样本进行研读后，首先删除了政策文本中的一些无实际意义的内容，如文件的发文机关、文件的接受单位以及政策发布时间等。然后运用 ROSTCM 词频分析软件中的批量文件处理功能将 50 份研究样本归并为一份样本，即"母文本"，之后根据分析需要，运用 ROSTCM 分析软件对"母文本"进行"分词"和"词频分析"等试探性分析，初步统计情况如表 6.1 所示。

6.1.2 关键词整理

从表 6.1 中可以看出，有些分词后词组并未能表达出文件里所要传达的原始含义，如"基础设施"被拆分为"基础""设施""国土资源"被拆分为"国土""资源"等。另外，与研究主题关联性不大的词组也充斥在其中，如"以上""为了""相关"等。因此，为了保证关键词的有效性，必须通过人工手动处理，对文本进行进一步整理。首先，通过该软件自带的分词过滤功能，将与研究主题关联性不强的词组过滤掉。之后利用 ROSTCM 分析软件中的自定义词表功能，在默认词表的基础上，根据样本内容自定义词组，对 ROS-TCM 分析系统分词的计算方法进行重新定义，增加一部分新生词组，如表 6.2 所示。由于我国语言文字含义极其丰富，有些词组存在意思相近或具有包含关系，从而导致 ROSTCM 分析软件无法识别，这就需要进行人工判断和处理。例如"经费投入""经费支持""资金投入"等词组意思十分接近，"科普基地"包含"科普示范基地"等，这些词组都可以进行归并处理。

表 6.1　政策文本词频初步统计

序号	关键词	词频	序号	关键词	词频	序号	关键词	词频
1	科普	3809	21	普及	301	41	技术	186
2	工作	1103	22	设施	297	42	有关	183
3	科学	892	23	提高	285	43	国土	180
4	科技	866	24	青少年	275	44	建立	179
5	活动	844	25	服务	270	45	示范	178
6	资源	719	26	公众	267	46	推动	174
7	建设	574	27	国家	262	47	相关	174
8	开展	537	28	农村	260	48	管理	171
9	教育	461	29	实施	254	49	支持	171
10	社会	435	30	部门	242	50	开发	167
11	发展	415	31	中国	229	51	重要	166
12	科协	413	32	项目	218	52	积极	164
13	全国	388	33	科学技术	217	53	进行	163
14	基地	383	34	培训	210	54	发挥	161
15	单位	361	35	能力	210	55	纲要	160
16	组织	359	36	计划	203	56	共享	159
17	加强	339	37	环境	200	57	重点	157
18	宣传	330	38	内容	200	58	充分	154
19	素质	322	39	知识	200	59	结合	150
20	社区	309	40	基础	187	60	参与	149

　　资料来源：根据"北大法律信息网"的"中国法律法规规章司法解释全库"下载数据整理统计而成。

表 6.2 关键词自定义词表

关键词名称	关键词名称	关键词名称
社区科普	保护环境	科学技术普及
科普事业	科学素质	科普能力
科学知识	资源共享	科普人才
科技知识	科学文化素质	科普教育
科普工作	科普作品	技术创新
科普活动	公众参与	可持续发展
科普宣传	科技创新	经济发展
科普示范基地	科学技术创新	科技进步
科普队伍	工作规划	科普服务
人才培养	发展规划	技术创新
社会发展	经费支持	科普项目
社会进步	科普人员	公众参与
资源共建	科普基地	科普产业
国土资源	科普人员	资金支持
志愿者	基础设施	科学文化
环境保护	经费投入	农村发展

资料来源：根据"北大法律信息网"的"中国法律法规规章司法解释全库"下载数据整理统计而成。

本章通过对关键词的提取与整理，并重新定义分词过滤词表和自定义词表，得到过滤后的关键词有效词表，由于篇幅所限，表 6.3 中只列出排名前 30 位的关键词，从表 6.3 中可以大致了解科普政策文本中的核心内容。

表 6.3 政策文本词频统计

序号	关键词	词频	序号	关键词	词频	序号	关键词	词频
1	科普	1495	11	科学素质	235	21	环境	144
2	科学技术	1342	12	服务	226	22	申报	144
3	科普资源	430	13	经费	226	23	参与	139
4	科普教育	434	14	培训	210	24	共享	139
5	科普活动	410	15	科普宣传	207	25	基层	137
6	社会	405	16	规划	203	26	社区科普	128
7	基础设施	279	17	项目	199	27	指导	124
8	青少年	275	18	社区	179	28	科技馆	123
9	农村	258	19	科普基地	176	29	农民	121
10	公众	257	20	能力	171	30	人员	119

资料来源：根据"北大法律信息网"的"中国法律法规规章司法解释全库"下载数据整理统计而成。

◆◇ 6.2 共词矩阵构建

6.2.1 共词矩阵生成

"共词分析属于内容分析法的一种，主要是针对能够表达某一学科领域研究主题或研究方向的专业术语（如关键词），对其共同出现在同一篇文献中的频次进行分析，借以判断其与该学科领域中主题间的关系，从而展现该学科的研究结构。"[197]本研究将表6.3中的30个高频关键词输入Excel表中，统计每个关键词与其他关键词在政策文本中共同出现的次数，即两两统计它们在同一篇政策文本中出现的次数，如果两个关键词在政策文本中同时出现的频率越高，说明它们之间的关系越为密切，这样就形成了一个30×30的共词矩阵，也可称为原始矩阵，如表6.4所示（为方便显示，将横向表头"科普"至"人员"等关键词字样分别用序号1~30表示）。共词矩阵中对角线上数字为相应关键词出现的总频次，非主对角线单元格中的数据为两个关键词共同出现的频次。

表 6.4 部分共词矩阵列表

	1	2	3	4	5	6	7	8	9	…	29	30
科普	1495	41	21	24	32	27	20	17	18	…	11	23
科学技术	41	1342	20	26	33	24	18	18	20	…	11	24
科普资源	21	20	434	15	19	18	12	10	9	…	6	8
科普教育	24	26	15	430	21	20	14	14	13	…	8	19
科普活动	32	33	19	21	410	27	20	17	17	…	11	20
社会	27	24	18	20	27	405	13	15	14	…	9	16
基础设施	20	18	12	14	20	13	279	9	12	…	6	15
青少年	17	18	10	14	17	15	9	275	11	…	9	19
农村	18	20	9	13	17	14	12	11	258	…	8	11
公众	27	22	11	14	20	20	11	12	13	…	7	17
科学素质	32	29	15	20	24	22	13	14	20	…	8	15

表6.4(续)

	1	2	3	4	5	6	7	8	9	…	29	30
服务	9	11	5	9	6	6	5	3	6	…	3	6
经费	21	20	9	14	16	12	11	10	11	…	8	12
培训	15	17	9	10	14	15	10	11	13	…	6	19
科普宣传	23	25	13	15	21	16	13	13	16	…	11	20
规划	38	31	17	22	28	25	18	18	21	…	10	23
项目	17	18	14	11	16	11	10	8	9	…	3	10
社区	13	10	7	10	9	10	8	9	18	…	3	10
科普基地	21	21	9	12	15	18	25	11	10	…	7	14
能力	27	23	17	15	23	19	16	11	12	…	7	7
环境	16	14	7	9	14	12	9	8	7	…	6	10
申报	11	8	5	5	9	6	6	4	5	…	3	3
参与	17	19	13	17	19	23	11	13	9	…	8	16
共享	7	8	8	7	5	5	3	4	5	…	1	2
基层	13	14	8	9	12	10	7	8	12	…	8	8
社区科普	5	5	3	4	4	3	3	5	10	…	3	3
指导	16	15	12	7	16	16	6	7	8	…	5	10
科技馆	8	9	4	6	7	9	12	6	6	…	2	4
农民	11	11	6	8	11	9	6	9	8	…	121	10
人员	23	24	8	19	20	16	15	19	11	…	10	119

资料来源：根据"北大法律信息网"的"中国法律法规规章司法解释全库"下载数据整理统计而成。

6.2.2 相关矩阵及相异矩阵构造

本书研究运用 Ochiai 系数对共词矩阵进行处理，具体的处理方法是将共词矩阵中 X、Y 两关键词共同出现的次数除以 X、Y 两关键词各自出现频次开方的乘积，将多值矩阵转化为在 [0，1] 区间取值的相关矩阵。利用 Ochiai 系数计算公式将共词矩阵（表6.4）中的数值转换成相关矩阵，如表 6.5 所示（为方便显示将横向表头"科普"至"人员"等关键词分别用序号 1~30 表示）。

表 6.5　部分相关矩阵列表

	1	2	3	4	5	6	7	8	9	…	29	30
科普	1.000	0.063	0.072	0.083	0.113	0.097	0.099	0.087	0.097	…	0.115	0.213
科学技术	0.063	1.000	0.071	0.092	0.119	0.091	0.093	0.094	0.108	…	0.118	0.225
科普资源	0.072	0.071	1.000	0.092	0.119	0.089	0.099	0.088	0.088	…	0.103	0.146
科普教育	0.083	0.092	0.092	1.000	0.136	0.127	0.117	0.117	0.119	…	0.133	0.258
科普活动	0.113	0.119	0.119	0.136	1.000	0.171	0.163	0.146	0.156	…	0.178	0.295
社会	0.097	0.091	0.089	0.127	0.171	1.000	0.120	0.131	0.134	…	0.152	0.249
设施	0.099	0.093	0.099	0.117	0.163	0.120	1.000	0.108	0.137	…	0.133	0.258
青少年	0.087	0.094	0.088	0.117	0.146	0.131	0.108	1.000	0.130	…	0.164	0.239
农村	0.097	0.108	0.088	0.119	0.156	0.134	0.137	0.130	1.000	…	0.163	0.237
公众	0.137	0.119	0.103	0.130	0.179	0.173	0.136	0.142	0.159	…	0.160	0.307
科学素质	0.172	0.162	0.142	0.182	0.227	0.207	0.171	0.177	0.232	…	0.199	0.336
服务	0.055	0.066	0.052	0.082	0.070	0.067	0.067	0.052	0.080	…	0.076	0.132
经费	0.121	0.119	0.093	0.133	0.159	0.128	0.136	0.128	0.145	…	0.168	0.253
培训	0.098	0.111	0.098	0.114	0.155	0.155	0.136	0.143	0.168	…	0.153	0.294
科普宣传	0.144	0.157	0.135	0.160	0.218	0.178	0.176	0.175	0.210	…	0.233	0.384
规划	0.219	0.190	0.172	0.218	0.280	0.251	0.230	0.228	0.267	…	0.251	0.458
项目	0.112	0.120	0.135	0.124	0.172	0.132	0.139	0.123	0.141	…	0.119	0.249
社区	0.096	0.081	0.089	0.125	0.125	0.126	0.123	0.130	0.156	…	0.113	0.239
科普基地	0.150	0.153	0.116	0.149	0.190	0.203	0.159	0.167	0.170	…	0.192	0.332
能力	0.188	0.169	0.181	0.180	0.259	0.222	0.219	0.179	0.201	…	0.207	0.292
环境	0.137	0.125	0.103	0.130	0.188	0.165	0.152	0.142	0.142	…	0.172	0.277
申报	0.096	0.075	0.072	0.078	0.123	0.093	0.102	0.081	0.098	…	0.101	0.139
参与	0.151	0.169	0.169	0.216	0.255	0.245	0.195	0.212	0.188	…	0.233	0.401
共享	0.066	0.075	0.096	0.091	0.083	0.078	0.065	0.075	0.090	…	0.062	0.106
基层	0.121	0.131	0.117	0.137	0.180	0.155	0.150	0.139	0.200	…	0.208	0.266
社区科普	0.052	0.053	0.050	0.064	0.072	0.060	0.064	0.085	0.090	…	0.088	0.116
指导	0.156	0.151	0.165	0.132	0.234	0.225	0.144	0.153	0.175	…	0.184	0.316
科技馆	0.084	0.094	0.071	0.098	0.119	0.133	0.080	0.113	0.119	…	0.096	0.166
农民	0.115	0.118	0.103	0.133	0.178	0.152	0.133	0.164	0.163	…	1.000	0.290
人员	0.213	0.225	0.146	0.258	0.295	0.249	0.258	0.239	0.237	…	0.290	1.000

　　资料来源：根据"北大法律信息网"的"中国法律法规规章司法解释全库"下载数据整理统计而成。

"相关矩阵中的数据为相似数据，数值越大表示对应两个词距离越近，相似度越好，相反则相似度越差"[198]。在相关矩阵中，主对角线上的数值表示某词与自身相关程度，值都为 1，说明其自身相关系数最大。譬如，关键词"科普"自身相关系数为 1。反之，矩阵中数值越小，说明两两关键词之间距离越远，相似度越低。例如，关键词"社区科普"与关键词"科普资源"的相关系数为 0.050，说明该这两个关键词距离远，相似度低。为了有利于后续的聚类分析和多维尺度分析的需求，进一步消除误差，用 1 与上述相关矩阵的各个数据相减，进而得到反映两个关键词间差异程度的相异矩阵，如表 6.6 所示（为方便显示将横向表头"科普"至"人员"等关键词字样分别用序号 1~30 表示）。

表 6.6 部分相异矩阵列表

	1	2	3	4	5	6	7	8	9	...	29	30
科普	0.000	0.937	0.928	0.917	0.887	0.903	0.901	0.913	0.903	...	0.885	0.787
科学技术	0.937	0.000	0.929	0.908	0.881	0.909	0.907	0.906	0.892	...	0.882	0.775
科普资源	0.928	0.929	0.000	0.908	0.881	0.911	0.901	0.912	0.912	...	0.897	0.854
科普教育	0.917	0.908	0.908	0.000	0.864	0.873	0.883	0.883	0.881	...	0.867	0.742
科普活动	0.887	0.881	0.881	0.864	0.000	0.829	0.837	0.854	0.844	...	0.822	0.705
社会	0.903	0.909	0.911	0.873	0.829	0.000	0.880	0.869	0.866	...	0.848	0.751
设施	0.901	0.907	0.901	0.883	0.837	0.880	0.000	0.892	0.863	...	0.867	0.742
青少年	0.913	0.906	0.912	0.883	0.854	0.869	0.892	0.000	0.870	...	0.836	0.761
农村	0.903	0.892	0.912	0.881	0.844	0.866	0.863	0.870	0.000	...	0.837	0.763
公众	0.863	0.881	0.897	0.870	0.821	0.827	0.864	0.858	0.841	...	0.840	0.693
科学素质	0.828	0.838	0.858	0.818	0.773	0.793	0.829	0.823	0.768	...	0.801	0.664
服务	0.945	0.934	0.948	0.918	0.930	0.933	0.933	0.948	0.920	...	0.924	0.868
经费	0.879	0.881	0.907	0.867	0.841	0.872	0.864	0.872	0.855	...	0.832	0.747
培训	0.902	0.889	0.902	0.886	0.845	0.845	0.864	0.857	0.832	...	0.847	0.706
科普宣传	0.856	0.843	0.865	0.840	0.782	0.822	0.824	0.825	0.790	...	0.767	0.616
规划	0.781	0.810	0.828	0.782	0.720	0.749	0.770	0.772	0.733	...	0.749	0.542
项目	0.888	0.880	0.865	0.876	0.828	0.868	0.861	0.877	0.859	...	0.881	0.751
社区	0.904	0.919	0.911	0.882	0.875	0.874	0.877	0.870	0.844	...	0.887	0.761
科普基地	0.850	0.847	0.884	0.851	0.810	0.797	0.841	0.833	0.830	...	0.808	0.668
能力	0.812	0.831	0.819	0.820	0.741	0.778	0.781	0.821	0.799	...	0.793	0.708

表6.6(续)

	1	2	3	4	5	6	7	8	9	...	29	30
环境	0.863	0.875	0.897	0.870	0.812	0.835	0.848	0.858	0.858	...	0.828	0.723
申报	0.904	0.925	0.928	0.922	0.877	0.907	0.898	0.919	0.902	...	0.899	0.861
参与	0.849	0.831	0.831	0.784	0.745	0.755	0.805	0.788	0.812	...	0.767	0.599
共享	0.934	0.925	0.904	0.909	0.917	0.922	0.935	0.925	0.910	...	0.938	0.894
基层	0.879	0.869	0.883	0.863	0.820	0.845	0.850	0.861	0.800	...	0.792	0.734
社区科普	0.948	0.947	0.950	0.936	0.928	0.940	0.936	0.915	0.910	...	0.912	0.884
指导	0.844	0.849	0.835	0.868	0.766	0.775	0.856	0.847	0.825	...	0.816	0.684
科技馆	0.916	0.906	0.929	0.902	0.881	0.867	0.920	0.887	0.881	...	0.904	0.834
农民	0.885	0.882	0.897	0.867	0.822	0.848	0.867	0.836	0.837	...	0.000	0.710
人员	0.787	0.775	0.854	0.742	0.705	0.751	0.742	0.761	0.763	...	0.710	0.000

资料来源：根据"北大法律信息网"的"中国法律法规规章司法解释全库"下载数据整理统计而成。

"相异矩阵的分析原理是：相异矩阵中两个关键词之间的数据越接近1，表明这两个关键词之间的距离越大、相似度越小；反之，两个关键词之间的数据越接近0，表明这两个关键词之间的距离越小、相似度越大。"[199]在相异矩阵中，主对角线上的数字为0，说明关键词自身不相异。两两关键词间在相异矩阵和相关矩阵中的数值大小，反映了关键词之间距离的远近，也表明了关键词间的内部结构联系和亲疏关系。

◆◇ 6.3　科普政策内容多元统计分析

6.3.1　聚类分析

"聚类分析（cluster analysis）是数据挖掘中的一种活跃的文献计量方法，依据关键词与关键词之间的共现强度，把一些共现强度较大的关键词聚集在一起形成一个个聚类"[200]聚类分析包括两种主要方法：一种是"快速聚类分析方法"（K-means cluster analysis），另一种是"层次聚类分析方法"（hierarchical cluster analysis），运用不同的聚类分析方法会得到不同的结论。本书研究采用第二种聚类方法，即层次聚类分析法。将高频关键词的相异矩阵表（表

6.6）导入 SPSS 22.0 中进行层次聚类分析，利用"Classify"的"hierarchical clustering"功能，在度量标准中选择"区间（Interval）"中的"平方欧氏距离（Squared Euclidean distance）"度量，选择"离差平方和（Ward）"作为聚类方法，最终以树形图（dendrogram）的形式输出，如图 6.1 所示。

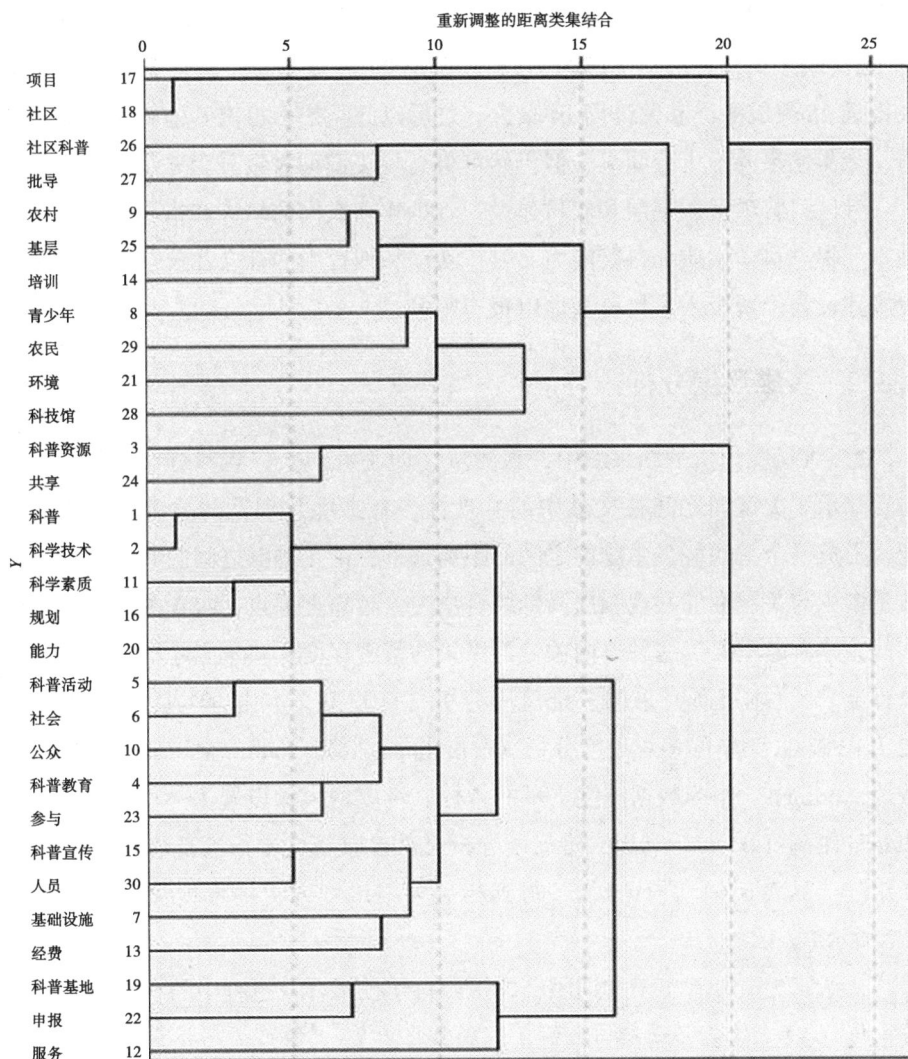

图 6.1　聚类分析树状图

（资料来源：根据"北大法律信息网"的"中国法律法规规章司法解释全库"下载数据整理，并通过 SPSS 软件生成）

"聚类分析树状图能够清晰地反映聚类过程的进度,能够显示出每一次聚类过程中各个样本进行合并的情况。从聚类分析的树状图可以清晰地看出各个关键词间的聚类情况,能够较为明确地说明各个关键词之间的关系,根据高频关键词层次聚类分析的树状图能够直观地表明各个关键词之间聚类的先后顺序。"[201]由高频关键词层次聚类分析的树状图可知,首先是关键词 17 和关键词 18 聚成一类,其次是关键词 26 和关键词 27 聚成一类,然后是关键词 9 和关键词 25 聚成的类和关键词 14 聚合,之后以此类推可得出其他聚类。总体上看,聚类结果并不十分明显,但仍然可将高频关键词大致分为 8 个类别,

社区科普项目、基层和农村建设、青少年和农民的培训和指导、科普资源共享、提升科学素质和科普能力、科普活动和教育中的社会和公众参与、基础设施建设与经费投入、科普基地申报与服务。

6.3.2 多维尺度分析

"多维尺度分析的结果图中,观测量(即关键词)以点状分布,每个点的位置显示了关键词之间在文献中的共现性,有高度共现性的关键词聚集在一起,形成一个主题群。主题群之间的距离远近,由主题群之间的共现关键词的数量多少与关键词的共现频次高低综合决定。越靠近原点,包含关键词数量越多的主题群越重要。主题群内关键词聚集的紧密程度反映了主题群中心点的明显程度。"[202]本书研究采取多维尺度分析科普政策文本内容类目,使用 SPSS 22.0 中 Scale 菜单的多维尺度分析(multidimensional scale, ALSCAL),用序数数值(ordinal)作为数据测度水平的指标,将度量模型设置为"个别差异 Euclidean 距离(D)"。利用二维尺度分析对科普政策文本内容高频关键词的相异矩阵(见表 6.6)进行分析,得到相关多维尺度分析的可视化结果(如图 6.2 所示)。

从图 6.2 中可看出四大词团,即提升科学技术普及过程中的科普活动与科普宣传(A)、社会公众参与和科普资源共享(B)、科普人员培训及基础设施建设(C)、社区科普项目及环境(D)。其中词团 A 中包含"科普""科学技术""科普活动""科学素质""科普宣传"等关键词;词团 B 包含"社会""公众""参与""科普教育""科普资源""共享"等关键词;词团 C 包含"基础设施""经费""科普基地""人员""培训""农民"等关键词;词团 D 包含"社区科普""项目""环境"等关键词。这四大词团在一定程度上与聚

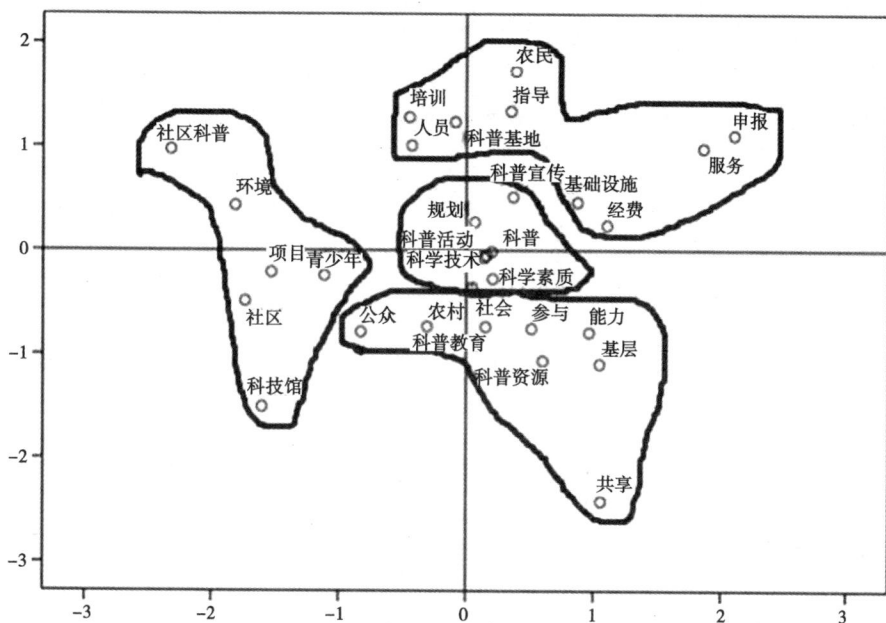

图 6.2 多维尺度分析结果

(资料来源：根据"北大法律信息网"的"中国法律法规规章司法解释全库"下载数据整理，并通过 SPSS 软件生成)

类分析的结果大致吻合。此外，从图 6.2 中还可知，词团 A 处于图的中心区域，并且词团中关键词之间联系紧密，说明该词团为科普政策的核心内容。其他词团处于词团 A 的周围，词团由 B 至 D 各内部关键词联系紧密程度呈递减趋势，属于科普政策次核心内容。

6.3.3 社会网络分析

6.3.3.1 关键词共现网络图谱

为了更为直观明确地得出关键词之间的相关关系，将"母文本"导入到 ROSTCM 分析软件中，利用嵌入在该软件中的 NetDraw，对行特征词共词矩阵进行网络构建，其中关键词共现数值是"母文本"中两两关键词同一行中出现的频数，这一过程利用 ROSTCM 中的语义网络和社会网络生成工具来完成。包括提取高频词、过滤无意义词、提取行特征、构建网络、构建矩阵等多个操作步骤，如图 6.3 所示。最终得到我国科普政策文本的关键词网络图谱，如图 6.4 所示。其中每一个节点都代表政策文本中的关键词，并且节点间的连线代

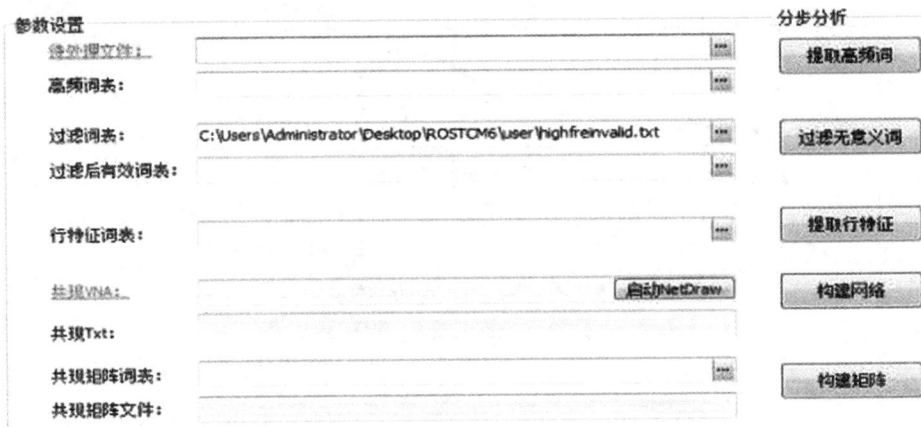

图 6.3　ROSTCM 分析软件中社会网络与语义网络分析

（资料来源：根据"北大法律信息网"的"中国法律法规规章司法解释全库"下载数据整理，通过 UCINET 软件生成）

表其存在相互关联性。从图 6.4 中可以清晰看出，"科普""科普资源""社会""科普活动""服务""科普教育""科学素质""农村""培训"等关键词处于图谱的中心位置，这些关键词是科普政策文本的核心内容，而在整个网络的边缘，也存在一些零散的关键词，这些边缘关键词虽然游离在核心位置之外，但有些却是一些新兴的关键词，有的也代表未来的发展趋势，同样具有重要的研究价值，如"科普服务""科普作品"等。

从 Netdraw 关键词网络分析结果中，不但能对政策文本中的关键词有着更直观的认识，还可以看出词组之间的结构关系。在该关键词网络中，"科普"这一节点位于网络中核心的位置，对其他关键词共现的影响能力也是最强的，也可以说"科普"与其他词组关联程度最大，在这一网络中它与许多节点都存在联系，这些节点都需通过"科普"一词实现关键词共现。也可这样理解，哪些关键词在网络中与"科普"关系最为紧密，也可以将其视为核心词组。通过 ROSTCM 软件看出关键词之间联系的紧密程度，strength 值越大说明两者联系越为密切，"资源"与"科普"的 strength 值为 121，说明二者结合得最为紧密，"科普"和"资源"是政策文本中的核心内容。另外，"科学技术""社会""科普活动""基础设施""服务"与"科普"的联系也十分紧密，strength 值分别为 195，179，160，143，125，这也验证了上述关键词是该领域的核心内容这一分析。

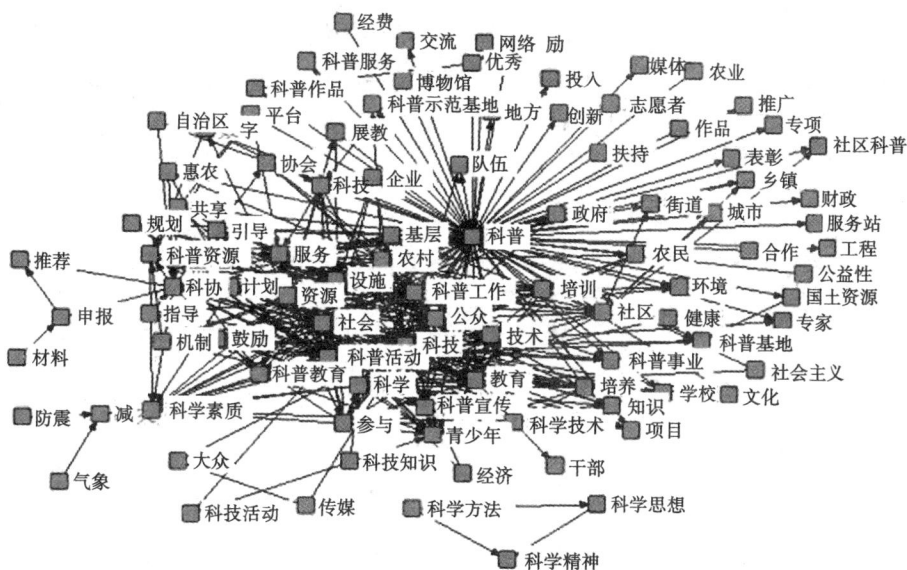

图 6.4 Netdraw 社会网络语义分析

(资料来源：根据"北大法律信息网"的"中国法律法规规章司法解释全库"下载数据整理，通过 UCINET 软件生成)

6.3.3.2 网络密度分析

Ucinet 对网络密度的测量依据有向图密度公式进行，在 Ucinet 中选择"Network—Cohesion—Density"项目，结果如图 6.5 所示。从图 6.5 可以看出，此关键词网络密度为 0.2875，说明网络节点之间连接不紧密，关键词之间的联系程度不高。均方差为 1.2687，说明网络离散程度较低，整个网络节点间连接较为稀疏，关键词之间存在小范围聚集现象，即只有少数关键词之间联系比较紧密，大部分关键词之间缺少有效的联系。以上分析结果表明，关键词网络中可同时存在密度小和离散程度也小的情况，这也反映出我国科普政策文本内容主要集中在少数几方面，彼此之间缺少联系，我国科普政策文本内容设计不对称的现状客观存在。

◆◇ 6.4 科普政策结构分析

苏敬勤将我国中央和地方技术创新政策的关键词归结为政策目标、政策对象以及政策手段 3 类，形成了我国技术创新政策的 3 段式结构[203]。本书研究

```
BLOCK DENSITIES OR AVERAGES
--------------------------------------------------------------------

Input dataset:                    共词矩阵 (C:\Users\Administrator\Desktop\共词矩阵)
|

Relation: 1-行特征词--共词矩阵

Density (matrix average) = 0.2875
Standard deviation = 1.2687

Use MATRIX>TRANSFORM>DICHOTOMIZE procedure to get binary image matrix.
Density table(s) saved as dataset Density
Standard deviations saved as dataset DensitySD
Actor-by-actor pre-image matrix saved as dataset DensityModel

--------------------------------------------------------------------
Running time:  00:00:01
Output generated:  22 七月 15 18:54:26
Copyright (c) 1999-2008 Analytic Technologies
```

图 6.5　网络密度测量结果

(资料来源：根据"北大法律信息网"的"中国法律法规章司法解释全库"下载数据整理，通过 UCINET 软件生成)

借鉴其分类方法，将高频关键词表（表 6.3）按照政策目标、政策对象和政策手段这 3 项进行归类，并对关键词进行去重与整合，最终形成以关键词为基础的科普政策结构图，如图 6.6 所示。

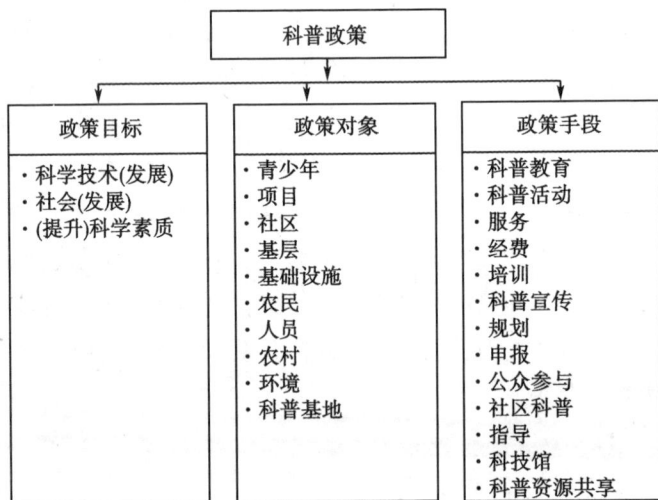

```
                        ┌──────────────┐
                        │   科普政策    │
                        └──────┬───────┘
          ┌────────────────────┼────────────────────┐
   ┌──────┴──────┐      ┌──────┴──────┐      ┌──────┴──────┐
   │   政策目标   │      │   政策对象   │      │   政策手段   │
   ├─────────────┤      ├─────────────┤      ├─────────────┤
   │·科学技术(发展)│      │·青少年      │      │·科普教育    │
   │·社会(发展)   │      │·项目        │      │·科普活动    │
   │·(提升)科学素质│      │·社区        │      │·服务        │
   │             │      │·基层        │      │·经费        │
   │             │      │·基础设施    │      │·培训        │
   │             │      │·农民        │      │·科普宣传    │
   │             │      │·人员        │      │·规划        │
   │             │      │·农村        │      │·申报        │
   │             │      │·环境        │      │·公众参与    │
   │             │      │·科普基地    │      │·社区科普    │
   │             │      │             │      │·指导        │
   │             │      │             │      │·科技馆      │
   │             │      │             │      │·科普资源共享 │
   └─────────────┘      └─────────────┘      └─────────────┘
```

图 6.6　科普政策结构图

(资料来源：根据"北大法律信息网"的"中国法律法规章司法解释全库"下载数据整理绘制而成)

6.4.1 科普政策目标分析

从筛选出的关键词来看，科普政策主要目标类的关键词有"科学技术发展""社会发展""提升科学素质"。还可以看出，我国科普政策主要目标较为宏观和不具体，而明确和具体的政策目标是政策有效实施的关键，缺少具体的政策目标，不仅给政策执行带来了难度，而且易引起政策界限不清，导致政策的随意变通。政策学家德罗尔则认为使政策目标操作化是一项极艰巨的工作，政策制定者往往不愿意也难以使目标操作化；目标操作化的结果，会使政策制定者丧失其政治上的支持，政策制定者为了要获得不同利益团体的支持，宁可要一个抽象、笼统、缺乏操作化性质的目标，抽象的目标可用不同方式来解释，不会在政治立场上陷入困境，易于获得广泛支持[204]。科普政策目标过于宏观和笼统，在很大程度上加大了科普政策实施的难度，同时，缺乏具体可操作的政策目标也较难取得预想的政策效果。因此，政策主体在确定科普政策目标时，应尽可能确定具体的、有明确指向性的和具有一定操作性的政策目标。另外，科普政策目标也不要过于稳定，随着我国社会环境、经济环境等因素的变化，我国科普政策目标也要随之进行改变和调整，以适应我国社会、经济以及科普事业发展的需要。

6.4.2 科普政策作用对象分析

本书研究中的政策作用对象是指在政策文本中，政策实施的对象或事物，不包括政策制定者和执行者本身。科普政策作用对象类的关键词包括"青少年""社区""项目""农村""基础设施""环境""科普基地"等。从中可以看出，具有主观意识的政策对象只包括青少年、农民和科普人员，学前儿童和中老年、志愿者等群体在科普政策中被关注程度相对较低。从科普政策作用对象类关键词可以看出，科普政策的聚焦点倾向于科普硬件的建设，而忽视了"科普软力量"的提升。"科普软力量"也可称"科普软实力"，就是指在科学技术普及过程中，由科学价值观、科普文化、科普公共服务、科普政策与制度、科普发展战略、公民素质等非物质要素构成的，国家以非刚性方式运行的提高公民科学素质、推动社会经济发展的一种能力。其通过潜移默化的方式，指引内部科普资源的协同和凝聚，以及公众对于科学技术普及的认可和感知，并对外部的科普资源产生吸引力、感召力、同化力。科普硬实力和软实力的不对称性发展在科普政策中显现无遗，阻碍了科普事业的健康发展，应加强科普软实力的建设力度，达到科普硬实力和软实力的均衡发展，确定切实可行的科普政策目标范围和途径，扩大科普政策目标群体和作用对象，将有限的科普资源对科普作用对象进行合理有效的分配与整合。

6.4.3　科普政策手段分析

"公共政策手段是公共政策方案中引导或促使政策目标群体（管理相对人）采取期望行为的具体措施，是使政策意图和目标得以实现的最关键机制。公共政策的手段有很多种，不同的手段有不同的特点，适用于不同的条件。在制定一项具体的公共政策时，必须根据具体情况进行比较选择"[204]。从图 6.6 中可知，代表科普政策手段的关键词有"科普教育""培训""规划""科普活动""科普宣传""申报""科普资源共享""社区科普""经费"等。不难看出，经济手段的匮乏在科普政策中尤为凸显，在经济手段中完全倚重经费投入，经济政策手段单一，缺少税收、金融等其他市场化手段的问题暴露无遗。随着我国市场经济体制的逐步建立和完善，以及我国科普产业的进步与发展，我国政策主体在科普政策制定中应充分利用经济手段的优势，促进科普事业和科普产业的快速与健康发展。

◆◆ 6.5　本章小结

（1）科普政策内容涉及主题广泛

聚类分析和多维尺度分析表明，科普政策内容涉及的主题广泛。从聚类分析可以看出，科普政策内容关键词可分为 8 大类，分别为社区科普项目、基层和农村建设、青少年和农民的培训和指导、科普资源共享、提升科学素质和科普能力、科普活动和教育中的社会和公众参与、基础设施建设与经费投入、科普基地申报与服务。从多维尺度分析可将我国科普政策内分为 4 大词团，分别为提升科学技术普及过程中的科普活动与科普宣传、社会公众参与和科普资源共享、科普人员培训及基础设施建设、社区科普项目及环境。这表明科普政策内容领域有诸多主题亟待探讨，需以分散的研究成果来实现科普政策内容的有效整合和融会贯通，以提升科普政策质量，使其实际效应最大化发挥。

（2）科普政策内容设计存在缺陷

为了更为直观明确地得出关键词之间的相关关系，利用嵌入在 ROSTCM 词频分析软件中的 NetDraw，生成了我国科普政策文本的关键词网络图谱。利用 UCINET 软件对关键词进行了网络密度分析，研究得出，整个关键词网络表现出较低的中心度趋势，关键词网络密度为 0.2875，说明整个网络节点之间连接不紧密，关键词之间的联系程度不高。均方差为 1.2687，说明网络离散程度较低，关键词网络只在小范围内有一定的集中趋势，多数关键词关联不大或者没有关联，科普政策文本内容主要集中在少数几方面。在政策内容中过于强调科普硬实力的建设，而忽视了科普软实力的发展；在提高公民科学素质过程中，过于关注青少年群体而疏忽了其他年龄阶段群体等。这些问题反映出科普政策内容设计存在缺陷，而提高科普政策内容设计的科学性及实用性不失为解决这一问题的"灵丹妙药"。

（3）科普政策结构不合理

将高频关键词统计词表按照政策目标、政策对象、政策手段 3 项进行归类，形成科普政策基本 3 段式结构，并分别对政策结构中的政策目标、政策对象以及政策手段进行分析。统计得出，科普政策主要目标类的关键词有"科学技术发展""社会发展""提升科学素质"；科普政策作用对象类的关键词包括"青少年""社区""项目""农村""基础设施"等；科普政策手段类的关键词主要有"科普教育""培训""规划""科普活动""科普宣传""社区科普"等。分析得出，我国科普政策结构不合理，即科普政策目标较为宏观和宽泛；科普政策作用对象关注度差异性明显；科普政策经济手段使用单一化现象严重。

第 7 章　优化我国科普政策的对策建议

◆ 7.1　优化政策工具结构以提高政策工具的操作性

7.1.1　适度降低法规管制政策工具使用频率

我国科普政策在推动科学知识的普及和传播方面发挥着越来越重要的作用。然而，仔细审视现行的科普政策，不难发现其中存在的一些问题，尤其是政策工具使用上的单一性。这种单一性主要体现在对法规管制工具的过度依赖，这在一定程度上限制了科普政策的深度和广度，影响了其整体效果的发挥。法规管制工具因其直接、简单的特性，一直被政策制定者所习惯采用。这种工具往往通过制定一系列的规章制度和行政命令，来规范和约束科普工作的开展。然而，这种过度依赖法规管制工具的做法，已经形成了一种路径依赖，使得政策制定者在面临新的科普问题时，往往首先想到的是通过制定新的法规来解决问题。这种路径依赖的存在，不仅导致了环境型政策工具使用过溢的问题，更使得其效用大为下降。因为法规管制工具虽然能够在短时间内取得一定的效果，但往往难以激发科普工作发展的持久动力。科普工作不仅需要政策的引导和规范，更需要社会的广泛参与和创新。而过度依赖法规管制工具，往往容易忽略这些重要的因素，导致科普工作缺乏活力和创新性。为了解决这个问题，对环境型政策工具进行应用结构优化已势在必行。科普政策制定者应该适当降低法规管制工具的使用频率，转而采用更加多元化、灵活性的政策工具。可以加强科普工作的市场激励，通过税收优惠、资金扶持等方式，鼓励更多的企业和个人参与到科普工作中来。同时，还可以加强科普工作的社会监督，通过媒体宣传、公众参与等方式，提高科普工作的透明度和公信力。科普政策制定者还应该加强对科普工作的研究和评估，深入了解科普工作的现状和需求，以便更加精准地制定政策。还应该加强与相关部门和机构的合作，形成合力，共同推动科普工作的发展。我国在科普政策中所采用的政策工具较为单一的问题已经引起了广泛的关注。为了推动科普工作的发展，需要对环境型政策工具进行应用结构优化，采用更加多元化、灵活性的政策工具，激发科普工作发展的持久动力。

随着经济的快速发展和科技进步的不断推进，科普工作作为推动社会进步的重要力量，受到了越来越多的关注。然而，在科普政策的制定和实施过程中，如何有效地运用各种政策工具，以促进科普事业的持续发展，成为了摆在政策制定者面前的一大难题。有研究成果显示，财政投入与行政措施的协同对经济增长的作用并不显著。这意味着，单纯地依靠增加财政投入和强化行政管制手段，并不能有效地推动科普事业的快速发展。相反，这种方式的过度使用可能会限制科普事业的灵活性和创新性，甚至可能产生一定的负面效应。相比之下，行政措施与金融措施的协同却对经济增长具有显著提升作用。在科普政策的制定中，应更加注重金融政策工具的运用，以激发科普事业的活力和潜力。具体来说，科普政策制定主体应降低法规管制工具的使用频率，以避免对科普事业的过度干预和束缚。同时，应加大金融政策工具的使用力度，通过提供优惠贷款、税收减免等政策措施，鼓励更多的社会资本投入科普事业。此外，为了更好地满足科普工作发展的资金需求，政策制定主体还应建立针对不同发展阶段的金融政策工具箱。包括针对不同科普项目特点和发展阶段，设计相应的金融产品和服务，形成多元化投资与融资渠道。这样不仅可以为科普事业提供稳定的资金来源，还可以降低其融资成本，提高其市场竞争力。通过以上的政策调整和优化，可以期待科普事业在更加宽松和有利的环境中蓬勃发展。同时，这也将有助于提高公众的科学素养和科技创新能力，推动社会经济的持续健康发展。在实际操作中，还需要根据具体的科普项目和市场环境，灵活运用各种政策工具，以确保政策效果的最大化。同时，政策制定者也应保持对科普事业发展的敏锐洞察力和前瞻性思考，不断调整和完善政策体系，以适应不断变化的市场需求和社会环境。

通过降低法规管制工具的使用频率、加大金融政策工具的使用力度以及建立针对不同发展阶段的金融政策工具箱等措施，可以有效地推动科普事业的持续发展，为社会经济的繁荣作出更大的贡献。在当前的经济社会背景下，优化税收优惠政策工具的使用显得尤为关键。需要进一步提升税收优惠政策工具的利用率，通过更精细化的调整，使不同税收对象能够享受到与其特点相匹配的税收优惠力度。这样的调整不仅能够激发市场活力，还能更好地发挥税收政策的调节作用。然而，仅依靠税收优惠政策工具是远远不够的。策略性措施和目标规划虽然具有一定的指导作用，但如果单独使用，往往难以取得理想的效果。因此，需要将税收优惠政策与法规管制、金融支持等其他政策工具进行组合使用，形成政策合力，以更好地发挥各自的优势。法规管制工具在科普政策中的使用频率过高可能会抑制市场主体的创新活力。因此，需要适当降低法规管制工具在科普政策中的使用频率，减少不必要的行政干预，为市场主体提供更多的自主发展空间。同时，还应加大与其他环境型政策工具的协同力度，形成政策互补效应。总之，优化环境型政策工具的关键在于降低法规管制工具在科普政策中的使用频率，并加大与其他环境型政策工具的协同力度。通过这样的调整和优化，可以有效改变科普政策工具使用比例失衡的现状，为经济社会发展注入新的动力。这也需要政府、企业和社会各界的共同努力和配合，形成合力，共同推动科普事业的繁荣发展。

7.1.2　重视需求型政策工具的拉动力

随着科技的飞速发展和公众对科学知识的渴求日益增强，科普事业在我国的社会发展中扮演着越来越重要的角色。然而，传统的科普政策往往过于强调政府供给，而忽视了公众的实际需求，导致科普内容与公众需求之间存在一定的脱节。因此，我国科普政策应当积极转变方向，从过去的以供给为主转变为以需求为主，或者谋求两者的统一，以实现科普事业的可持续发展。

第一，应当充分利用市场机制和民间力量，推动科普服务的多元化发展。具体而言，首先，可以通过应用服务外包政策工具，将科普服务或科普产品的创作与研发任务外包给民间机构或企业。这样不仅能够促进和激发民间机构和企业发展科普事业的热情，使其更加积极地投入到科普产品的创作和研发中，还能够有效减轻政府在科普财政及科普人员等诸多方面的压力。通过这种合作方式，政府可以更加专注于制定科普政策和监督科普活动的实施，而民间机构和企业则可以凭借其丰富的资源和创新能力，为公众提供更加优质、多样化的科普服务。其次，还需要关注公众对科普内容的实际需求。随着信息技术的快速发展和新媒体的普及，公众获取信息的渠道日益多样化，对科普内容的需求也呈现出多元化、个性化的特点。因此，科普政策应当更加注重对公众需求的调研和分析，以了解他们的真实需求和兴趣点。在此基础上，政府可以制定相应的科普计划和项目，以满足公众对科学知识的需求和期待。再次，还应加强科普教育与学校教育的融合。学校是科普教育的重要阵地，通过在学校中开展科普活动、设置科普课程等方式，可以帮助学生树立科学观念、培养科学精神。因此，政府可以加大对学校科普教育的支持力度，鼓励学校开展丰富多彩的科普活动，为学生提供更多的实践机会和学习资源。此外，应注重科普内容的创新和质量提升。在科普内容的创作和研发过程中，应当注重科学性与趣味性的结合，以吸引公众的关注和兴趣。最后，还应加强对科普内容的审核和监督，确保其真实、准确、可靠，避免误导公众或传播错误信息。综上所述，我国科普政策应当积极转变方向，从过去的以供给为主转变为以需求为主，或者谋求两者的统一。通过应用服务外包政策工具、关注公众需求、加强学校科普教育以及注重科普内容的创新和质量提升等措施，可以推动科普事业的可持续发展，为公众提供更加优质、多样化的科普服务。

第二，在现代社会，政府采购政策工具的运用日益成为国家发展的重要战略手段。政府采购政策不仅有助于国家经济的稳定与增长，更在推动科技创新、优化产业结构等方面发挥着不可替代的作用。在发达国家，政府采购政策已经得到了广泛的应用，占据了 GDP 的 15%～20%。在我国，政府采购政策的发展尚存在较大的提升空间。首先，需要加强对科普企业自主创新产品的政府采购量。科普企业作为推动科技进步、提升公众科学素养的重要力量，其自主创新产品的推广和应用对于整个社会的科技发展具有深远的影响。因此，政府应该进一步加大对科普企业自主创新产品的采购力度，通过政府采购这一政策工具，为科普企业提供更为广阔的市场空间，进而激发其创新活力，推动科技产业的快速发展。其次，优化政府采购结构也是提升政策效果的关键所在。政府应该根据社会经济发展的需要，合理确定基础性、共性和应用性科普产品的比例，确保政府采购能够真正满足公众的需求。再次，政府还应该重点扶持一批科普产品研发和生产基地，通过政策引导和市场机制相结合的方式，推动科普产品的研发、生产、集散和服务的全面发展。在具体实施过程中，政府应该坚持以公众科普需求为导向，充分发挥政府采购的引导作用。例如，可以通过政府采购的方式，引导科普企业加大在基础性、共性科普产品方面的研发投入，推动科普产品的技术创新和品质提升。政府还可以通过优化政府采购流程、提高采购效率等方式，为科普企业提供更加便捷、高效的服务，进一步推动科普产业的繁荣发展。综上所述，加强对政府采购政策工具的运用，特别是加大对科普企业自主创新产品的政府采购量，优化政府采购结构，对于推动科普产业的快速发展、提升公众科学素养、促进国家经济社会的全面进步具有重要意义。

第三，科学使用贸易管制类工具，是一项需要谨慎权衡和精细操作的复杂任务。这既要求遵守国际规则，避免触犯相关的公平竞争条款，又要达到引进国外先进技术和管理经验、限制进口低质量的科普项目和科普产品的目的。需要对贸易管制类工具进行深入的了解和研究。这些工具包括但不限于关税、配额、进口许可证等，它们在不同情况下可以发挥不同的作用。然而，必须明确，任何形式的贸易管制都必须在符合国际法和公平贸易原则的前提下进行。因此，在使用这些工具时，必须仔细研究相关的国际公约、协议和规定，确保不会触犯任何公平竞争条款。需要明确引进国外先进技术和管理经验的重要性。在全球化的今天，国际的交流与合作日益频繁，引进先进的技术和管理经验对于提升我国的科技水平、推动产业升级、增强国际竞争力具有重要意义。因此，应该通过贸易管制工具，合理引导外国资本和技术进入我国，为我国企业提供更多的学习和借鉴的机会。但是，仅仅引进先进技术和管理经验是不够的，还需要关注进口科普项目和科普产品的质量。低质量的科普项目和科普产品可能会误导公众，甚至对我国的科技事业造成负面影响。因此，需要通过贸易管制工具，对进口科普项目和科普产品的质量进行严格把关，确保它们符合我国的科技水平和公众需求。在具体操作中，可以借鉴一些成功的案例和经验。可以学习其他国家在引进外国技术和管理经验方面的成功做法，了解其如何在遵守国际规则的前提下实现这一目标。也可以借鉴一些国家在限制进口低质量科普项目和科普产品方面的经验，了解其如何通过贸易管制工具实现这一目标。此外，还需要加强与国际社会的沟通与合作。在全球化的背景下，各国之间的贸易往来日益密切，需要与其他国家建立良好的合作关系，共同维护公平、开放、透明的国际贸易环境。通过加强沟通与合作，可以更好地理解其他国家的立场和需求，从而更好地运用贸易管制工具来实现目标。总之，科学使用贸易管制类工具是一项需要综合考虑多方面因素的复杂任务。需要在遵守国际规则的前提下，积极引进国外先进技术和管理经验，限制进口低质量的科普项目和科普产品。通过加强与国际社会的沟通与合作，可以更好地发挥贸易管制工具的作用，推动我国科技事业的持续发展。

7.1.3 增强供给型政策工具操作性

尽管供给型政策工具在使用比例上并未出现失衡的情况，但深入剖析其实际应用过程，不难发现其中存在的诸多问题。尤其是在资金投入、基础设施建设和人才培养等关键环节，供给型政策工具往往显露出指向性模糊、缺乏具体性操作等短板，这无疑给我国科普政策的落地实施带来了一定的难度和挑战。首先，聚焦资金投入方面。在《国家科学技术普及"十二五"专项规划》中，明确提出了将科普经费列入同级财政预算，并逐步提高科普投入水平的要求。然而，在实际操作中，科普经费占财政预算的具体比例以及每年具体增加多少科普经费用于科普工作等关键信息并未得到明确标注。这种模糊性不仅可能导致各级科技行政管理部门在执行过程中存在理解偏差，还可能引发经费分配不均、使用效率不高等问题，进而影响科普政策的整体效果。其次，基础设施建设方面同样存在类似的问题。科普工作的开展离不开完善的基础设施支撑，包括科普场馆、科普教育基地、科普传媒等。然而，在供给型政策工具中，对于如何建设、优化这些基础设施的具体方案往往缺乏详细的规划和指导。这可能导致各地在基础设施建设过程中缺乏统一的标准和规范，进而影响科普工作的普及程度和效果。此外，人才培养也是科普政策中不可或缺的一环。然而，当前供给型政策工具在人才培养方面的支持力度仍有待加强。一方面，对于科普人才的培养机制、选拔标准等尚未形成完善的体系；另一方面，对于科普人才的激励机制也尚显不足。这可能导致优秀的科普人才难以得到有效挖掘和培养，进而影响科普工作的深入开展。综上所述，虽然供给型政策工具在科普政策中扮演着重要的角色，但其在资金投入、基础设施建设和人才培养等方面存在的问题不容忽视。为了推动科普政策的更好实施，需要进一步完善供给型政策工具的具体操作方案，明确各项政策的指向性和具体性，同时加强对政策执行过程的监督和评估，确保科普政策能够真正落地生根、发挥实效。

在当前的科技快速发展背景下，科普工作对于提升国民科学素质、推动社会创新具有不可或缺的作用。因此，我国科普政策制定主体应深刻认识到科普政策实施细则的重要性，并积极采取相应措施，增强供给型政策工具的操作性，以更好地推动科普事业的发展。首先，政策制定主体在制定科普政策时，应明确资金投入的数额或科普经费所占预算的具体比例。这不仅是确保科普工作得以顺利开展的基础保障，也是体现政府对科普事业重视程度的重要指标。通过设定明确的资金投入数额或比例，可以确保科普经费的充足性和稳定性，从而保障科普活动的正常进行。其次，在运用资金投入工具时，政策制定主体还应关注资金的合理分配和使用效益。一方面，要根据不同地区、不同领域的科普需求和特点，合理分配资金，确保科普资源能够得到有效利用；另一方面，要加强对科普经费使用情况的监管和评估，确保资金使用的合规性和效益性，防止浪费和滥用现象的发生。再次，在使用人才培养政策工具时，政策制定主体应明确人才培养的具体对象以及具体培养方案和建议。科普人才的培养是推动科普事业持续发展的关键因素之一。因此，政策制定主体应根据科普工作的实际需要，确定培养对象的范围和标准，制定具体的培养方案和建议，包括培训内容、培训方式、培训周期等，以确保科普人才的质量和数量能够满足科普工作的需求。此外，政策制定主体还应注重科普政策的宣传和推广工作。通过加强科普政策的宣传力度，提高公众对科普政策的认知度和参与度，从而增强科普政策的社会影响力。还可以通过举办科普活动、开展科普讲座等方式，向公众普及科学知识，提高公众的科学素养和创新能力。总之，我国科普政策制定主体应加强对政策实施细则的制定和完善工作，增强供给型政策工具的操作性，并注重资金投入、人才培养以及宣传推广等方面的具体实施。只有这样，才能更好地推动科普事业的发展，提升国民科学素质，为社会的创新和发展提供有力支持。另外，在进行科普资源供给时，还应考虑不同地区、对象的实际情况，要因地制宜和量体裁衣，降低盲目供给的可能性，提高政策工具的使用效率，做到有限资源的有效供给。在进行科普资源供给的过程中，必须深入考虑不同地区、不同对象的实际情况，以确保资源的有效利用和最大化效益。因地制宜和量体裁衣的原则至关重要，它们能够降低盲目供给的可能性，提高政策工具的使用效率，从而确保有限资源能够得到有效供给。首先，需要根据地区的差异性进行科普资源的配置。不同地区的发展水平、文化背景、教育资源等方面都存在差异，因此科普资源的供给也应因地制宜。例如，在发达地区，可以更多地利用现代科技手段，如互联网、虚拟现实等，进行科普宣传和教育；而在欠发达地区，则可能需要更多地采用传统的方式，如举办科普讲座、发放科普资料等，以满足当地群众的需求。其次，还需要根据受众的特点进行科普资源的量体裁衣。不同的受众群体有不同的科普需求和接受能力，因此科普资源的供给也应根据受众的特点进行差异化配置。例如，对于青少年群体，可以设计更具趣味性和互动性的科普活动，以激发他们的学习兴趣；而对于老年人群体，则可能需要更注重实用性和健康方面的科普内容，以满足他们的实际需求。再次，为了提高政策工具的使用效率，还需要加强科普资源的整合和优化。包括加强科普资源的共享和协作，避免资源的浪费和重复建设；同时，还需要加强科普资源的创新和发展，不断推出更具吸引力和实用性的科普产品和服务，以满足社会的多样化需求。最后，要充分认识到科普资源供给的重要性和紧迫性。在当今这个知识爆炸的时代，科普教育对于提高全民科学素质、推动社会进步具有重要意义。因此，必须加强科普资源的供给和管理，确保有限资源能够得到有效利用，为社会的可持续发展贡献力量。总之，科普资源的供给需要充分考虑地区差异和受众特点，因地制宜和量体裁衣，以提高政策工具的使用效率和资源的有效利用。同时，还需要加强资源的整合和优化，推动科普教育的创新和发展，为社会的全面进步提供有力支持。

◆◇ 7.2 充分发挥政策主体间协同互助的整体效能

7.2.1 明晰科普政策主体权责，防止互相推诿

在我国，科普政策作为推动科学普及、提高公众科学素养的重要手段，其制定与实施情况对于国家科技发展和创新能力的提升具有至关重要的影响。然而，当前我国的科普政策实施中却存在"政出多门"的现象，这一问题已逐渐凸显并引起了广泛关注。"政出多门"指的是在科普政策的制定与实施过程中，多个政府部门或机构参与其中，但缺乏统一的协调与整合机制。这种现象容易导致责任主体不明确，一旦出现问题，各部门或机构之间往往会出现互相推诿的情况。这不仅会直接影响到科普政策的实施成效，还可能降低科普政策主体的工作效率，甚至引发一系列社会问题。具体而言，"政出多门"现象在科普政策实施中的表现主要有以下几个方面：第一，多个政府部门或机构在科普政策的制定过程中各自为政，缺乏统一的规划和协调，导致科普政策在内容上可能出现重复、矛盾或遗漏等问题，从而降低了政策的针对性和有效性。第二，在科普政策的实施过程中，由于责任主体不明确，各部门或机构之间往往难以形成合力，导致政策执行力度不足、效果不佳。第三，当出现科普政策实施问题时，各部门或机构之间容易相互推诿，导致问题无法得到及时解决，进

一步影响了科普政策的顺利实施。为了解决"政出多门"现象带来的问题，对科普政策主体进行权责划分和确认成为了一种有效的解决途径，可以从以下几个方面着手：首先，明确科普政策的制定主体和实施主体，确保各部门或机构在科普政策制定与实施过程中能够各司其职、各尽其责。其次，建立科普政策协调机制，加强各部门或机构之间的沟通与协作，确保科普政策在制定与实施过程中能够形成合力、发挥最大效用。再次，完善责任追溯和落实制度，对于在科普政策制定与实施过程中出现的推诿问题，要追究相关责任主体的责任，确保问题能够得到及时解决。总之，"政出多门"现象是当前我国科普政策实施中面临的一个重要问题。为了解决这一问题，需要对科普政策主体进行权责划分和确认，并建立相应的协调机制与责任追溯制度。

在现代社会，科普工作扮演着举足轻重的角色，它不仅关乎公众科学素养的提升，更是推动社会进步和科技创新的重要力量。然而，科普工作的实施往往涉及多个政策主体，包括政府部门、科研机构、教育机构以及媒体等，这些主体间的相互合作与协调对于科普工作的顺利开展至关重要。对于需要不同政策主体间开展相互合作完成的科普工作或是科普项目，应确立一个核心主体，由其负责牵头协调、组织参与政策主体的协作。这个核心主体可以是一个具有权威性和专业性的机构，如国家科普工作领导小组或相关部委，它能够全面把握科普工作的整体方向和目标，并具备足够的资源和能力来协调各方力量。在明确各政策主体权责边界的前提下，核心主体应制定详细的科普工作计划和任务分工，确保每个政策主体都明确自己的职责和任务。同时，核心主体还应建立有效的沟通机制和协作平台，促进政策主体间的信息共享和资源共享，形成合力推进科普工作的良好氛围。然而，仅有明确的权责边界和协作机制还不足以确保科普工作的顺利推进。对于未达到既定科普目标或是未完成自身科普任务的政策主体，应追究其相应的责任，并对其进行适当的处罚。这种追责和处罚机制不仅可以对政策主体形成有效的约束和激励，更能促进整个科普工作体系的良性运转。此外，还可以利用现代科技手段来加强政策主体间的协作和沟通。通过建立科普工作信息共享平台，实现政策主体间的实时信息共享和在线协作；利用大数据和人工智能技术，对科普工作数据进行深度挖掘和分析，为政策主体提供决策支持和优化建议。

在推进科普政策的实施过程中，明确各个政策主体的自身责任至关重要。为了更有效地实现这一目标，有必要尝试性建立以结果为导向的责任共担机制。这一机制不仅是政策主体间有效合作的基本保障，更是促进政策主体整体效能实现的重要途径。要深入解析这一责任共担机制的核心内容。它要求各政策主体在明确自身特定责任的基础上，积极寻求与其他政策主体的配合与协同。这意味着，在政策执行过程中，各个主体需要摒弃传统的孤立作战思维，转而拥抱团结协作的理念。通过相互间的密切配合，可以确保科普政策在各个环节都能得到有效执行，从而避免出现责任空白和推诿扯皮的现象。为了进一步加强责任共担机制的实施效果，还可以引入一些具体的实践措施。这不仅可以提高政策执行的透明度，还有助于各主体在协同作战中更加高效地开展工作。此外，还可以设立专门的监督机构，对政策主体的执行情况进行定期检查和评估。这不仅可以确保各主体能够切实履行自己的责任，还可以及时发现并纠正执行过程中出现的问题。建立以结果为导向的责任共担机制是提升科普政策实施效果的重要保障。通过明确各政策主体的自身责任、加强相互间的配合与协同、引入具体的实践措施以及应对可能出现的挑战和困难，可以更好地推动科普政策的实施，促进政策主体整体效能的实现。

7.2.2 推进信息资源整合，避免政策主体间的资源浪费

不难发现，在我国科普政策的实施过程中，确实存在着一定程度的资源浪费现象。其中，政策主体间缺乏有效的沟通交流是导致这一现象出现的重要原因之一。这种缺乏有效交流的状况，不仅导致了科普资源的浪费和损耗，也严重制约了政策主体间的合作与协调，使得科普政策的实施效果大打折扣。要深入剖析政策主体间沟通交流不畅的根源，不得不提及两个方面的因素。首先，政策主体间缺乏信息交流意识是一个不可忽视的问题。由于缺乏对信息共享重要性的认识，各政策主体往往习惯于各自为政，缺乏主动寻求合作与协调的意愿。这种局面下，即便拥有再丰富的科普资源，也难以形成合力，发挥出最大的效益。其次，政策主体间存在的"信息闭塞"现象也是导致沟通交流不畅的重要原因。所谓"信息闭塞"，就是指在政策主体间，各自的信息系统独立存在，缺乏有效的信息共享机制。这种状态下，政策主体间的数据与信息各自独立，难以实现有效的整合与利用。这不仅导致了资源的浪费，也使得政策主体间的合作变得异常困难。"信息闭塞"现象的存在，使得政策主体间的合作变得非常态化。由于缺乏及时、准确的信息共享，各政策主体往往难以对科普资源进行科学合理的配置与利用。这不仅导致了资源的浪费，也使得科普政策

的实施效果大打折扣。因此，为了改善这一局面，应加快科普政策主体间的信息资源整合步伐。通过建立健全的信息共享机制，加强不同政策主体之间的协商和对话，从而打破"信息闭塞"的困境。这样不仅可以提高科普资源的利用效率，还可以促进政策主体间的合作与协调，形成政策主体间的联动效应，共同推动科普政策的发展与实施。同时，还应该加强对政策主体间沟通交流的引导与监督。通过制定相关政策与措施，鼓励政策主体间积极开展合作与交流，推动信息资源的共享与利用。此外，还可以通过建立相应的考核与评价机制，对政策主体间的合作与协调成果进行客观评价，以激励各政策主体更加积极地参与到科普政策的实施中来。加快科普政策主体间的信息资源整合，加强不同政策主体之间的协商和对话，是改善我国科普政策资源浪费现象的有效途径。只有通过加强政策主体间的合作与协调，才能充分发挥科普资源的优势，推动科普事业的持续发展。

在当今信息爆炸的时代，信息资源整合已经成为政策主体间协同发展的重要举措之一。它不仅仅是一个具体的行动步骤，更是实现资源共享、优势互补和效率提升的关键途径。通过实现信息资源整合与共享，各政策主体能够更好地发挥自身优势，避免重复建设和资源浪费，进而推动政策协同的整体效能达到最大化。首先，信息资源整合有助于协调各政策主体的优势。在现实中，不同的政策主体往往拥有各自独特的资源和能力。通过信息资源整合，可以将这些资源进行有效的集中和配置，实现优势互补和资源共享。这样，不仅可以提升各政策主体的综合实力，还可以增强整个政策体系的稳定性和可持续性。其次，信息资源整合能够避免重复和浪费。在政策制定和执行过程中，各政策主体往往会因为信息不对称或沟通不畅而产生重复劳动和资源浪费的现象。而信息资源整合可以打破这种信息壁垒，使得各政策主体能够充分了解彼此的工作进展和资源需求，从而避免不必要的重复和浪费。此外，信息资源整合对于控制科普政策资源浪费、扫除科普政策盲点具有积极的作用。科普政策旨在提高公众的科学素养和创新能力，而信息资源的整合与共享可以确保科普政策更加精准地满足公众需求，避免资源的无效投入和浪费。同时，通过整合各政策主体的信息资源，可以及时发现和弥补科普政策中的盲点和不足，从而提升科普政策的针对性和实效性。最后，信息资源整合也是政策主体之间进行有效交流和沟通、确保协同合作顺利进行的重要保障。在信息资源整合的过程中，各政策主体需要加强沟通与合作，共同制定和执行整合方案。这种沟通和合作不仅可以提升政策主体的协作能力和团队精神，还可以增强政策体系的稳定性和应对复杂问题的能力。综上所述，信息资源整合是加强政策主体间协同的具体做法之一，对于提升政策协同的整体效能、避免资源浪费、扫除政策盲点以及促进政策主体间的有效交流和沟通具有重要的作用。因此，应该摒弃信息资源开发与使用过程中的"个体主义"，在整体观的指导下推动政策主体的信息资源整合，真正实现政策主体间信息资源的灵活使用和相互共享。同时，政府和相关机构也应该加强信息资源整合的技术支持和人才培养，为信息资源整合提供更加坚实的保障。

7.2.3 加强政策主体协同，促进彼此深入合作

经过分析发现，我国的科普政策主体间在合作层面尚存在显著的不足。各主体之间的联系尚不够紧密，相互之间的沟通与协作机制尚未形成有效的合力。这种状况不仅制约了科普政策的深入实施，也影响了科普工作的全面推进。因此，加强政策主体间的协同成为解决这一问题的关键举措。加强科普政策主体间的协同，旨在构建一种紧密的联系网络，使各主体在政策实施过程中能够形成合力，共同推动科普事业的发展。这一过程中，需要将各主体所掌握的政策资源进行统筹整合和科学配置，确保资源的有效利用和最大化发挥。具体而言，加强科普政策主体间的协同并非简单地将多个独立政策主体进行机械加总，而是要在深入了解各主体特点与优势的基础上，加强它们之间的协同联系和相互作用。包括建立有效的沟通机制，促进信息共享与交流；加强合作，共同开展科普活动；建立利益共享和权责明确的合作机制，避免因利益与权限的冲突而产生内耗。通过加强科普政策主体间的协同，可以充分发挥协同整合后的整体效能，实现科普政策主体间的长效与深入合作。这种合作不仅能够提高科普工作的效率和质量，还能够推动科普事业的全面发展，提升全民科学素质。为实现这一目标，科普政策主体应高度重视协调配合工作。各主体应树立"整体观"和"大局观"，充分认识到加强协同配合的重要性和必要性。同时，各主体还应增强做好协调配合工作的主动性，积极寻求与其他主体的合作机会，共同推动科普事业的发展。此外，为了将自觉协调配合转化为工作的内生动力，各主体还应建立有效的激励机制和约束机制。通过设立明确的考核标准和奖惩机制，激发各主体参与协同配合的积极性，确保科普政策的顺利实施和科普工作的全面推进。

在科普政策的制定与实施过程中，往往会出现某一具体问题牵涉到多个政策主体的利益和职能分工的情况。面对这种复杂局面，需要积极地进行协调磋商，寻求合理的解决方案，以确保科普政策的顺利推进。在协调过程中，应综合、全面地考虑科普政策的相关要素，如政策目标、实施手段、资源分配等，以整合科普政策目标体系，实现科普政策目标的协调一致。加强科普政策主体协同的核心宗旨在于弱化政策主体之间存在的差别，实现个体利益与整体利益最大限度接近平衡。这需要深入了解各政策主体的利益诉求和职能定位，寻求共同的利益点和合作空间，以实现整体利益对个体利益的消解。在此过程中，应充分发挥协同效应，将阻力转化为动力，促进科普政策主体间的深入合作。要实现科普政策主体协同，需要从以下几个方面着手。首先，加强沟通与交流，建立有效的信息沟通机制，确保各政策主体之间的信息畅通，减少误解和分歧。其次，明确职责与分工，合理划分各政策主体的职责范围，确保政策的实施能够有序进行。同时，还应建立科学的评估与反馈机制，对科普政策的实施效果进行定期评估，及时发现问题并采取相应的改进措施。此外，还可以借鉴国内外的成功案例和先进经验，为科普政策主体协同提供有益的参考和启示。例如，一些国家在科普政策制定过程中，通过建立跨部门的协作机制，实现了科普资源的有效整合和共享。同时，它们还注重发挥非政府组织、企业等社会力量的作用，形成了全社会共同参与科普的良好氛围。总之，加强科普政策主体协同是实现科普政策目标协调一致的重要途径和推动科普事业发展的重要举措。需要以弱化政策主体之间存在的差别为宗旨，积极寻求合理的解决方案，促进科普政策主体间的深入合作。通过构建紧密的联系网络、统筹整合政策资源、加强协同联系和相互作用以及建立有效的激励机制和约束机制，可以充分发挥各主体的优势，实现科普政策主体间的长效与深入合作，共同推动科普事业的繁荣与发展。

◆ 7.3 完善科普政策内容以提高科普政策质量

7.3.1 强化科普政策内容的系统性

通过对国家层面科普政策文本的深入挖掘和分析，可以清晰地发现我国科普政策内容设计所呈现出的一些显著特征，即非对称性和缺乏系统性。这种非对称性和缺乏系统性的设计，不仅影响了科普政策的实施效果，更在一定程度上阻碍了科普事业的稳定发展。首先，科普政策内容设计的非对称性主要体现在对不同年龄阶段群体的关注程度上。不难发现，在当前的科普政策中，青少年群体往往成为政策制定者关注的焦点。大量的政策资源被投入到青少年科普教育、科普活动以及科普设施建设等方面，这无疑对于提升青少年群体的科学素质起到了积极的推动作用。然而，其他年龄阶段群体的科学素质提升却在一定程度上被忽视了。中老年群体、农村群体以及一些特殊群体，如残障人士等，在科普政策中的被关注度和被支持力度都相对较低。这种不均衡的发展模式，不仅使得科普政策难以全面覆盖所有社会群体，也制约了科普事业的整体发展。其次，科普政策内容设计缺乏系统性主要表现在对科普硬实力与科普软实力的平衡发展上。在当前的科普政策中，基础设施、科普基地等科普硬实力的建设往往被置于重要地位。政府投入大量资金用于建设科技馆、博物馆等科普场所，以及推广科普活动和科普产品。这些举措无疑为提升公众的科学素质提供了有力的物质保障。科普文化、公民科学素质等科普软实力的发展却相对滞后。科普文化的建设需要长时间的积累和沉淀，需要社会各界的共同努力和参与。这种非对称性和缺乏系统性的科普政策设计，不仅影响了科普政策的实施效果，更在一定程度上阻碍了科普事业的稳定发展。为了改变这一现状，需要从以下几个方面入手：首先，加强科普政策的系统性和协调性。在制定科普政策时，应充分考虑不同年龄阶段群体的需求和特点，确保政策资源能够均衡分配。同时，还应加强科普硬实力与科普软实力的协调发展，既要注重基础设施建设，又要加强科普文化的培育和传播。其次，推动多元化科普主体参与。科普事业需要全社会的共同参与和努力。政府应鼓励和支持企业、社会组织、学校等多元主体参与到科普工作中来，形成多元化的科普服务供给体系。最后，加强科普政策评估和反馈机制建设。通过对科普政策的实施效果进行定期评估，可以及时发现问题和不足，进而调整和完善政策内容。同时，还应建立有效的反馈机制，听取社会各界的意见和建议，使科普政策更加贴近实际、符合民意。为了推动科普事业的稳定发展，需要加强科普政策的系统性和协调性，推动多元化科普主体参与，并加强科普政策评估和反馈机制建设。

在当前的社会背景下，科普政策在推动科学普及、提高公众科学素养方面发挥着至关重要的作用。然而，必须正视科普政策内容所存在的缺失和不足，并积极寻找填补这些缺失的方法，以增强科普政策内容的系统性、完整性和实效性。首先，应加强科普软实力的建设力度，以实现科普硬实力和软实力的均衡发展。科普软实力主要指的是科普传播能力、科普创新能力以及科普服务能力等。通过提升这些软实力，可以更好地将科学知识普及给公众，激发公众对科学的兴趣和热情，从而提高公众的科学素养。为了实现这一目标，需要加大对科普传播渠道的投入，如利用互联网、新媒体等渠道进行科普知识的传播；还应鼓励科普创新，推动科普形式和内容的创新，提高科普的趣味性和吸引力。此外，还应加强科普服务体系建设，为公众提供更加便捷、高效的科普服务，以满足公众对科学知识的需求。其次，需要进一步注重科普产业建设，实现公益性科普事业和经营性科普产业的兼顾发展。科普产业作为一个新兴产业，具有巨大的发展潜力和市场前景。通过发展科普产业，不仅可以推动经济的增长，还可以为公众提供更多的科普产品和服务，满足公众多样化的科普需求。为了实现科普产业的健康发展，需要制定科学的产业规划，明确产业发展的目标和方向；还应加大对科普产业的投入，提供政策支持和资金扶持，鼓励更多的企业和社会力量参与科普产业的建设和发展。最后，需要加大企业、学校等社会力量的参与程度，提高其积极性，形成政府引导、社会全方位参与的科普事业发展的格局。企业、学校等社会力量在科普事业发展中具有重要的作用和地位。不仅可以提供丰富的科普资源和经验，还可以为科普事业提供人力、物力等方面的支持。为了吸引更多的社会力量参与科普事业，需要建立健全的激励机制和政策体系，为企业、学校等提供必要的支持和帮助；同时，还应加强与社会力量的沟通和合作，共同推动科普事业的发展。总之，对科普政策内容所缺失的重要方面进行填补，是提升科普政策实效性的关键所在。通过加强科普软实力的建设、注重科普产业建设以及加大社会力量的参与程度，可以推动科普事业的全面发展，为提升公众科学素养、促进科技创新和社会进步作出更大的贡献。

7.3.2 加强政策内容的衔接性

全面提升公民的科学素质，不仅是我国科普政策的核心目标，更是推动国家科技进步、提升社会文明程度、实现可持续发展的重要基石。然而，在现实中，我国仍面临着公民科学素质参差不齐的严峻挑战。因此，政策主体必须深入研究和探讨科普政策内容的优化，以增强政策内容的衔接性，从而完善科普政策体系，为全民科学素质的提升提供有力保障。需要清晰地认识到，不同年龄阶段的公民在科学素质方面的需求和特点存在显著差异。青少年群体正处于知识积累的关键时期，他们对新事物充满好奇，具有较强的学习能力和接受能力，因此是我国科普工作重点培养对象。然而，目前针对青少年群体的科普活动虽然数量众多，但质量参差不齐，且缺乏系统性和连贯性。为此，政策主体应当加强对青少年科普活动的监管和指导，提高活动的针对性和实效性，确保青少年在科普活动中能够真正受益。与此同时，也应关注到其他年龄阶段的公民。幼儿是科学启蒙的关键时期，但当前的科普政策对幼儿的关注度明显不足。政策主体应加大对幼儿科普教育的投入，通过丰富多样的形式和内容，激发幼儿对科学的兴趣，培养他们的科学思维。中年人群体是社会的中坚力量，他们在工作和生活中需要具备一定的科学知识和技能。目前针对中年人的科普活动相对较少，且形式单一。政策主体应创新科普形式，结合中年人的需求和特点，开展有针对性的科普活动，提升他们的科学素质。老年人群体虽然年龄较大，但他们对科学知识的需求同样不容忽视。政策主体应关注老年人的生活需求和健康状况，通过科普活动提高他们的健康意识和生活质量。除了关注不同年龄阶段的公民，政策主体还应加强对科普政策内容的整体规划和设计。首先，要建立完善的科普政策体系，明确科普工作的目标和任务，确保各项政策相互衔接、形成合力。其次，要优化科普政策内容，结合社会热点和民众需求，制定具有针对性的科普方案。同时，要注重科普政策内容的创新性和前瞻性，引导公民关注科技前沿和新兴领域，激发他们的创新精神和实践能力。此外，政策主体还应加强科普资源的整合和共享。通过加强科普场馆、科普媒体、科普组织等资源的整合，实现科普资源的优化配置和共享利用。要鼓励社会各界积极参与科普工作，形成全民参与、共同推进的良好氛围。

科普政策作为提升公民科学素养、推动社会进步的重要手段，其设计应当遵循一系列科学、合理的原则。因此，在制定科普政策内容时，需要从整体上进行细致规划，确保政策内容具有衔接性和层次性，以满足不同年龄阶段、接受知识能力以及实际需求的差异。首先，科普政策内容的设计应具有衔接性。这意味着在政策内容的安排上，需要考虑到不同年龄阶段和知识水平的公民。例如，对于青少年群体，科普政策可以侧重于激发他们对科学的兴趣，引导他们主动探索和学习；而对于成年人，则更注重于传递实用性强的科学知识，提高他们在日常生活和工作中的科学素养。这样的设计可以确保科普政策在不同年龄阶段之间形成有效的衔接，促进公民科学素养的持续提升。其次，科普政策内容应具有层次性。这意味着在政策内容的深度和广度上，需要根据公民的实际需求和接受知识的能力进行差异化设计。例如，对于初学者，科普政策可以提供基础、易懂的科学知识，帮助他们建立对科学的初步认识；而对于具备一定科学素养的公民，则可以提供更为深入、专业的科学知识和研究方法，以满足他们更高层次的学习需求。这样的层次性设计有助于满足不同水平公民的科普需求，提高科普政策的针对性和实效性。此外，科普政策内容的设计还需要注重科学性和实效性。科学性意味着政策内容必须基于科学的原理和方法，确保传递的信息准确、可靠；而实效性则要求政策内容能够真正满足公民的实际需求，提高他们的科学素养和生活质量。因此，在制定科普政策时，需要广泛征求专家、学者和公众的意见，确保政策内容的科学性和实效性。最后，追求科普政策内容效果的最优化也是至关重要的。这需要不断评估和调整科普政策的内容和实施方式，确保其能够最大程度地发挥科普教育的作用。通过定期收集公民对科普政策的反馈意见，可以了解政策实施的效果，及时发现问题并进行改进。同时，还可以借鉴国内外成功的科普案例和经验，不断完善和优化科普政策的内容设计。综上所述，科普政策内容的设计需要从整体上进行规划，确保具有衔接性和层次性。同时，还需要注重政策内容的科学性和实效性，追求科普政策内容效果的最优化。

7.3.3 重视评估反馈工作以补充与修正科普政策内容

在我国科普事业不断发展的今天，科普政策作为推动科普工作的重要力量，其政策对象的范围和内容一直备受关注。研究表明，我国科普政策对象范围仍存在一定的局限性，未能全面覆盖科普领域的各个方面，尤其是一些重要的非物质因素，如科普文化、科普公共服务等，在科普政策内容中未能得到应有的体现。首先，科普文化作为科普工作的重要组成部分，其内涵和外延广泛，包括科学知识的传播、科学精神的培育、科学方法的普及等多个方面。然而，在当前的科普政策中，科普文化的地位并未得到足够的重视，相关的政策内容也较为薄弱。因此，应该重视对科普政策内容的补充，将科普文化作为一个重要的科普对象纳入到科普政策对象范畴中，加强对科普文化的培育和推广，提升公众对科学文化的认知和认同。其次，科普公共服务作为科普工作的重要支撑，其质量和水平直接影响到科普工作的效果。然而，在当前的科普政策中，科普公共服务的建设和提升并未得到充分的关注和支持。因此，需要在科普政策中加强对科普公共服务的规划和投入，提升科普公共服务的质量和水平，为公众提供更加便捷、高效、优质的科普服务。

除了对科普政策内容的补充外，还需要对颁布实行的科普政策效果进行定期的评估与反馈。通过及时收集有关具体科普政策效果的资料与信息，并进行科学有效的分析，可以了解科普政策的实施效果，发现存在的问题和不足，为进一步完善科普政策提供有力的依据。具体而言，可以通过问卷调查、实地访谈等方式，收集公众对科普政策的反馈意见，了解他们对科普工作的需求和期望；也可以通过数据分析、案例研究等手段，对科普政策的实施效果进行量化评估，从而更加准确地把握科普政策的效果和存在的问题。基于评估与反馈的结果，可以对科普政策进行必要的补充或修正。在当前的科技发展和知识传播背景下，评估反馈工作对于科普政策的制定与执行显得尤为重要。因此，应充分认识到评估反馈工作的重要性，并将其置于更为突出的位置。这样，才能够及时、有效地根据实际情况对科普政策的效果进行准确判断，并对科普政策的内容作出进一步的调整与完善。首先，加强评估反馈工作的重视程度有助于更全面地了解科普政策在实施过程中遇到的挑战和问题。通过系统地收集和分析各方面的反馈数据，能够深入洞察科普政策在传播科学知识、提高公众科学素养方面的实际效果。这些反馈数据可能来自科普活动的参与者、受益者，也可能来自专家学者、政策制定者等不同群体。通过对这些数据的整合与解读，能够更准确地把握科普政策的优点和不足，为后续的政策调整和完善提供有力支撑。其次，加强评估反馈工作有助于提升科普政策的针对性和实效性。在收集到足够多的反馈数据后，可以通过对这些数据进行分析和比较，找出科普政策在实施过程中存在的短板和不足之处。基于这些分析结果，可以有针对性地调整科普政策的内容、形式和传播渠道，使其更加符合公众的需求和期望。同时，还可以根据反馈数据对科普活动的组织、管理和执行进行优化，提高科普活动的效率和效果。此外，加强评估反馈工作还有助于推动科普政策的持续改进和创新。在科普政策实施过程中，可能会遇到一些新的问题和挑战，这些都需要及时进行调整和创新。通过评估反馈工作，能够及时发现问题、分析问题并寻找解决方案。这不仅有助于不断完善现有的科普政策，还能够推动科普政策的不断创新和发展。总之，加强对评估反馈工作的重视程度对于科普政策的制定与执行具有重要意义。通过加强评估反馈工作，能够更全面地了解科普政策的实际效果和存在的问题，提升科普政策的针对性和实效性，推动科普政的持续改进和创新。因此，应该高度重视评估反馈工作，并将其贯穿于科普政策制定与执行的全过程。总之，完善科普政策内容、加强对科普政策效果的评估与反馈，是推动我国科普事业持续发展的重要举措。通过不断优化科普政策，可以更好地满足公众对科学知识的需求，提升公众的科学素养，为我国的科技发展和社会进步提供有力的支撑。

7.3.4 构建政策目标体系，细化科普政策目标

科普政策目标的明确与具体化，对于推动我国科普事业的发展至关重要。然而，当前我国的科普政策目标表述主要以定性的描述为主，显得较为宏观和笼统，缺乏具体的定量性指标。这种表述方式虽然能够大致描绘出科普政策的发展方向和重点，但难以精确衡量和评估政策的实际成效。科普政策目标的确定是制定政策的关键性环节，它直接决定了政策的方向和重点。为了使科普政策目标更加具体和可操作，可以在目标的时间节点上加以体现。具体来说，就是在制定科普政策时，不仅要明确政策目标的内容，还要对实现这些目标的时间节点进行明确规定。这样一来，政策的执行者和相关利益方就能够清楚地了解每个阶段的任务和目标，从而有针对性地开展工作。值得注意的是，并非所有的科普政策目标都能够明确具体的时间节点。有些政策目标的时限弹性较小，例如推广某项具体的科普活动或项目，可以设定明确的开始和结束时间。而有些政策目标则更加宏观和长远，例如提高全民科学素质、推动科技创新等，这些目标往往无法明确具体的期限。对于这类长期目标，可以采取分阶段实施的方式。将长期目标分解成若干个短期或中期目标，并确定每个阶段实现目标的期限。这样一来，既可以保证政策目标的连贯性和稳定性，又能够在不同阶段对政策的实施效果进行评估和调整。此外，为了使科普政策目标更加具有针对性和可操作性，还可以结合实际情况，制定一些具体的量化指标。例如，在推广科普活动方面，可以设定参与人数、活动场次、覆盖范围等量化指标；在提高全民科学素质方面，可以设定科学素养水平、科普知识普及率等量化指标。这些量化指标不仅有助于衡量政策的实际成效，还可以为政策的调整和优化提供有力依据。为了使科普政策目标更加具体和可操作，需要在目标的时间节点上加以体现，并结合实际情况制定具体的量化指标。

科普政策作为推动科学技术普及的重要工具，其目标的设定与明确至关重要。在制定科普政策时，必须充分认识到，只要可以数量化的政策目标，都应

明确规定其数量指标，以增强政策目标的可操作性和精确性。这样有助于更好地监测和评估科普政策的实施效果，为未来的政策调整提供有力依据。首先，需要明确我国科普政策的总体目标或根本目标。这个目标应当体现国家对科普工作的总体要求，与其他政策目标形成鲜明区别。在明确总体目标的基础上，可以进一步对科普政策目标体系进行构建。其次，在构建科普政策目标体系时，需要根据不同类型的受众对象制定不同的科普政策目标。例如，对于青少年群体，科普政策目标可以设定为提高科学素养、培养创新精神和实践能力；对于农村地区的居民，科普政策目标则可以侧重于普及农业科技知识，推动农业现代化进程。还需要充分考虑不同地区的科普发展实际情况，因地制宜地制定科普政策目标，确保政策的有效性和针对性。此外，科普政策目标体系还需要考虑不同时期的科学技术普及情况。随着科技的不断发展和社会进步，科普工作的内容和形式也在不断变化。因此，需要根据不同时期的科普需求，制定出不同时期的各级各类科普政策目标。这些目标应当明确科普政策的近期、中期以及长期目标，以便为政策实施提供清晰的指导。在构建层级分明、时段清晰的科普政策目标体系的过程中，还应注重数据的收集和分析。通过收集和整理相关的统计数据、实证研究等，可以更准确地了解科普工作的现状和需求，为制定更加科学合理的科普政策目标提供有力支持。综上所述，构建一个层级分明、时段清晰的科普政策目标体系对于提高科普政策的有效性和可操作性具有重要意义。通过明确总体目标、根据不同受众和地区制定具体目标以及关注不同时期的科普需求，可以更好地推动科学技术普及工作的发展，提高全民科学素质水平。

7.3.5 加大经济手段在科普政策中的使用力度

经济手段通过提供经济刺激来发挥作用，所要解决的科普问题不是很紧迫时，应采用经济手段，而且在绝大数情况下，采用经济手段比采用其他政策手段能取得更好的经济效果。政策主体应加大经济手段在科普政策中的使用力度。例如，加大财政补贴投入，以及扩大政府采购向科普相关产品的倾斜力度，政府必要时要进行保障性收购。经济手段在科普政策中扮演着举足轻重的角色，通过提供经济刺激，可以有效地推动科普活动的深入进行。当科普问题不是十分紧迫时，采用经济手段通常更为合适，因为它能够在长期内激发各方面的积极性和参与度，从而取得更好的经济效果。在实际操作中，政策主体应当加大对经济手段在科普政策中的使用力度。这首先体现在财政补贴的投入上。政府可以通过设立专项资金，对科普活动进行补贴，降低其成本，提高其吸引力。同时，政府还可以根据科普活动的特点和需求，制定相应的补贴政策，如按照科普活动的规模、影响力等因素给予不同档次的补贴，以鼓励更多的单位和个人积极参与科普工作。除了财政补贴外，政府还可以通过扩大政府采购向科普相关产品的倾斜力度，来推动科普活动的发展。政府可以将科普产品纳入政府采购目录，并在采购过程中给予一定的优惠政策，如价格优惠、优先采购等，以鼓励企业研发和生产更多的科普产品。这不仅有助于提升科普产品的质量和水平，还能够带动相关产业的发展，形成良性循环。在必要时，政府还可以进行保障性收购。当科普产品面临市场困境时，政府可以通过保障性收购的方式，保障企业的正常运营和科普产品的供应。这不仅可以缓解企业的经济压力，还能够稳定市场预期，为科普活动的持续发展提供有力保障。当然，经济手段的运用也需要与其他政策手段相配合，形成政策合力。例如，政府可以通过制定相关法规和标准，规范科普活动的内容和形式；通过加强科普宣传和教育，提高公众对科普活动的认识和参与度；通过建立科普评价体系和激励机制，推动科普活动的不断创新和发展。经济手段在科普政策中具有重要的作用。政策主体应加大对其在科普政策中的使用力度，通过财政补贴、政府采购、保障性收购等多种方式，推动科普活动的深入进行，为社会的科技进步和文明发展贡献力量。同时，也需要注意与其他政策手段的协调配合，确保科普政策能够取得更好的效果。

科普事业在推动国家科学文化进步、提高全民科学素养方面发挥着举足轻重的作用。为了有效促进科普事业的繁荣发展，政府应出台一系列政策措施，减轻科普企业的负担，激励其积极参与科普产品的生产和出口。其中，通过减免税收或出口退税等方式来支持科普企业的发展，是一种高效且可行的政策手段。首先，减免税收和出口退税等政策措施能够直接减轻科普企业的经济负担。科普企业在研发、生产和推广科普产品过程中，往往需要投入大量的资金、人力和时间。这些投入往往面临着市场风险、技术风险等多重挑战，使得科普企业的盈利空间相对有限。通过减免税收或出口退税等方式，政府可以直接降低科普企业的运营成本，提高其盈利能力，从而鼓励更多的企业投身于科普事业。其次，这些政策措施还能为科普企业带来直接的经济利益。减免税收和出口退税等优惠政策，实际上是一种政府对科普企业的间接补贴。这种补贴方式相较于直接的财政补贴，更能发挥市场机制的作用，引导企业根据自身的发展需求和市场状况，自主决策、自主经营。这种间接补贴方式不仅能够有效减轻政府的财政压力，还能更好地激发科普企业的创新活力和市场竞争力。此外，减免税收和出口退税等政策措施还能促进科普产品的国际竞争力。随着全球化进程的加速推进，科普产品的国际市场日益广阔。通过出口退税等政策措施，政府可以鼓励科普企业积极开拓国际市场，提高科普产品的国际知名度和影响力。这不仅有助于提升我国科普事业的整体水平，还能为我国经济的高质量发展注入新的动力。当然，在实施减免税收和出口退税等政策措施时，政府还需要注意以下几点：一是要确保政策的公平性和透明度，避免出现政策套利和寻租现象；二是要加强政策宣传和引导，提高科普企业对政策的认知度和利用率；三是要建立完善的政策监督和评估机制，确保政策的有效性和可持续性。总之，通过减免税收或出口退税等方式来支持科普企业的发展，是一种具有积极意义的政策手段。它既能减轻科普企业的经济负担，又能为其带来直接的经济利益，还能促进科普产品的国际竞争力。未来，政府应进一步加大这些政策手段的使用力度，为科普事业的繁荣发展提供有力保障。

金融支持作为一种重要的市场化政策手段，在现代社会发挥着不可或缺的作用。它以其独特的优势，为科普事业的发展提供了强有力的支撑。因此，应该进一步加强对金融支持政策手段的使用力度，以推动科普事业的蓬勃发展。首先，金融支持政策在科普事业中的应用具有显著的优越性。金融手段能够有效地调节利益关系，为科普工作提供稳定的资金来源。通过引入金融资本，可以更好地引导社会资源向科普领域倾斜，从而推动科普活动的深入开展。此外，金融支持还能够提高科普工作的效率和效益，促进科普成果的转化和应用。其次，加大经济手段在科普政策中的使用力度是当务之急。应该充分利用经济杠杆作用，通过税收减免、财政补贴等政策措施，激发社会成员参与科普工作的积极性。还应加强对科普组织的培育和支持，为它们提供必要的资金支持和政策指导，帮助它们更好地发挥组织力量，推动科普目标的实现。此外，为了充分发挥金融支持在科普事业中的作用，还需要加强对金融市场的监管和规范。只有建立健全的金融市场体系，才能确保金融资本的有效配置和高效利用。同时，还应加强对科普项目的评估和筛选，确保金融支持的精准性和有效性。总之，金融支持作为推动科普事业发展的重要政策手段，应得到更加充分的重视和应用。通过加大经济手段在科普政策中的使用力度，可以更好地调动社会成员的积极性，凝聚实现科普目标的组织力量，从而推动科普事业的快速发展。在未来的工作中，应该进一步探索和完善金融支持科普事业的政策体系，为科普事业的发展注入更多的活力和动力。

第8章　科普文化建设探析

◆ 8.1　科普文化的内涵与特点

8.1.1　内涵

科普文化，简而言之，就是普及科学知识、传播科学方法、倡导科学精神的文化形态，也是科学知识的普及与推广的文化活动。它旨在提高全民的科学素质，推动科学知识的广泛传播。在我国，科普文化涵盖了自然科学、社会科学以及人文科学等多个领域，其内容丰富多样，形式灵活多变。

在自然科学领域，科普文化致力于将复杂的科学原理用通俗易懂的方式呈现给公众。通过科普图书、科学展览、科学实验等方式，让公众了解宇宙的奥秘、生命的起源、物质的构成等基础知识，从而激发其对科学的兴趣和好奇心。同时，科普文化还关注科技前沿动态，及时传播最新的科技进展和成果，增强公众对科技创新的认同感和自豪感。

在社会科学领域，科普文化注重提升公众对社会现象和社会问题的认识能力。通过传播社会学、心理学、经济学等社会科学知识，帮助公众更好地理解社会运行规律，提高分析社会问题的能力。此外，科普文化还关注社会热点话题，引导公众理性看待社会问题，促进社会和谐稳定。

在人文科学领域，科普文化注重传承和弘扬中华优秀传统文化。通过普及历史、文学、艺术等方面的知识，让公众了解中华文化的博大精深，增强文化自信。同时，科普文化还关注人类精神世界的探索和发展，为公众提供精神滋养和心灵慰藉。

科普文化作为一种特殊的文化形态，在传播科学知识、提高公众科学素质方面发挥着重要作用。它通过多种形式的科普活动，让公众了解科学、热爱科学，进而推动社会的全面进步和发展。在新时代背景下，应继续加强科普文化建设，为构建创新型国家和实现中华民族的伟大复兴贡献力量。

8.1.2 特点

科普文化作为一种特殊的文化形态，具有其鲜明的特点和独特的价值。以下是科普文化的主要特点及其内涵的详细阐述。

第一，大众性。科普文化是以公众为服务对象的，旨在满足人民群众日益增长的科学文化需求。在当今社会，科技发展日新月异，人们对于科学知识的需求也越来越高。科普文化通过传播科学知识，使公众能够更好地理解和把握科技发展的趋势，进一步提高全社会的科技素养。

第二，知识性。科普文化传递科学知识，传播真理，让公众在享受文化的同时，增长知识。科学知识是人类在探索自然、认识世界的过程中积累的宝贵经验，科普文化将这些知识进行普及，使公众能够更加客观、科学地看待世界，提高思维能力和判断力。

第三，实用性。科普文化注重科学知识的实用性和针对性，以解决实际问题，提高公众的生活品质。科普文化不仅传播科学知识，更注重将这些知识应用于实际生活，解决公众面临的各种问题，提高生活质量。

第四，创新性。科普文化倡导科学精神，鼓励创新，传播新思想、新观念。创新是推动社会进步的重要力量，科普文化通过传播新知识、新观念，激发公众的创造力，为我国科技创新和社会进步提供源源不断的人才支持。

第五，公益性。科普文化具有强烈的社会责任感，以提高全民科学素质为己任，具有较强的公益性。科普文化的发展有助于提高全社会的科学素养，促进社会主义精神文明建设，实现国家的可持续发展。

第六，互动性。科普文化强调与公众的互动，鼓励公众参与科学知识的传播和实践活动。通过举办科普讲座、科学实验、科技展览等形式多样的活动，科普文化为公众提供了一个展示自我、交流学习的平台。这种互动不仅有助于增强公众对科学的兴趣和热情，还能提高公众的科学素养和实践能力。

第七，趣味性。科普文化注重知识的趣味性和吸引力，使科学知识更加生动有趣。通过运用生动形象的语言、图文并茂的展示方式以及富有创意的科普作品，科普文化让公众在轻松愉快的氛围中学习科学知识，激发对科学的热爱和好奇心。

第八，跨文化性。科普文化具有跨文化交流的特质，能够促进不同文化背景下的科学传播与理解。在全球化的今天，科普文化通过跨国合作与交流，推动科学知识的国际传播，增进不同国家之间的友谊与合作。

第九，时代性。科普文化紧密关注时代发展的脉搏，及时反映科技前沿的最新成果和动态。随着科技的进步和社会的发展，科普文化不断更新内容，紧跟时代潮流，为公众提供最新、最全面的科学知识。

第十，系统性。科普文化注重科学知识的系统性和整体性，通过构建完整的科学知识体系，帮助公众全面、深入地理解科学。科普文化不仅关注单一科学领域的知识普及，还注重跨领域的综合科普，促进公众对科学整体性的认识和把握。

科普文化作为一种特殊的文化形态，具有大众性、知识性、实用性、创新性和公益性等特点。在我国社会发展中，科普文化发挥着至关重要的作用，为提高全民科学素质、推动科技创新和实现可持续发展提供了有力支持。

◆◇ 8.2 科普文化建设的价值与意义

8.2.1 提升国民科学素质

提升民众科学素质是我国社会发展的重要任务之一。在众多素质中，科普文化对于提高国民的科学素质具有至关重要的作用。它有助于增强国民的科学意识和科学观念，从而为我国的科技创新和经济发展提供有力的人才支撑。

首先，科普文化能够提高国民的科学素质。在我国，科普文化通过各种渠道和形式，将深奥的科学知识转化为通俗易懂的内容，让广大群众能够接触和了解科学。这样一来，国民的科学素质得到了提高，为我国的科技创新和经济发展奠定了基础。

其次，科普文化有助于培养国民的科学意识。科学意识是指人们在生活和工作中，能够用科学的态度、方法和思维去解决问题、认识世界。通过科普文化的传播，国民逐渐形成科学意识，有利于提高我国人民的整体素质，促进社会进步。

再次，科普文化可以强化国民的科学观念。科学观念是指人们对科学的认识、态度和信仰。在科普文化的熏陶下，国民对科学有了更为深刻的理解，能够更加尊重科学、信任科学。这为我国的科技创新和经济发展提供了有力的思想保障。

最后，科普文化对于培养科技创新人才具有重要作用。一个国家的发展离不开人才，尤其是具有创新精神的人才。科普文化通过激发国民的兴趣和潜能，为我国培养了一批又一批科技创新人才，为经济社会发展注入了源源不断的活力。

8.2.2　促进科学事业发展

第一，科普文化是推动科学事业发展的强大引擎。科普文化作为科学事业发展的重要组成部分，扮演着举足轻重的角色。它不仅能够普及科学知识，提高全民科学素质，还能够激发全社会的创新活力，推动科技进步。

科普文化促进科学事业的繁荣发展。科普文化通过丰富多彩的活动和形式，向公众传播科学知识和科学精神，进一步促进科学事业的繁荣发展。这些活动不仅让公众了解科学的基本原理和应用，还激发了大众对科学的兴趣和热爱，从而为科学事业的发展提供了坚实的基础。

第二，科普文化激发创新活力。科普文化不仅传递知识，更重要的是激发人们的创新思维。通过科普讲座、科学实验、科学展览等形式，科普文化鼓励人们敢于尝试、勇于创新，为科学事业的进步提供源源不断的创新动力。

第三，科普文化推动科技进步。科普文化作为科学普及的重要载体，对于推动科技进步具有重要意义。通过科普活动，公众可以更加深入地了解科技发展的最新成果和趋势，从而推动科技成果的转化和应用。同时，科普文化也有助于培养更多的科技人才，为科技进步提供人才保障。

科普文化是推动科学事业发展的重要力量，它不仅能够提高全民科学素质，激发创新活力，还能够推动科技进步，为我国的繁荣富强贡献力量。

8.2.3　塑造科学精神

科普文化传播科学精神，培养国民勇于探索、求真务实的精神风貌，助力我国科技事业不断攀登高峰。科学精神是一种对真理的执着追求，对知识的无尽探索，以及对未知领域的好奇心和敬畏心。在我国，科普文化传播肩负着塑造科学精神的重要使命，通过普及科学知识、传播科学方法、弘扬科学精神，使广大人民群众具备科学素养，从而推动我国科技事业的发展。

首先，科普文化传播应注重科学知识的普及。科学知识是科学精神的基础，只有掌握了基本的科学知识，人们才能更好地理解科学、接近科学，进而树立科学精神。科普传播应采用生动活泼、贴近群众的形式，让科学知识走进千家万户，为广大人民群众所接受。

其次，科普文化传播要传播科学方法。科学方法是科学精神的核心，是解决问题、认识世界的有效途径。科普传播应着重介绍科学研究的思路、方法和技巧，使人民群众学会运用科学方法分析问题、解决问题，培养勇于探索、求真务实的精神风貌。

最后，科普文化传播要弘扬科学精神。科学精神是一种崇高的精神追求，包括怀疑精神、批判精神、创新精神等。科普传播要通过讲述科学家的事迹、传播科学理念，让人民群众感受到科学精神的伟大和崇高，从而激发他们对科学的敬畏之心，自觉地践行科学精神。

科普文化传播在我国科技事业发展中具有重要地位。通过普及科学知识、传播科学方法、弘扬科学精神，科普文化传播为我国科技事业不断攀登高峰提供了有力支持。

8.2.4 提高文化软实力

科普文化作为一种独特且重要的文化形式，在我国提升文化软实力和增强国家在国际竞争中的文化影响力的过程中，发挥着举足轻重的作用。科普文化，简单来说，就是以科学知识为基础，以普及科学、传播科学精神为核心的文化形态。它旨在提高全民科学素质，使广大人民群众更好地了解和掌握科学知识，提高国家整体科技创新能力。

首先，科普文化在我国文化软实力的提升中具有重要地位。一个国家的文化软实力，不仅体现在传统文化的传承和发展上，也体现在现代文化的创新和普及上。科普文化正是现代文化的重要组成部分，它有助于提升国民的科学素养，培养具有创新精神和实践能力的人才，从而为国家的发展提供强大的智力支持。

其次，科普文化有助于增强我国在国际竞争中的文化影响力。在全球化背景下，国际竞争已从传统的经济、军事领域逐渐转向文化领域。一个国家在国际竞争中的文化影响力，很大程度上取决于其科普工作的成效。我国通过大力推广科普文化，不仅能够提高国民的科学素养，还可以向世界展示我国科技创新的成果，增强国家文化的吸引力，为我国在国际竞争中赢得更多朋友和支持。

再次，科普文化有助于推动我国科学事业的发展。科普文化在我国的普及和推广，有助于提高全社会的科学认知水平，营造尊重科学、鼓励创新的社会氛围。这种氛围对于激发科技工作者的创新热情，推动科学技术的发展具有重要意义。同时，科普文化还能够拉近科学与民众的距离，使科学更好地为人民群众服务，提高国家科技应用的水平。

最后，科普文化有助于培育社会主义核心价值观。科普文化以科学精神为核心，强调实事求是、求真务实。这种精神与社会主义核心价值观中的爱国主义、集体主义、社会主义等具有紧密的联系。通过传播科普文化，可以引导广大人民群众树立正确的世界观、人生观和价值观，为构建社会主义现代化国家奠定坚实的思想基础。

科普文化作为我国文化的一种重要形式，对于提高文化软实力、增强国家在国际竞争中的文化影响力具有重要意义。应当高度重视科普文化的发展，加大科普工作的力度，让科普文化惠及更多的人民群众，为我国的繁荣富强和民族复兴贡献力量。

8.2.5　丰富人民文化生活

科普文化不仅丰富了人民的精神文化生活，提升了公众的科学审美观，还推动了人的全面发展。在这个日新月异、科技飞速发展的时代，科普文化的重要性愈发凸显。

首先，科普文化丰富了人民的精神文化生活。在快节奏的生活中，人们渴望获取新知识、拓宽视野，从而提升自己的综合素质。科普文化通过各种形式，如科普读物、科普电影、科普展览等，将科学知识融入其中，使人们在享受文化娱乐的同时，也能够学习到科学知识，提高自身的科学素养。

其次，科普文化有助于提高公众的科学审美观。科学和美是相辅相成的，科学追求真理，美追求和谐。科普文化使公众能够更好地理解和欣赏科学，从而培养出科学审美观。这种审美观不仅有助于提升个人品位，更能激发人们对科学的热爱，使科学成为人们生活中不可或缺的一部分。

最后，科普文化促进了人的全面发展。科学素养的提升，使人们在面对生活中的各种问题时，能运用科学思维和方法进行分析、判断，从而更好地解决问题。同时，科普文化还强调人的综合素质，提倡全面发展，使人们在专业技能的基础上，兼具人文素养、创新精神和团队协作能力等。这有助于培养出适应社会发展需要的高素质人才，为国家繁荣昌盛奠定基础。

科普文化在我国具有举足轻重的地位。它丰富了人民的精神文化生活，提高了公众的科学审美观，促进了人的全面发展。应当大力推广科普文化，让更多的人受益，为构建社会主义现代化国家贡献力量。

◆◇ 8.3 科普文化建设过程中面临的挑战

在当下，科技飞速发展，科普文化建设的深远意义日益显现。然而，在推动科普文化建设的过程中，面临着诸多严峻挑战。

8.3.1 科普资源面临的挑战

在科普文化建设过程中，面临着一系列挑战，其中关键的问题是科普资源投入不足，这严重影响了科普文化的高质量发展。

第一，资金投入不足的问题及其影响。在我国，科普文化建设资金投入占比相对较低，远不能满足广大人民群众日益增长的科普需求。这导致以下几个方面的问题：① 科普项目实施不力：由于资金不足，许多有价值的科普项目无法得到有效实施，影响了科普工作的推进。② 科普设施建设滞后：资金不足导致科普设施建设滞后，无法满足人民群众对科普教育的需求。③ 科普文化发展受限：资金投入不足严重影响了科普文化的发展，使其难以满足人民群众日益增长的精神文化需求。

第二，人才资源短缺的现状及影响。优秀的科普人才是推动科普文化发展的重要动力。然而，当前我国科普人才队伍规模有限，专业素质和能力也有一定差距，这导致以下几个方面的问题：① 科普产品质量不高：由于缺乏专业素质高的科普人才，科普文化产品和服务质量难以得到全面提升。② 科普文化传播受阻：人才资源短缺使得科普传播的广度和深度受到限制，影响了科普文化的发展。③ 科普创新能力不足：缺乏高素质的科普人才，导致我国科普创新能力较弱，难以适应新时代的发展需求。

第三，资源分配不均的问题及其影响。我国科普资源在地区之间的分配存在明显的不均衡现象，这导致以下几个方面的问题：① 城乡科普发展差距加大：一些发达地区科普资源丰富，而欠发达地区科普资源匮乏，使得城乡之间的科普文化发展差距不断扩大。② 区域科普发展失衡：科普资源分配不均导致不同区域之间的科普文化发展水平存在较大差距，影响了全国科普文化的均衡发展。③ 社会公平受到影响：科普资源分配不均可能导致部分地区人民群众无法享受到公平的科普教育，影响社会公平正义的实现。

8.3.2 科普教育面临挑战

我国科普文化建设的重要性日益凸显，在这个过程中，科普教育体系的完善与否直接影响着科普文化的发展。目前，我国科普教育体系存在一定程度的不足，这表现在科学教育课程的设置和教学质量的参差不齐。

首先，关于科普教育课程的设置。在我国，虽然科普教育已经得到了一定程度的重视，但在课程设置方面仍存在诸多问题。一些地区和学校的科普教育课程内容陈旧、缺乏创新，无法满足新时代青少年对科学知识的需求。此外，课程设置过于注重理论，缺乏实践操作，使得学生在学习过程中难以真正体会到科学的乐趣和实用性。

其次，科普教育的教学质量参差不齐。由于师资力量的不足以及教师本身专业水平的差异，科普教育的教学质量存在很大的波动。这不仅影响了学生对科学知识的理解和掌握，也影响了他们对科普文化的兴趣和热情。

除此之外，家庭教育、学校教育和社会教育在科普教育方面的衔接不畅，也是影响科普文化发展的重要因素。在家庭教育中，家长对科普教育的重视程度不同，有的家长甚至认为科普教育无关紧要，这导致孩子在家庭环境中无法得到充分的科普教育。在学校教育方面，虽然科普教育课程已经纳入了教学体系，但课程设置、教学方法和评价体系仍有待完善。在社会教育方面，虽然各类科普场馆、科技活动等形式多样，但与家庭教育和学校教育的衔接不够紧密，使得科普教育的效果大打折扣。

只有解决科普文化建设过程中的这些挑战，才能推动科普教育体系的完善，实现科普文化与家庭、学校、社会教育的融合发展，为培养我国新一代科技创新人才奠定坚实基础。

8.3.3 科普人才队伍面临的挑战

在我国科普文化建设中，科普人才队伍的问题日益凸显，不仅影响了科普事业的全面发展，也制约了我国科普水平的提升。如何培养一支具备专业素质、创新能力和传播技巧的科普人才队伍，成为科普文化建设的重要课题。具体来说，科普人才队伍存在以下几个方面的问题：

第一，人才总量不足。我国科普人才队伍的整体规模相对较小，难以满足科普事业不断发展的需求。在科普创作、科普教育、科普传播等领域，专业人才数量有限，导致科普工作无法全面深入开展。此外，地区之间、城乡之间的人才分布不均衡，也使得科普工作在不同地区的发展水平存在较大差距。

第二，人才结构不合理。在科普人才队伍中，专业结构和年龄结构不合理。一方面，科普人才的专业背景较为单一，缺乏跨学科综合型人才，使得科普工作难以触及更多领域；另一方面，年龄结构老化，年轻一代科普人才储备不足，难以接续老一辈科普工作者的经验和事业。

第三，人才培养机制不健全。我国尚未形成完善的科普人才培养体系，人才培养机制存在诸多不足。首先，在教育阶段，科普专业设置较少，课程体系不完善，导致毕业生从事科普工作的意愿和能力不足；其次，在职培训和继续教育方面，针对科普人才的培训课程和资源匮乏，难以满足在职人员提升自身科普能力的需要；最后，在人才激励机制上，科普工作的成果评价和激励措施不完善，使得人才积极性不高，流失现象较为严重。

第四，人才使用效益不高。在我国，科普人才的使用效益尚未得到充分发挥。一方面，科普人才分布不均，部分优秀人才无法在关键岗位上发挥重要作用；另一方面，科普人才的工作环境和发展空间有限，导致人才潜力难以充分挖掘。此外，科普人才的跨领域合作和交流不足，使得科普成果的推广和应用受到限制。

8.3.4 科普政策面临的挑战

科普文化建设是我国社会发展的重要组成部分，对于提高国民科学素质、促进科技创新和推动经济社会发展具有十分重要的意义。然而，在当前我国科普文化建设的过程中，法治保障的薄弱环节日益凸显，亟待加强。

首先，科普文化建设的法治保障薄弱表现在立法层面。虽然近年来我国在科普立法方面取得了一定的进展，但相关法律法规体系尚不完善，部分法规滞后于实际发展需求。这导致科普文化建设在实施过程中缺乏充分的法治支持，难以有效推进。

其次，执法力度不足也是科普文化建设法治保障薄弱的一个重要原因。在一些地区和部门，科普工作的执法检查和督促落实不够到位，影响了科普文化建设的质量和效果。此外，执法人员素质参差不齐，执法水平有待提高，以便更好地推动科普文化建设。

再次，普法宣传教育不够到位。尽管我国已经开展了多种形式的普法宣传教育活动，但科普知识的普及率和公众科学素质的提高程度仍有待提升。此外，普法宣传教育活动的实效性不高，部分科普知识难以深入人心，导致法治观念在大众心中树立不牢。

最后，科普文化建设法治保障的薄弱还体现在政策支持和保障机制不健全。在部分地区和部门，政策制定和实施过程中对科普文化建设的重视程度不够，缺乏具体的政策措施和资金投入，难以满足科普文化建设的实际需求。

8.3.5　科普文化创新面临的挑战

科普文化创新在当前面临着多重挑战，这些挑战不仅影响了科普文化的深入发展，也制约了其在社会中的普及程度。

首先，科普文化创新理念的滞后是一个亟待解决的问题。当前，一些科普活动仍然停留在传统的思维模式上，缺乏与时俱进的创新理念。这导致科普内容往往显得陈旧、缺乏吸引力，难以引起公众的兴趣。因此，需要更新科普文化创新理念，注重引入新的科学观念和技术手段，使科普内容更加贴近时代、贴近公众需求。

其次，创新方法单一也是科普文化创新面临的一大难题。目前，很多科普活动仍采用传统的形式和方法，如文字讲解、图片展示等，难以满足现代公众对于多样化和互动性的需求。因此，需要积极探索新的科普形式和方法，如利用新媒体、虚拟现实等技术手段，打造更加生动、有趣的科普体验，吸引更多公众参与。

再次，创新成果转化率低也是科普文化创新面临的一个挑战。尽管我国科普文化创新成果丰硕，但很多优秀的创新成果并没有得到很好的推广和应用，既浪费了创新资源，也限制了科普文化的发展。因此，需要加强创新成果的转化和推广工作，建立有效的推广机制，将优秀的科普文化创新成果转化为实际的应用和影响力。

复次，科普文化创新保护不力也是一个需要关注的问题。在现实中，一些优秀的科普作品往往面临着被抄袭、盗用的风险，严重损害了创新者的权益和积极性。因此，需要加强科普文化创新成果的知识产权保护，完善相关法律法规，加大对侵权行为的打击力度，为创新者提供一个公平、安全的环境。

最后，还应该警惕科普文化创新的功利化倾向。科普文化创新应该以提升公众科学素质为核心目标，而不是仅仅追求经济效益。需要树立正确的科普文化创新价值观，注重科普活动的社会效益和长远影响，推动科普文化创新事业健康发展。

推动科普文化创新事业的发展需要从观念转变、传播手段拓展、成果应用加强、版权保护以及避免过度商业化等多个方面入手，形成合力，共同推动科普文化创新向前发展。

8.3.6　社会参与面临的挑战

科普文化建设是我国社会发展的重要方面，涉及企业、社会组织、学校、家庭等各个层面。然而，在实践中，各个层面参与科普文化建设的不足之处仍然明显。

第一，企业层面参与科普文化建设的不足。① 企业对科普文化建设重视程度不够。许多企业将关注点集中在经济效益上，忽视了科普文化建设的重要性。导致企业在科普活动组织、科普设施建设等方面的投入不足。② 企业科普活动形式单一。多数企业举办的科普活动仅限于讲座、展览等传统形式，缺乏与企业文化、产业特色相结合的创新科普活动。③ 企业与外部科普资源互动不足。企业与科研机构、高校等外部科普资源互动较少，没有形成良好的科普资源共享机制。

第二，社会组织层面参与科普文化建设的不足。① 社会组织数量不足。在我国，科普类社会组织相较于其他类型的社会组织而言数量较少，难以满足广大群众的科普需求。② 社会组织能力建设不足。部分社会组织在科普活动策划、实施等方面存在能力短板，影响了科普文化建设的质量。③ 社会组织资源整合能力不足。许多社会组织难以有效整合政府、企业、高校等各方面的资源，导致科普活动效果不尽如人意。

第三，学校层面参与科普文化建设的不足。① 科普教育课程设置不足。部分学校在课程设置中，缺乏系统、有针对性的科普教育课程，不利于培养学生科学素养。② 课外科普活动不足。部分学校在组织课外科普活动方面力度不够，导致学生缺乏实践科学的机会。③ 校内外科普资源协同不足。学校与科研机构、科技馆等外部科普资源合作不够紧密，未能形成协同育人的良好局面。

第四，家庭层面参与科普文化建设的不足。① 家长对科普教育重视程度不足。部分家长过于关注孩子的应试成绩，忽视了对科学素养的培养。② 家庭科普教育资源匮乏。相较于其他教育资源，家庭科普教育资源较为匮乏，难以满足孩子的好奇心和求知欲。③ 家庭与学校、社会科普资源互动不足。家庭在科普教育中缺乏与学校、社会科普资源的互动，限制了孩子科普素养的提升。

企业、社会组织、学校、家庭等各个层面在参与科普文化建设中都存在一定的不足。要改善这些不足，需要各方共同努力，提高对科普文化建设的重视程度，创新活动形式，加强资源整合，形成协同育人的良好局面。这样才能更好地推动我国科普文化建设，提高全民科学素养。

第五，构建全社会共同参与的科普格局。科普文化建设需要全社会的共同参与和努力。应该积极倡导社会各界人士关注和支持科普工作，形成政府引导、企业参与、社会支持、公众受益的科普工作格局。在科普文化建设过程中，应充分认识到挑战，并采取有效措施应对，为我国科普文化建设贡献力量。

◆◇ 8.4　科普文化建设的发展策略

在当今时代，科学技术的飞速发展，使得科普文化建设显得尤为重要。然而，在科普文化建设的过程中，面临着诸多挑战。本书研究将从以下几个方面讨论科普文化建设的发展策略。

8.4.1　加大科普资源发展投入，提供科普文化建设支撑

科普文化建设既是科技创新的基石，也是提升全民科学素质的关键。为了推动科普文化建设的发展，需要采取一系列有效策略。

第一，加大政府投入。政府应充分认识到科普文化建设的重要性，将其纳入国民经济和社会发展总体规划，确保科普事业得到持续、稳定的经费支持。此外，政府还需出台相关政策，鼓励企业、社会团体和个人捐赠科普事业，形成多元化的投入机制。

第二，优化科普资源配置。有关部门应根据国家战略需求和人民群众需求，有针对性地开展科普资源建设。要重视基层科普设施建设，加大对老少边穷地区科普资源的投放力度，促进科普资源均衡发展。同时，充分利用现代信息技术，创新科普传播方式，提高科普资源的利用效率。

第三，加强科普能力建设。要提高科普工作者的业务水平，培养一支专业化的科普队伍。加强对科普创作的支持，鼓励优秀人才投身科普事业。同时，加强与国内外科普机构的合作与交流，借鉴先进经验，提升我国科普工作的整体水平。

第四，强化科普宣传和教育。充分利用各类媒体，开展丰富多彩的科普宣传活动，提高全民科学素质。加大科学知识普及力度，引导人民群众树立科学观念，培养科学精神。加强青少年科普教育，激发青少年探索科学奥秘的兴趣，为培养未来科技创新人才奠定基础。

8.4.2 加强科普文化与教育的融合，创造科普文化发展有利条件

科普文化建设和教育事业在我国社会发展中具有举足轻重的地位，二者之间存在着紧密的联系，相互促进、相得益彰。为了进一步推动我国科普文化事业的发展，提升全民科学素养，需要大力加强科普文化与教育的融合，将科普理念和内容融入到教育体系中，为培养具备科学素养和创新精神的新一代人才助力。

首先，在基础教育阶段，需要将科普教育与学科教育相结合，让学生在掌握基本知识技能的同时，培养科学精神和创新意识。可以通过改进教学方法、开发科普教育资源、举办科普主题活动等方式实现。

其次，在高等教育阶段，要加强对大学生科普教育的力度，提升他们的科学素养和创新能力。高校可以设立科普专业、开展科普研究、举办科普讲座等，为学生提供更多接触科普知识的机会。

再次，在职业教育和继续教育领域，也要重视科普教育的普及。通过开展各类职业培训、技能提升课程，使在职人员不断提高科学素养，为我国的科技

创新和社会发展贡献力量。

复次，加强科普教育的师资队伍建设，提高教师的教育教学水平，使他们能够更好地传授科普知识，激发学生的兴趣和潜能。

最后，家庭和社会也要共同参与科普教育，营造良好的科普氛围。家长要关注孩子的科普教育，培养孩子的好奇心和探究精神；社会各界要加大对科普事业的支持力度，举办丰富多样的科普活动，让更多人受益。

加强科普文化与教育的融合，是一项系统性、长期性的工程。只有政府、学校、家庭、社会共同努力，才能为我国科普文化事业的发展和人才培养创造更加有利的条件。在这个过程中，要始终坚持科学素养和创新精神的核心价值，为构建创新型国家贡献力量。

8.4.3 增强科普人才队伍建设，扩大科普文化影响力

科普人才队伍作为推动科普事业发展的重要力量，肩负着传播科学知识、提高全民科学素质、促进科技创新的重要任务。因此，加强科普人才队伍建设，提高科普工作的质量和水平，是扩大科普文化影响力、推动科学普及的必然选择。

因此，需要采取一系列有力措施来加强科普人才队伍的建设。以下是五个方面的建议：

第一，加大投入，扩大科普人才队伍规模。政府应充分认识到科普工作的重要性，在财政支持上加大力度，吸引更多优秀人才投身科普文化建设。在这个过程中，要注重培养青少年对科普的兴趣，鼓励他们探索科学奥秘，为未来科普人才储备力量。

第二，优化人才结构，提升队伍素质。通过政策引导，促进科普人才队伍结构的优化，培养一批高端科普人才，包括科学家、科研人员、教师等，他们可以将复杂深奥的科学知识转化为通俗易懂的语言，为公众提供丰富的科普内容。同时，加强基层科普人才队伍建设，让更多人掌握科普知识，提高全民科学素质。

第三，完善培训体系，提高科普人才专业素养。建立健全科普人才培训体系，注重理论与实践相结合，提高科普人才的专业能力和实际操作水平。可以通过举办科普讲座、培训班等形式，使科普人才不断丰富自己的知识储备，提高科普传播效果。

第四，建立激励机制，激发科普人才活力。提高科普人才的待遇和地位，激发他们投身科普事业的积极性。可以通过设立科普人才奖励基金、表彰优秀科普工作者等方式，给予他们充分的肯定和鼓励，使其为我国科普文化传播贡献力量。

第五，畅通人才流动和交流渠道。通过政策引导和市场机制，促进科普人才流动和交流，为科普人才提供更多的发展机会和平台。同时，加强国内外科普人才的交流合作，引进国外先进科普理念和经验，提升我国科普人才的国际视野。

加强科普人才队伍建设和扩大科普文化影响力是新时代我国科普事业发展的重要任务。要采取有力措施，推动科普人才队伍建设和科普文化影响力提升，为我国科普事业迈向更高水平贡献力量。

8.4.4 完善法律法规体系，加强科普文化建设法治保障

为了加强科普文化建设的法治保障，应该从以下几个方面着手：

首先，进一步完善科普文化建设的法律法规体系。需要根据科普文化建设的实际需求，制定更加全面、系统、具有前瞻性的法律法规，为科普文化建设提供坚实的法治基础。同时，还应该加强对现有法规的修订和完善，确保其适应时代的发展需求。

其次，加大执法力度，提高执法水平。需要建立健全科普文化建设的执法机制，加强对科普工作的执法检查和督促落实，确保各项法律法规得到严格执行。同时，还应该加强对执法人员的培训和教育，提高其执法水平和素质，以便更好地推动科普文化建设。

再次，加强普法宣传教育工作。需要通过多种形式、多种渠道的普法宣传教育活动，普及科普知识，提高公众科学素质，树立法治观念。同时，还应该注重普法宣传教育活动的实效性，确保科普知识深入人心，形成全民参与科普文化建设的良好氛围。

最后，加强政策支持和保障机制建设。需要制定更加具体、有针对性的政策措施，为科普文化建设提供有力的政策支持。同时，还应该加大对科普文化建设的投入力度，确保其得到充分的资金保障，推动科普文化建设持续健康发展。

加强科普文化建设的法治保障是一项长期而艰巨的任务。需要从立法、执法、普法宣传教育、政策支持等多个方面入手，不断完善科普文化建设的法治

保障体系，为推动我国科普文化建设事业的发展提供坚实的法治保障。

8.4.5 注重科普本质发展，推动科普文化创新发展

科普文化创新在现实中遭遇多重挑战，如传统观念束缚、传播手段局限、成果应用不足、版权保护乏力以及过度商业化等问题。为了有效应对这些挑战，推动科普文化创新向前发展，需要从多个维度出发，采取切实有效的措施。

首先，要打破传统科普观念的束缚。传统的科普方式往往过于注重知识的灌输，缺乏与公众的互动和参与。因此，需要转变科普理念，强调科学知识的普及与应用相结合，激发公众对科学的兴趣和热情，提升他们的科学素养。

其次，拓展科普文化创新的传播手段。随着科技的发展，新媒体、社交平台等新型传播方式层出不穷，为科普文化创新提供了更广阔的舞台。可以利用这些新型传播方式，打造多元化、个性化的科普内容，提高科普的吸引力和传播效果。

再者，加强科普文化创新成果的应用和转化。科普活动不仅仅是为了传递知识，更重要的是促进知识的应用和转化。应该建立科普成果转化的机制，将科普活动与产业发展、社会进步相结合，推动科学知识的实际应用。

复次，加强科普文化创新的版权保护。科普作品作为知识产权的重要组成部分，应该得到充分的保护。要建立健全的版权保护制度，打击侵权行为，维护科普工作者的合法权益，为科普文化创新提供有力保障。

最后，避免科普文化创新的过度商业化。科普活动应该注重公益性和社会效益，避免过度追求经济利益而忽略科普的本质。应该保持科普的纯粹性和独立性，让科普文化创新真正服务于公众和社会的发展。

8.4.6 促进社会力量共同参与，推进科普文化建设良性发展

科普文化建设是提升全民科学素质、推动社会进步和创新发展的重要举措。在这个过程中，企业、社会组织、学校以及家庭等各个层面都扮演着至关重要的角色。

第一，企业层面参与科普文化建设的策略。① 企业应设立专门的科普部门或团队，负责策划和组织科普活动，提升员工和公众的科学素养。② 企业可以利用自身技术和资源，研发科普产品，推动科普产业的创新发展。③ 企业应加强与学校、科研机构等单位的合作，共同开展科普研究和教育项目，推

动科普知识的普及和传播。

第二，社会组织层面参与科普文化建设的策略。① 社会组织可以发起和组织各种形式的科普活动，如科普讲座、科普展览、科普竞赛等，提高公众对科学的兴趣和认知；② 社会组织可以搭建科普平台，整合科普资源，为公众提供便捷的科普服务；③ 社会组织应关注弱势群体的科普需求，开展有针对性的科普活动，帮助他们提高科学素质。

第三，学校层面参与科普文化建设的策略。① 学校应将科普教育纳入教学计划，加强科学课程的建设和教学质量的提升；② 学校可以开展课外科普活动，如科学实验室、科普竞赛等，激发学生的学习兴趣和创新精神；③ 学校可以与企业和社会组织合作，共同开展科普实践活动，为学生提供更多的实践机会和学习资源。

第四，家庭层面参与科普文化建设的策略。① 家庭应营造良好的科普氛围，鼓励孩子探索科学、提出问题、解决问题；② 家长可以陪伴孩子参加科普活动，如参观科技馆、参加科普讲座等，拓宽孩子的科学视野；③ 家庭可以购买科普书籍、科普玩具等，为孩子提供更多的科普学习资源和材料。

第五，加强跨层面合作。科普文化建设是一项系统工程，需要企业、社会组织、学校、家庭等各层面之间的紧密合作与协同推进。首先，各层面应建立有效的沟通机制，加强信息交流与共享，确保科普文化建设的各项措施能够顺利推进。例如，企业可以与学校建立产学研合作关系，共同研发科普产品，推动科技创新与科普教育的深度融合；社会组织可以与家庭合作，开展面向社区的科普活动，提高居民的科学素养。其次，各层面应相互支持、互为补充，形成科普文化建设的合力。企业可以通过资助、赞助等方式支持社会组织和学校开展科普活动；社会组织可以发挥桥梁纽带作用，搭建企业与学校、家庭之间的合作平台；学校可以发挥教育资源优势，为企业提供技术支持和人才培养服务；家庭则可以通过培养孩子的科学兴趣，为科普文化建设提供源源不断的动力。

最后，各层面还应注重科普文化建设的长远规划和持续发展。要制定切实可行的科普文化建设规划和目标，明确各层面的职责和任务，确保科普文化建设能够持续、稳定地推进。同时，要注重科普文化建设的成果评估和反馈，及时调整和优化工作策略，提高科普文化建设的针对性和实效性。

第9章 结 论

◆◇ 9.1　研究结论

9.1.1　优化政策工具结构是完善科普政策工具体系的有效途径

经过统计与分析发现，环境型政策工具的使用频率占据了整体政策工具的显著比重，达到了52.49%。这一数字清晰地揭示了我国科普政策在实施过程中对环境型政策工具的偏好和倚重。与此同时，供给型政策工具也占据了不可忽视的份额，其占比达到了46.18%，显示出其在科普政策实施中的重要地位。然而，需求型政策工具的使用频率却相对较低，仅占1.33%，这在一定程度上反映了我国科普政策在制定和执行过程中对于需求侧因素的忽视。进一步分析各政策工具的特点和趋势，发现环境型政策工具的使用呈现出明显的分化态势。一方面，一些环境型政策工具得到了广泛应用，如优化科普资源配置、加强科普基础设施建设等，这些政策工具对于提升科普活动的整体效能和影响力起到了关键作用。另一方面，一些具体的、操作层面的环境型政策工具则使用较少，这在一定程度上影响了科普政策实施的针对性和实效性。与环境型政策工具相比，供给型政策工具的使用呈现出较为均衡的态势。这主要体现在科普政策的制定和执行过程中，政府通过财政投入、税收优惠、人才培养等多种手段，为科普活动的开展提供了有力的支持。这种均衡之势有助于保障科普政策的全面性和系统性，为科普事业的发展奠定了坚实的基础。然而，需求型政策工具的缺失却是我国科普政策面临的一大问题。需求型政策工具主要关注科普市场的需求侧因素，如提升公众科学素养、激发科普市场需求等。我国科普政策在需求型政策工具的使用上显得捉襟见肘，这导致科普政策在满足公众需求和引导社会参与方面存在一定的不足，制约了科普事业的深入发展。综上所述，我国科普政策在环境型政策工具和供给型政策工具的使用上呈现出一定的特点和趋势，但同时也存在需求型政策工具使用不足的问题。为了解决这一问题，需要进一步加强对需求型政策工具的研究和应用，提高科普政策的针对性和实效性，推动科普事业的全面发展。还应加强政策之间的协调与配合，形成合力，共同推动科普事业的进步与发展。

我国科普政策体系尚不完善，这在一定程度上制约了科普事业与科普产业的健康发展。因此，优化科普政策工具结构，提高政策工具的使用效率和操作性，成为了当前亟待解决的问题。首先，科普政策主体应深入剖析当前政策工具的应用结构，发现存在的问题并寻求改进之道。在环境层面政策工具的应用上，可适当降低法规管制工具的使用频率，以减轻企业和个人在科普活动上的压力。同时，加大金融政策工具、税收优惠政策工具等其他政策工具的实施力度，为科普事业与科普产业的发展提供有力的政策支持。例如，可以设立科普专项基金，鼓励企业、高校和科研机构投入更多资源进行科普研究和传播。其次，政府还应注重从"需求拉动"的角度出发，增强政策工具对科普市场的支撑力度。针对当前法规管制政策工具应用过溢的现状，应积极探索多元化的政策工具组合，尤其是加强需求型政策工具的使用。具体而言，科普政策主体可以加强对采购政策工具、服务外包政策工具、贸易管制政策工具等的使用力度，通过引导市场需求来推动科普事业的发展。例如，政府可以优先采购科普产品和服务，鼓励企业参与科普项目的外包服务，以及通过贸易管制政策工具促进科普产品的国际交流与合作。此外，科普政策主体还应加强政策实施细则的制定和执行。在制定政策时，应充分考虑不同地区和对象的实际情况，采用差异化的供给型政策工具，以降低盲目供给的概率。同时，增强供给型政策工具的操作性，确保政策能够得到有效执行。例如，可以针对不同地区和行业的发展特点，制定具体的科普项目实施方案，明确政策支持的方向和重点，实现有限科普资源的科学有效供给。综上所述，优化政策工具结构是提高科普政策工具使用效率和操作性的重要举措，也是完善科普政策工具体系的有效途径。通过优化环境层面政策工具的应用结构、增强需求拉动支撑力度以及加强政策实施细则的制定和执行，可以更好地推动科普事业与科普产业的发展，提高全民科学素质水平，为我国的科技进步和经济社会发展提供有力支持。同时，这也将有助于应对日益复杂多变的国际环境，提升我国的综合国力和国际竞争力。

9.1.2 我国科普政策历史演进阶段性特点显著

本书研究从科普政策历史分析的角度出发，深入探究了我国科普政策的演变历程，并借鉴了国内众多学者在此领域的研究成果。通过对我国科普政策数量的统计分析，结合历史背景和政策内容，将我国国家层面的科普政策历史沿革划分为三个显著阶段：政策初始阶段（1994—2001 年）、政策发展阶段（2002—2008 年）以及政策密集阶段（2009 年至今）。每个阶段都有其独特的发展重点，共同勾勒出了我国科普政策历史演进的清晰脉络。

在科普政策初始阶段，我国科普政策主要围绕经济建设展开，旨在提升科普工作对经济发展的支撑作用。这一时期，科普事业发展的主基调是为经济建设服务，强调科普工作要紧密结合国家经济发展的需求。同时，针对当时社会上存在的封建迷信现象，科普政策也提出了破除封建迷信、提升公民科普意识的任务。这一阶段的科普政策在推动科普工作与经济建设的融合发展方面发挥了积极作用，为后续的科普工作奠定了坚实的基础。

进入科普政策发展阶段，我国科普政策开始聚焦科普基础设施的建设。随着经济的快速发展和科技进步的日新月异，科普工作对基础设施的需求也日益增长。因此，这一阶段我国科普政策将重点放在了科普场馆、科普教育基地等基础设施的建设上，以提升科普工作的服务能力和水平。同时，政策还鼓励社会各界参与科普事业，推动形成多元化的科普投入机制。这些举措有力地推动了我国科普事业的快速发展，为科普工作的进一步深入提供了有力保障。

到了科普政策密集阶段，我国科普政策着重强调要大力推进科普产业化进程。随着市场经济的发展和完善，科普事业也逐渐走向市场化、产业化的发展道路。在这一阶段，我国科普政策明确提出了促进公益性科普事业与经营性科普产业结合发展的目标，鼓励企业、社会组织等多元主体参与科普产业的建设和运营。同时，政策还加强了对科普产业的扶持和监管力度，推动科普产业健康有序发展。这些政策的实施，不仅促进了科普产业的繁荣和发展，也为科普工作的普及和推广提供了更加广阔的空间和平台。

通过对这三个阶段的分析可以看出，我国科普政策在历史演进过程中呈现出明显的阶段性和发展重点。每个阶段都紧密结合当时的国家发展战略和社会需求，推动了科普事业的不断发展壮大。同时，随着时代的变化和科技的进步，科普政策也在不断创新和完善，以适应新的形势和需求。

9.1.3 加强政策主体间的协同是解决政策主体间合作程度的实践进路

在我国，科普政策的制定与实施涉及多个层面和部门，形成了一个庞大的政策主体网络。据统计得出，共有 62 个政策主体积极参与到科普政策的制定过程中，在这 62 个政策主体中，有 42 个主体能够独立地发布相关政策文件，这些文件内容各异，各有侧重，但都是围绕着提升全民科学素养、促进科技发展的总体目标展开。值得注意的是，政策主体的单独发文量占据了政策总数的显著比例。相关统计数据显示，这些单独发文的政策主体所发布的政策文件数量为 919 项，约占政策总数的 83.55%。这反映出我国在科普政策制定方面，各个主体具有较强的独立性和自主性，能够根据自身的特点和优势，有针对性地提出相应的政策措施。然而，科普政策的制定并非仅依靠单个政策主体独立完成，相反，往往需要多个政策主体之间进行跨部门、跨领域的协作。据分析，由 2 个或 2 个以上的政策主体联合发布的科普政策文件共有 181 项，占政策总数的 16.45% 左右。这些联合发文的政策文件往往涉及多个领域和部门，需要各方共同协作，形成合力，以推动科普工作的深入开展。这些联合发文的政策主体之间，通过加强沟通、协调与配合，共同推动科普政策的制定与实施。例如，在推动科普基础设施建设方面，教育部门、科技部门和财政部门等主体需要进行深入合作，共同规划、建设和运营科普场馆、科技馆等设施，为公众提供优质的科普服务。

我国科普政策的出台仍然以政策主体独立发文为主，近年来由单一主体发文向多主体联合发文的转变趋势明显，但"政出多门"现象却日益显著。这种现象不仅导致了政策信息的重复和交叉，也增加了政策执行过程中的协调难度，影响了政策效果的发挥。为了更深入地了解政策主体间的合作情况，进行了政策主体的网络密度分析。网络密度是反映网络结构紧密程度的一个重要指标，其值越接近 1，说明网络结构越紧密；反之，则说明网络结构越松散。通过计算得出，当前政策主体网络密度为 0.1257，均方差为 0.3315。这一结果表明，政策主体之间的合作程度普遍不高，网络结构相对松散。这种松散的网络结构进一步导致了政策主体间存在"小群体"现象。这些"小群体"往往由少数几个紧密合作的政策主体组成，其信息交流和合作较为频繁，但与其他政策主体之间的联系则相对较弱。这种现象不仅限制了政策信息的传播范围，也影响了政策制定的全面性和协调性。针对上述问题，需要从以下几个方面加强政策主体间的合作与协调：首先，建立更加完善的政策主体间沟通协调机制，促进信息共享和资源整合；其次，加强政策主体的培训和教育，提高其政策制定和执行能力；最后，鼓励更多政策主体参与到科普政策的制定和推行中来，形成多元化、协同化的政策主体格局。

从政策主体与主题词的关联性分析中不难发现，科普政策主体聚焦点重叠现象明显，这表明我国科普政策资源在一定程度上存在重叠和损耗现象。这一问题的根源，可以归结为政策主体间缺乏有效的协同合作和信息闭塞。为了改善这一现状，加强政策主体间的协同性和进行信息资源整合成为了解决这一问题的"一服良药"，同时也是保障科普工作顺利进行的重要保障。首先，需要建立整体顺畅、内外和谐的政策主体间的沟通渠道。包括但不限于定期召开政策协调会议、建立信息共享平台等。通过加强政策主体间的有效沟通，可以消除误解、增进交流，形成合力。这种沟通不仅有助于消除政策执行中的阻碍，还能促进信息资源整合与共享，避免对科普资源的重复建设和浪费。其次，加强科普政策主体间的协同至关重要。要求各政策主体在追求自身利益的同时，也要关注整体利益，以实现平衡发展。通过协同合作，可以弱化政策主体间的差别，发挥政策主体间协同的整体效应与联动效应。不仅可以提高政策执行的效率，还能进一步加深彼此间的协调与合作，推动科普事业的持续发展。再次，在科普政策制定中，明确政策主体权责也是至关重要的。这要求对政策主体的权责进行清晰的界定，确保每个政策主体都明确自己的职责和权利。通过明确权责关系，可以促进政策主体间的协调，使政策主体之间相互依赖又相互制约。这种制度保障为政策主体间的合作提供了坚实的基础，有助于推动科普政策的顺利实施。最后，还需要关注科普政策制定的科学性和前瞻性。在制定科普政策时，应充分考虑科技发展的趋势和公众需求的变化，确保政策具有前瞻性和针对性。同时，还应加强对科普政策的评估和反馈机制建设，及时发现和解决政策执行中的问题，为科普事业的健康发展提供有力保障。综上所述，加强政策主体间的协同性和进行信息资源整合是解决我国科普政策资源重叠和损耗问题的有效途径。通过建立顺畅的沟通渠道、加强协同合作、明确政策主体权责以及关注政策制定的科学性和前瞻性，可以推动科普事业的持续健康发展，为提升公众科学素质、促进国家科技创新作出积极贡献。

9.1.4 修正科普政策内容设计缺陷是完善科普政策内容的重要举措

从多维尺度的视角出发，可以深入剖析我国科普政策的内涵，并划分为四大词团。首先，最为显著的是关于提升科学技术普及过程中的科普活动与科普宣传。这一词团主要聚焦于如何通过各种形式的科普活动，如科普讲座、展览、演示等，以及科普宣传手段，如媒体传播、网络平台推广等，来普及科学知识，提高公众的科学素养。这些活动不仅有助于增强公众对科学的兴趣和认知，更能促进科学文化的传播和发展。

其次，社会公众参与和科普资源共享是科普政策中不可忽视的部分。通过鼓励社会公众的广泛参与，科普政策旨在激发公众的创造力和创新精神，同时促进科普资源的有效共享。例如，通过社区科普活动、科普志愿服务等方式，让更多的人能够参与到科普工作中来，分享和传播科学知识。同时，科普资源共享平台的建设，也使得科普资源能够更加便捷地服务于公众。

此外，科普人员培训及基础设施建设也是科普政策中重要的词团。科普人员作为科普工作的主要执行者，其素质和能力的提升对于科普工作的发展至关重要。因此，科普政策中强调了科普人员的培训和教育，以提高他们的专业素养和科普能力。同时，基础设施的建设也是科普工作的重要保障，包括科普场馆、科技馆等硬件设施的建设和完善，以及科普网络平台的搭建和维护等。

最后，社区科普项目及环境作为科普政策的一个词团，强调了科普工作要深入到基层社区，为公众提供更加贴近生活的科普服务。通过实施社区科普项目，如科普讲座、科普展览等，满足社区居民对科学知识的需求，同时提升社区的整体科学素质。此外，优化社区科普环境，如建设科普长廊、科普公园等，也能够为公众提供更加丰富多彩的科普体验。

从聚类分析的细致研究中，可以得出科普政策内容关键词的丰富多样性，这些关键词可以进一步划分为八大类别，包括了科普工作的多个方面，充分展示了科普政策内容的广泛性和深度。第一，社区科普项目作为一大类别，凸显了科普政策在社区层面的重要性和影响力。社区作为社会的基本单元，是科普工作的重要阵地。通过组织各类科普活动、讲座和展览，社区科普项目不仅能够提升居民的科学素养，还能够增强社区的凝聚力和活力。第二，基层和农村建设也是科普政策关注的重点之一。基层和农村地区的科普工作对于推动乡村振兴、提高农民科学素质具有重要意义。通过加强农村地区的科普设施建设、开展农业科技培训等方式，科普政策为农村地区的发展注入了新的活力。第三，青少年和农民的培训和指导是科普政策的重要组成部分。青少年是国家的未来和希望，而农民则是农村地区的主体力量。通过针对不同群体的特点和需求，开展有针对性的培训和指导，科普政策为青少年和农民提供了更多的学习机会和发展空间。第四，科普资源共享也是科普政策关注的重要方面。通过搭建科普资源共享平台、推广优质科普资源等方式，科普政策促进了科普资源的共享和利用，提高了科普工作的效率和效果。第五，提升科学素质和科普能力也是科普政策的重要目标。通过加强科普教育、推广科学方法和科学思维等方式，科普政策致力于提高全民的科学素质，培养更多的科普人才，为科普事业的发展提供有力支撑。第六，科普活动和教育中的社会和公众参与也是科普政策不可忽视的方面。通过组织各类科普活动、鼓励公众参与科普教育等方式，科普政策增强了公众对科学的兴趣和认知，提高了公众的科学素养和参与度。第七，基础设施建设与经费投入是科普政策得以实施的重要保障。科普设施的建设和经费的投入为科普活动的开展提供了必要的物质基础和资金保障，确保了科普工作的顺利进行。第八，科普基地申报与服务作为科普政策的一个重要环节，为科普工作提供了更多的平台和资源。通过申报和建设科普基地，科普政策为公众提供了更多的学习和交流机会，促进了科普工作的深入开展。聚类分析得出的这八大类别关键词充分展示了科普政策内容的广泛性和深度。这些关键词不仅包括了科普工作的多个方面，还体现了科普政策在推动社会进步、提高全民科学素质方面的积极作用。

为了更深入地理解科普政策文本中关键词之间的相互关联程度，采用了UCINET 软件进行了网络密度分析。从整体上看，整个关键词网络表现出了较低的中心度趋势。具体来说，关键词网络密度为 0.2875，这一数值相对较低，表明网络节点之间的连接并不紧密。与此同时，均方差为 1.2687，进一步印证了网络节点之间的差异性较大，缺乏紧密的关联。这种情况可能反映了科普政策文本在关键词使用上的分散性，使得各关键词之间缺乏明显的关联和聚焦。在深入分析关键词网络的结构时，发现科普政策内容的聚焦点主要集中在"科学技术""社会""科普活动""基础设施""科普宣传""培训"等方面。这些关键词构成了科普政策文本的核心内容，反映了政策制定者对于科普工作的关注和重点。然而，这些关键词之间的连接并不紧密，说明科普政策在各个方面之间的协同性和整合性还有待加强。

进一步的研究还发现，我国科普政策内容设计存在一些明显的缺陷。首先，政策内容过于关注青少年群体，而忽视了其他年龄阶段群体科学素质的提升。这种倾向可能导致科普工作的受众范围受限，无法充分发挥科普政策在提升全民科学素质方面的作用。其次，科普政策过于强调科普硬实力的建设，如基础设施建设和科普活动组织等，而忽视了科普软实力的发展，如科学文化、科学精神等方面的培育。这种不平衡的发展模式可能导致科普工作的效果不佳，难以真正提升公众的科学素养。通过对科普政策文本关键词网络的分析，发现科普政策在内容设计和实施方面存在一些问题。为了改进这些问题，建议政策制定者更加注重科普政策内容的系统性和衔接性，加强各方面之间的协同和整合。同时，也应该关注不同年龄阶段群体的科学素质提升需求，以及科普软实力的发展，从而推动科普工作的全面发展和提升全民科学素质。

研究发现，我国科普政策目标较为宏观和宽泛，科普政策作用对象关注度差异性明显，科普政策经济手段使用单一化现象严重。这些问题表明，我国科普政策结构不合理，科普政策内容设计存在缺陷，亟待进行优化和完善。首先，针对科普政策内容的系统性问题，需要对其进行全面强化。当前，科普政策在某些关键领域还存在明显的缺失和不足，如科普软实力的建设力度有待加强。在强化科普硬实力的同时，也应重视科普软实力的培育，实现两者的均衡发展。此外，还需关注科普政策内容的完整性，对缺失的重要方面进行填补，以丰富科普政策内容，确保其在推动科学普及方面发挥更大的作用。其次，加强政策内容的衔接性也是科普政策优化的重要方向。科普政策内容应该从整体上进行设计，确保各项政策内容之间的衔接性和层次性。应根据不同年龄阶段、接受知识的能力以及实际需要来规定具体的内容，使不同受众在不同时期都能得到科学素质的提升。此外，科普政策还应注重与其他相关政策的协调配合，形成政策合力，共同推动科普事业的发展。再次，构建科普政策目标体系对于提高政策目标的可操作性和精确性具有重要意义。应对科普政策目标进行细化，明确各级政府和相关部门在科普工作中的具体职责和任务。同时，还应建立科普政策目标评估机制，定期对科普政策执行情况进行评估和反馈，以便及时发现问题并进行调整。总之，完善我国科普政策内容是一项长期而艰巨的任务。需要从多个方面入手，强化科普政策内容的系统性、加强政策内容的衔接性、构建科普政策目标体系以及充分利用经济手段的优势等，以推动科普事业的持续健康发展，提高全民科学素质水平。

9.1.5 科普文化建设是推动科学事业发展的重要推力

科普文化建设是我国科学事业发展的重要支柱，通过加大科普资源发展投入、加强科普文化与教育的融合、增强科普人才队伍建设、完善法律法规体系、注重科普文化创新、促进社会力量共同参与等措施，可以推动科普文化建设，为我国科学事业的繁荣发展奠定坚实基础。第一，加大科普资源发展投入。政府应高度重视科普事业，在财政预算中加大对科普资源的投入，为科普文化建设提供有力保障。同时，鼓励社会资本投入科普产业，形成多元化的投资体系，为科普事业提供持续、稳定的资金支持。第二，加强科普文化与教育的融合。教育部门应将科普知识纳入教育教学体系，提高学生的科学素养。同时，加强科普设施建设，如建设科普教育基地、科普图书馆等，让科普文化渗透到人们的生活中。第三，增强科普人才队伍建设。加强科普人才培养，培育一批具备专业素质和科普传播能力的队伍。鼓励科普工作者参加国内外培训和交流活动，提高科普工作者的业务水平和服务能力。第四，完善法律法规体系。制定一系列与科普事业相关的法律法规，保障科普工作的顺利进行。同时，加强科普法律法规的宣传和普及，提高全社会的法治意识。第五，注重科普文化创新。鼓励科学家和科普工作者创新科普表现形式，如运用现代科技手段、开发趣味性科普产品等，让科普文化更具吸引力。同时，加强国内外科普交流与合作，吸收借鉴先进国家科普文化建设经验。第六，促进社会力量共同参与。鼓励企业、社会组织和个人积极参与科普事业，形成全社会共同推动科普文化建设的良好氛围。例如，开展科普公益活动，提高公众对科普文化的关注度；加强科普志愿者队伍建设，让更多人参与到科普传播工作中。

◆◇ 9.2 有待深入研究的问题

不难发现，在科普政策研究这一领域，尽管已经取得了一些显著的成果，但仍有许多有待深入研究的问题。其中，国家层面和地方性科普政策的比较研究无疑是一个值得深入探讨的重要课题。本书研究认为，对于科普政策研究而言，仅仅关注国家层面的政策制定与实施是远远不够的，还需要将视角转向地方层面，深入剖析两者之间的内在联系以及差异性。一方面，国家层面的科普政策在全局性和战略性上发挥着至关重要的作用。这些政策通常具有广泛的覆盖面和深远的影响力，旨在推动全国范围内的科普事业发展。然而，由于地域差异、文化差异以及经济发展水平的不同，地方在执行国家科普政策时，往往需要根据实际情况进行一定程度的调整和优化。这种调整与优化过程不仅反映了地方特色，也在一定程度上体现了科普政策的灵活性和适应性。另一方面，地方性科普政策更加注重地方特色和实际需求。这些政策往往更加贴近当地民众的生活，更能满足他们的科普需求。同时，地方性科普政策还能够在一定程度上弥补国家层面政策的不足，为科普事业的发展提供更加全面、细致的保障。然而，由于地方在资源、人才等方面的限制，其科普政策的制定与实施往往面临着诸多挑战。此外，还需要认识到，国家层面和地方性科普政策并不是孤立的，而是相互关联、相互影响的。因此，在研究中，还需要关注两者之间的协调与配合，探讨如何更好地发挥各自的优势，共同推动科普事业的发展。国家层面和地方性科普政策的比较研究是科普政策研究不可或缺的一部分。通过深入研究两者之间的内在联系和差异性，可以更加全面地了解科普政策的制定与实施过程，为今后的政策制定提供更加科学、合理的依据。这种研究也有助于更好地认识和理解科普事业发展的规律和特点，为推动我国科普事业的持续健康发展提供有力的支持。

参考文献

[1] 景佳,韦强,马曙,等.科普活动的策划与组织实施[M].武汉:华中科技大学出版社,2011:1.

[2] 文传彬.我国科普工作存在的问题与对策分析[D].沈阳:东北大学,2009.

[3] 章道义.科普创作概论[M].北京:北京大学出版社,1983.

[4] 袁清林.科普学概论[M].北京:科学技术出版社,2002:1.

[5] 周孟璞,松鹰.科普学[M].成都:四川科学技术出版社,2007:122.

[6] 佟贺丰.建国以来我国科普政策分析[J].科普研究,2008(4):22-26.

[7] 冯雅蕾,张礼建.试析建国以来我国地方性科普政策演化特征[J].价值工程,2011(32):324-325.

[8] 常静,刘立.中国科普政策及科普政策文化初探[J].河池学院学报,2010(4):1-5.

[9] 中国科普研究所.中国科普报告 2006[M].北京:科学普及出版社,2006:109.

[10] 余维运.韩国科普政策分析[J].中国科普理论与实践探索,2010(13):174-181.

[11] 裴世兰,汪丽丽,吴丹,等.我国科普政策的概况、问题和发展对策[J].科普研究,2012(4):41-48.

[12] 任福君.新中国科普政策70年[J].科普研究,2019(5):5-14.

[13] 杨秀,赵可馨.科普期刊的深度融合协同发展策略探析:以《科幻世界》为例[J].中国科技期刊研究,2024(4):514-522.

[14] 葛璟璐,吕朝琪,陈建祥.科普期刊助力科学教育类课后服务新实践:以《科学大众》为例[J].编辑学报,2024(1):78-82.

[15] 孙嘉宇.科普期刊微信传播效果的影响因素研究:基于4445篇推文的计算分析[J].中国科技期刊研究,2023(11):1511-1520.

[16] 韩婧,孟瑶,张通.科技期刊实现资源科普化的路径探讨[J].编辑学报, 2023(5):487-491.

[17] 刘燕影.科普期刊特色栏目建设的实践与思考[J].中国科技期刊研究, 2023(10):1301-1305.

[18] 罗德荣,齐小英,颜燕,等.我国科普研究类学术期刊评价体系构建研究 [J].编辑学报,2023(5):487-491.

[19] 崔玉洁,文娟,包颖,等.学术期刊中虚拟数字人与视频融合出版实践:以 西南大学期刊社为例[J].编辑学报,2024(2):189-193.

[20] 包晓云.推动我国科技期刊高质量发展[J].科学管理研究,2024(2):49-56.

[21] 徐艳.我国科技期刊参与科技伦理普及的路径[J].编辑学报,2023(5): 497-500.

[22] 林欣,甘俊佳,林素絮.科技期刊实现资源科普化的路径探讨[J].中国编 辑,2023(增刊1):85-89.

[23] 胡艳红,曾志远.原创科普图书高质量发展路径探析[J].出版广角,2023 (20):4-8.

[24] 王堃,陈晓禹,明均仁.图书馆科普阅读推广活动调查及启示[J].图书馆 工作与研究,2023(9):94-101.

[25] 任海霞.医学科普图书高质量发展路径探析:基于选题策划视角[J].中国 编辑,2023(8):61-66.

[26] 经京,童熠陵.公共图书馆少年儿童科普阅读推广的创新与实践:以常州 市图书馆"小灯塔科普悦读会"为例[J].新世纪图书馆,2023(6):15-18.

[27] 肖代柏,王道堃,于晨曦,等.科技期刊实现资源科普化的路径探讨[J].编 辑学报,2023(5):124-129.

[28] 王宁.科普图书高质量发展路径探析[J].中国出版,2024(7):61-65.

[29] 林琳.深圳地区公共图书馆少儿科普阅读推广研究[J].图书馆学研究, 2024(2):100-107.

[30] 叶青,姜卓呈,冉再洋.新时代医学科普图书出版历程与趋势探析[J].出 版发行研究,2023(7):73-79.

[31] 石力月,黄思懿.科学家科普短视频的叙事策略研究:以汪品先院士B站

科普短视频为例[J].编辑学报,2023(5):487-491.

[32] 席志武,张冰玉.科技类出版社短视频账户的科普效果与提升路径:以51家科技类出版社的抖音账户为例[J].出版广角,2023(23):63-68.

[33] 邹贞,陈玲.新时代科普短视频的现状、问题及优化路径研究:以"象舞指数"科普短视频榜单为例[J].科普研究,2023(4):65-71.

[34] 周华清,吴虹丹.科技期刊对科普短视频洗稿的识别与治理研究[J].中国科技期刊研究,2023(8):975-981.

[35] 刘记强.科普短视频选题创作策略探析[J].新闻爱好者,2023(4):89-91.

[36] 任乐毅,周雅婷.科普类短视频受众信息采纳行为研究[J].青年记者,2023(4):50-53.

[37] 徐啸.抖音号"科普中国"如何做好中国科普传播[J].传媒,2023(5):69-71.

[38] 刘欣,李雪.中国科普期刊发展现状与对策研究:基于《中国精品科普期刊文献库》的计量研究[J].中国科技期刊研究,2023(2):249-257.

[39] 颜燕,张超,李玲.《科普研究》文献计量分析:发展现状和主题演进[J].2022,17(5):57-65.

[40] 姜春林,王晓萍.基于典型微信公众号的科普计量研究[J].编辑学报,2023(5):252-261.

[41] 袁有树,贾暄,朱嘉俊,等.基于政策工具与5W理论二维视角下中医药文化传播政策量化分析[J].科技管理研究,2024(3):319-324.

[42] 臧天磊,钱清泉.基于层次分析法与TOPSIS的新能源科普水平评估[J].科普研究,2015(1):34-41.

[43] 张增一,贾萍萍,王丽慧,等.省级(域)科普工作评估的核心指标:基于访谈资料的质性分析[J].科普研究,2023(2):19-28.

[44] 王武林,王雅梦.健康科普类短视频传播机制研究[J].未来传播,2023(5):79-89.

[45] 闫伟娜.我国科普期刊研究的进展、热点与趋势:基于CiteSpace知识图谱的可视化分析[J].中国科技期刊研究,2024(2):163-170.

[46] 毕崇武,延敬佩,张译心,等.科普期刊微信公众号传播效果的影响因素与驱动机制:以中国优秀科普期刊(2020)为例[J].中国科技期刊研究,2024(2):153-162.

［47］ 张绘.我国科普投入产出效率分析与政策调整:基于 DEA－Tobit 理论模型的判断［J］.财会月刊,2019(2):157－163.

［48］ 周慎,李晓萌,林泽地.国际科学传播机构的科普智库功能发挥与价值实现:以美国科学促进会(AAAS)为例［J］.智库理论与实践,2024(2):122－130.

［49］ 杨超.美国高校实验室推进社会应急科普教育模式研究［J］.比较教育研究,2024(4):34－42.

［50］ 刘杨,周建中.关于科普奖励国际比较的定量研究［J］.科学与社会,2023(4):83－96.

［51］ 王艳丽,张志敏.以国际科普促进国家形象建设研究［J］.科普研究,2022(6):67－74.

［52］ 侯蓉英.国外科学传播与科普产业研究［J］.青年记者,2019(29):84－85.

［53］ 齐昆鹏,张志旻,贾雷坡,等.国外主要科学资助机构推动科研人员参与科学传播的做法与启示［J］.中国科学院院刊,2021(12):1471－1481.

［54］ 李淑敏.国外科学家科学传播能力培训的策略与启示:以 ESConet 为例［J］.自然辩证法研究,2019(9):42－48.

［55］ 陆文静,郭浩然,孙春仙,等.公民科学素质视角下的防震减灾科普研究:以日本和美国为例［J］.震灾防御技术,2019(4):882－889.

［56］ 张伟捷,郭健全,魏景赋.发达国家科普相关产业税收经验借鉴与分析［J］.中国科技论坛,2016(4):90－95.

［57］ 赵玉龙,鞠思婷,郭进京,等.发达国家科学传播政策分析以及对我国的启示［J］.科普研究,2022(3):72－82.

［58］ 王梅奂.美国农村科普发展模式的启示与借鉴［J］.世界农业,2017(1):47－52.

［59］ 李叶,马俊锋,高宏斌.我国科普图书评奖活动存在的问题及其对策［J］.出版发行研究,2019(2):27－31.

［60］ 王明,宋黎阳,郑念.应急科普的法律规制:现状特征、实践困境与未来进路［J］.中国科技论坛,2024(5):13－21.

［61］ 张成伟.移动互联视域下科普场馆发展困境:内在机理与消解路径［J］.河南师范大学学报(自然科学版),2020(2):34－40.

［62］ 李天龙,张露露,张行勇.新媒体时代科学传播的困境与策略研究［J］.现

代传播(中国传媒大学学报),2018(10):80-84.

[63] 王荷兰.消防科普标准化工作对策与建议[J].中国软科学,2022(增刊1):272-275.

[64] 赵东平,高宏斌,赵立新.中国科普人才发展存在的问题与对策[J].科技导报,2020(5):92-98.

[65] 龙艳.社会科学普及信息化的问题与对策研究[J].湖南社会科学,2018(4):199-204.

[66] 齐培潇.我国科普理论研究再思考[J].中国软科学,2024(增刊1):334-340.

[67] 田兵伟,赵一燃,李文秋,等.基于具身认知理论和VR技术的滑坡灾害应急科普教育模式[J].灾害学,2024(2):178-184.

[68] 于风,齐士馨.传播游戏理论下的科普期刊知识服务[J].青年记者,2023(16):83-85.

[69] 金心怡,刘冉,王国燕.关联理论视角下微信科普文章的标题特征研究[J].科普研究,2022(3):38-46.

[70] 刘俊冉.基于4I理论的科普期刊网络直播营销策略探究[J].中国科技期刊研究,2022(3):320-327.

[71] 郑永和,杨宣洋,徐洪,等."两翼理论"指导下科普事业发展路径的思考[J].科普研究,2022(1):13-18.

[72] 程艳霞,王紫穗,王虎,等.基于扎根理论-ISM的县域科普制约因素研究[J].科普研究,2021(5):66-75.

[73] 吴琦来,樊春丽.基于创新扩散理论的科普作家群体特征解读:以我国中西部省份数据为例[J].科普研究,2016(5):77-84.

[74] 朱效民.30年来的中国科普政策与科普研究[J].中国科技论坛,2008(12):9-13.

[75] 王普.我国地方性科普政策演变探析:以新中国成立后川、渝两地科普政策发展为例[D].重庆:重庆大学,2010.

[76] 刘立,常静.中国科普政策的类型、体系及历史发展探索 中国科普理论与实践探索:2009《全民科学素质行动计划纲要》论坛暨第十六届全国科普理论研讨会文集[C].北京:科学普及出版社,2009:220-224.

[77] 孙萍,孔德意,许阳.我国科普政策的嬗变与发展:基于1993年—2012年

109项科普政策文本的实证分析[J].中国社会科学院研究生院学报,2014(3):120-125.

[78] 王丽慧,王唯滢,尚甲,等.我国科普政策的演进分析:从科学知识普及到科学素质提升[J].科普研究,2023(1):78-86.

[79] 刘兰剑,许雅茹.基于倡导联盟框架的我国科普政策变迁研究[J].科学管理研究,2023(1):17-26.

[80] 张义忠,任福君.我国科普法制建设的回顾与展望[J].科普研究,2012(3):5-13.

[81] 武夷山,陶世龙.《中华人民共和国科学技术普及法》与中国的科普事业[J].中国科技论坛,2002(6):3-8.

[82] 张秀华,程碧茜,王丽慧.以法律健全科普社会化机制:《科普法》执行效果分析及其修订的原则性思考[J].自然辩证法研究,2022(6):62-70.

[83] 张思光.完善科普法制体系 推进科普法治建设[J].中国科学院院刊,2018(7):667-672.

[84] 王挺.以贯彻落实《科学技术进步法》为契机优化新时期科普立法[J].中国科技论坛,2023(2):8-10.

[85] 陈登航,汤书昆,郑斌.《科普法》修订背景下我国社会科学普及的立法特征、向度与入法探讨[J].科普研究,2022(4):88-95.

[86] 王福涛,范旭,汪艳霞.中国科普政策功能研究:基于法兰克福学派批判理论的分析[J].自然辩证法研究,2012(10):77-81.

[87] 王冬敏.对民族地区科普政策的几点认识[J].科技管理研究,2011(22):34-36.

[88] 袁汝兵,王彦峰,郭昱.我国科研与科普结合的政策现状研究[J].科技管理研究,2013(5):21-24.

[89] 柏长春.科普政策法规的国际比较及提高公民科学素质的对策建议 提高全民科学素质、建设创新型国家:2006中国科协年会论文集[C].北京:中国科学技术出版社,2006:1-8.

[90] 何苗.美英德日印丹麦等六国科普政策比较[J].教育,2006(9):57-59.

[91] 诸葛蔚东,张一婧,傅一程.由奖励制度看日本科普政策与实践的发展动向[J].自然辩证法通讯,2020(11):101-110.

[92] BROMME R,GOLDMAN S R.The public's bounded understanding of sci-

ence[J].Educational psychologist,2014(2):59-69.

[93]　SINATRA G M,KIENHUES D,HOFER B K.Addressing challenges to public understanding of science:epistemic cognition,motivated reasoning, and conceptual change[J].Educational psychologist,2014(2):123-138.

[94]　SCHAFER M S.From public understanding to public engagement an empirical assessment of changes in science coverage[J].Science communication, 2009(4):475-505.

[95]　BROSSARD D.Media,scientific journals and science communication:examining the construction of scientific controversies[J].Public understanding of science,2009(3):258-274.

[96]　BUCCHI M,SARACINO B."Visual science literacy":images and public understanding of science in the digital age[J].Science communication,2016 (6):812-819.

[97]　ZHU J W,LIU W S.A tale of two databases:the use of web of science and scopus in academic papers[J].Scientometrics,2020(1):321-335.

[98]　CLINE R J W,HAYNES K M.Consumer health information seeking on the internet:the state of the art[J].Health education research,2001(6):671-692.

[99]　MOORHEAD S A,HAZLETT D E,HARRISON L.A New dimension of health care:systematic review of the uses,benefits,and limitations of social media for health communication[J].Journal of medical internet research, 2013(4):1-17.

[100]　RAINS S A.Big data,computational social science,and health communication:a review and agenda for advancing theory[J].Health communication, 2020(1):26-34.

[101]　BALOG W D H P,MCCOMAS K A.COVID-19:reflections on trust, tradeoffs,and preparedness[J].Journal of risk research,2020(7/8):838-848.

[102]　LI J P,SUN L M,FENG X.Social media communication of the scientific and technological literature in emergency under COVID-19[J].Library hi Tech,2021(7):796-813.

[103] KANG Y H, GAO, S, LIANG, Y L.Communication vs evidence：what hinders the outreach of science during an infodemic？a narrative review[J]. Scientific data,2020(1)：1-13.

[104] FOOLADI E C.Between education and opinion-making dialogue between didactic/didaktik models from science education and science communication in the times of a pandemic[J].Science & education,2020(5)：1117-1138.

[105] PELGER S, NILSSON P. Popular science writing to support students' learning of science and scientific literacy[J].Research in science education,2016(3)：439-456.

[106] WU L Y, WU S P, CHANG C Y.Merging science education into communication：developing and validating a scale for science edu-communication utilizing awareness, enjoyment, interest, opinion formation, and understanding dimensions(SEC-AEIOU)[J].Sustainability,2019(17)：1-17.

[107] BROSSARD D, BELLUCK, P, GOULD F. Promises and perils of gene drives：navigating the communication of complex, post-normal science[J]. Proceedings of the national academy of sciences,2019(16)：7692-7697.

[108] LANDRUM A R, HALLMAN W K, JAMIESON K H.Examining the impact of expert voices：communicating the scientific consensus on genetically-modified organisms[J].Examining the impact of expert voices(communicating the scientific consensus on genetically-modified organisms),2019(1)：51-70.

[109] LEE N, LEE S.Visualizing science：the impact of infographics on free recall, elaboration, and attitude change for genetically modified foods news[J].International journal of environmental research and public health,2021(2)：168-178.

[110] WANG X H, SONG Y Y.Viral misinformation and echo chambers：the diffusion of rumors about genetically modified organisms on social media[J]. Internet research,2020(5)：1547-1564.

[111] 塔娜."计算传播学"的发展路径：概念、数据及研究领域[J].新闻与写作,2020(5)：5-12.

[112] THEOCHARIS Y, JUNGHERR A. Computational social science and the study of political communication[J]. Political communication, 2021(1/2): 1-22.

[113] WALDHER A, WETTSTEIN M. Bridging the gaps: using agent-based modeling to reconcile data and theory in computational communication science[J]. International journal of communication, 2019(13): 3976-3999.

[114] WALDHER A, GEISE S, KATZENBACH C. Because technology matters: theorizing interdependencies in computational communication science with actor-network theory [J]. International journal of communication, 2019 (13): 3955-3975.

[115] DOMAHIDI E, YANG J, NIEMANN L J. Outlining the way ahead in computational communication science: an introduction to the IJoC special section on "computational methods for communication science: toward a strategic roadmap" [J]. International journal of communication, 2019(13): 3876-3884.

[116] MICHAEL M, LUPTON D. Toward a manifesto for the "public understanding of big data" [J]. Public understanding of science, 2016(1): 104-116.

[117] VAN ATTEVELDT W, PENG T Q. When communication meets computation: opportunities, challenges, and pitfalls in computational communication science[J]. Communication methods and measures, 2018(2/3): 81-92.

[118] DE ZUNIGA H G, DIEHL T. Citizenship, social media, and big data: current and future research in the social sciences[J]. Social science computer review, 2017(1): 3-9.

[119] 巢乃鹏, 黄文森. 范式转型与科学意识: 计算传播学的新思考[J]. 新闻与写作, 2020(5): 13-18.

[120] MARTIN C, MACDONALD B H. Using interpersonal communication strategies to encourage science conversations on social media[J]. Plos one, 2020(11): 1-32.

[121] HABIBI S A, SALIM L. Static vs. dynamic methods of delivery for science communication: a critical analysis of user engagement with science on social media[J]. Plos one, 2020(3): 1-15.

［122］ JIA H,WANG D,MIAO W.Encountered but not engaged：examining the use of social media for science communication by Chinese scientists［J］. Science communication,2017(11):1-27.

［123］ WEST J D,BERGSTROM C T.Misinformation in and about science［J］. Proceedings of the national academy of sciences of the United States of A-merica,2021(15):1-8.

［124］ SCHEUFELE D A,KRAUSE N M.Science audiences,misinformation,and fake news［J］.Proceedings of the national academy of sciences,2019(16): 7662-7669.

［125］ WANG Y X,MCKEE M,TORBICA A.Systematic literature review on the spread of health-related misinformation on social media［J］.Social science & medicine,2019(240):1-12.

［126］ BONNEY R,PHILLIPS T B,BALLARD H L.Can citizen science enhance public understanding of science？［J］.Public understanding of science, 2016(1):2-16.

［127］ GEIGER N,SWIM J K,FRASER J.Catalyzing public engagement with cli-mate change through informal science learning centers［J］.Science commu-nication,2017(2):221-249.

［128］ LLORENTE C,REVUELTA G,CARRIO M.Scientists'opinions and atti-tudes towards citizens'understanding of science and their role in public en-gagement activities［J］.Plos one,2019(11):1-20.

［129］ ANZIVINO M.Is public engagement gendered？ an analytical proposal u-sing some evidence from Italy［J］.Public understanding of science,2021 (7):827-840.

［130］ 杨娟.中英美澳科学传播政策内容及其实施的国际比较研究［D］.重庆: 西南大学,2014.

［131］ JOHN L C.GILBERT S M.STOCK M.Communication and engagement with science and technology：issuesand dilemmas a readerin science com-munication［M］.London:Routledge,2012.

［132］ HOMER A N,TOBIN L S,JENNIFER B M.Beyond sputnik:U.S.science policy in the twenty-first century［M］.Ann Arbor: The University of

Michigan Press,2008.

[133] BERNARD S,MICHEL C,SHUNKE S.Science communication in the world practices,theories and trends[M].Berlin:Springer,2012:1.

[134] JAMES H C.Scientific and technical communication:theory,practice,and policy[M].Thousand Oaks:SAGE Publications Inc.,1996:1-10.

[135] THORPE C,GREGORY J.Producing the post-fordist public:the political economy of public engagement with science[J].Science asculture,2010, 19(3):273-301.

[136] GILLIAN P.The participation of scientistsin public understanding of science activities:the policy and practice of the UK research councils[J]. Integrative psycldogical and behavioral science,2011(2):201-215.

[137] MIKULAK A.Mismatches between 'scientific' and 'non-scientific' ways of knowing and their contributions to public understanding of science[J]. Pablic understanding of science,2001(1):121-137.

[138] STEPHEN G.Science communication and the rationality of public opinion formation[EB/OL].(2013-12-28).http://apps.web of knowledge.com/ full_record.do? product=UA&search_mode=GeneralSearch&qid=15&SID =2D5458KVMByWy9rBhaq&page=1&doc=1.

[139] MAGDA P,OLIVER E.Dialogue and science:innovation in public engagement inthe UK[J].Science and public policy,2012(9):1-14.

[140] SATTERFIELD T,CONTI J,HARTHORN B H.Understanding shifting perceptions of nanotechnologi and their implications for policy dialogues about emerging technologies[J].Science and publicpolity,2013(2):247-260.

[141] AITKEN M.Wind power planning controversies and the construction of 'expert' and 'lay' knowledges[J].Science asculture,2009,18(1):47-64.

[142] SUSANNA H P.Nanotechnology and the public:risk perception and risk communication[M].Boston:CRC Press,2011.

[143] HERMELIN D.A context for public comunication of science and tecnology in colombia:from eurocentrics legacies to models for action[J].Co-herencia,2011(6):231-260.

［144］ 王芳,纪雪梅,田红.中国农村信息化政策计量研究与内容分析[J].图书情报知识,2013(1):36-45.

［145］ 胡仲勋.纽约市教育改革中的政策工具创新与运用[D].上海:上海师范大学,2014.

［146］ 姚梦媛.中国新能源和可再生能源发展政策研究:基于政策工具的视角[D].上海:上海师范大学,2011.

［147］ PETER B G, VAN NISPEN F K M. Public policy instruments［M］. Northampton:Edward Elgar Publishing Inc.,1998:14.

［148］ 休斯.公共管理导论[M].张成福,王学栋,等译.北京:中国人民大学出版社,2007:95.

［149］ 陈振明.政策科学:公共政策分析导论[M].北京:中国人民大学出版社,2003:170.

［150］ 张成福,党秀云.公共管理学[M].北京:中国人民大学出版社,2007:61.

［151］ 陈晓晖,石毅.民族地区农村贫困治理的政策工具及其量化评价:基于N省13个县面板数据的实证分析[J].湖北民族大学学报(哲学社会科学版),2022(4):79-92.

［152］ 董石桃,翁宇阳,陈柏福.工具结构和产业发展:政策工具视角下中国区块链政策的文本分析[J].经济社会体制比较,2021(2):149-161.

［153］ 康丽,张新月.基于政策工具视角的残疾人就业政策研究[J].人口与社会,2022(2):89-100.

［154］ 陈玲,段尧清.我国政府开放数据政策的实施现状和特点研究:基于政府公报文本的量化分析[J].编辑学报,2020(7):698-709.

［155］ 潘泽泉,任杰.从运动式治理到常态治理:基层社会治理转型的中国实践[J].湖南大学学报(社会科学版),2020(3):110-116.

［156］ 谢伟明.我国货币政策工具研究[D].长沙:湖南大学,2012.

［157］ 福勒.教育政策学导论[M].许庆豫,译.南京:江苏教育出版社,2007:229.

［158］ 吴合文.高等教育政策工具分析[M].北京:北京师范大学出版社,2011:28.

［159］ 陈振明.政府工具导论[M].北京:北京大学出版社,2009:10.

［160］ 宁骚.公共政策学[M].北京:高等教育出版社,2011:71.

[161] 范宇欣.促进浙江民间资本参与城市公用事业供给的政策工具研究[D].杭州:浙江工商大学,2011.

[162] 户瑾.中国政策工具选择研究[D].太原:山西大学,2011.

[163] 尹军彩.计划生育工作中政策工具的选择与优化研究[D].长沙:湖南大学,2011.

[164] 杨洪刚.中国环境政策工具的实施效果及其选择研究[D].上海:复旦大学,2009.

[165] 罗式胜.文献计量学引论[M].北京:书目文献出版社,1986:3.

[166] 许见亮.基于文献计量学的我国档案专业核心期刊分析与评价[D].合肥:安徽大学,2007.

[167] 高军.我国大学教师学术评价制度研究[D].南京:南京师范大学,2008.

[168] 彭家常.科学学及其三种学术期刊的文献计量学研究[D].天津:天津大学,2006.

[169] 魏林雪.1992—2011年太阳能研究的文献计量分析[D].天津:天津大学,2012.

[170] URS S,WOLFGANG G.Two decades of "scientometrics".an interdisciplinary field represented by its leading journal[J].Scientometrics,2001(2):301-312.

[171] 罗式胜.文献计量学概论[M].广州:中山大学出版社,1994:3.

[172] 刘振兴.对当前我国科技期刊发展的几点意见[J].中国科技期刊研究,2003(1):1-2.

[173] 邱均平.文献计量学[M].北京:科学技术文献出版社,1988:21.

[174] 郭强.历时的布拉德福定律研究[J].情报科学,2009(2):239-243.

[175] 鞠邦男,袁军鹏.对我国布拉德福定律研究文献的科学计量研究[J].现代情报,2010(11):109-112.

[176] 张忠友.齐夫定律的理论基础及其实践意义[J].情报科学,1989(5):62-66.

[177] 王洵.最小努力原则与齐夫定律[J].情报术语,1981(2):32-35.

[178] 杨中楷,林德明,刘佳.洛特卡定律适用于专利文献的再验证[J].图书情报工作,2013(9):92-95.

[179] 李娜.2001—2010年《International Journal of Science Education》期刊论

文的文献计量学分析[D].重庆:重庆师范大学,2012.

[180] 伍正兴,王章豹.我国区域科普非均衡发展的实证分析及与经济协调发展的对策[J].科技进步与对策,2012(5):50-53.

[181] 曹乐艳.我国科普政策问题研究[D].西安:长安大学,2013.

[182] 李朝晖,任福君.我国科普基础设施建设存在的问题与思考[J].科普研究,2011(2):17-21.

[183] 李玫.西方政策网络研究的发展与变迁:从分类到政策仿真[J].上海行政学院学报,2014(5):58-67.

[184] 刘泽照,朱正威.公共管理视域下风险及治理研究图谱与主题脉系:基于国际SSCI的计量分析:1965—2013[J].公共管理学报,2014(3):127-138.

[185] 吴进.基于文本分析的我国产业共性技术创新政策研究[D].广州:华南理工大学,2013.

[186] 李星星.学术虚拟社区成员关系社会网络研究[D].武汉:华中师范大学,2013.

[187] 朱亚丽."六度分离"假说的信息学意义[J].图书情报工作,2005(6):59-61.

[188] 张立肖.基于社会网络分析的电信市场网络复杂性分析及客户细分研究[D].天津:河北工业大学,2013.

[189] 吴鹏.基于本体论的社会关系网络信息可视化研究[D].长沙:国防科学技术大学,2011.

[190] 袁园,孙霄凌,朱庆华.微博用户关注兴趣的社会网络分析[J].现代图书情报技术,2012(2):68-75.

[191] 任嵘嵘,郑念,邢钢.科普与科技进步关联性研究[J].科研管理,2013(34):290-295.

[192] ROY R,WALTER Z.Reindusdalization and technology[M].London:Logman Group Limited,1985:83-104.

[193] 邱均平,王曰芬.文献计量内容分析法[M].北京:国家图书馆出版社,2009:47-48.

[194] 王霞,郭兵,苏林.基于内容分析法的上海市科技政策演进分析[J].科技进步与对策,2012(23):104-107.

[195] 李燕萍,吴绍棠,郜斐.改革开放以来我国科研经费管理政策的变迁、评介与走向:基于政策文本的内容分析[J].科学学研究,2009(10):1441-1447.

[196] 刘春华,李祥飞,张再生.基于政策工具视角下的中国体育政策分析[J].体育科学,2012(12):3-8.

[197] 王念祖.2009—2013年两岸图书馆学热点对比研究[J].图书情报知识,2014(4):25.

[198] 樊霞,吴进,任畅翔.基于共词分析的我国产学研研究的发展态势[J].科研管理,2013(9):11-18.

[199] 王佑镁,陈慧斌.近十年我国电子书包研究热点与发展趋势:基于共词矩阵的知识图谱分析[J].中国电化教育,2014(5):4-10.

[200] 罗润东,徐丹丹.我国政治经济学研究领域前沿动态追踪:对2000年以来CNKI数据库的文献计量分析[J].经济学动态,2015(1):86-95.

[201] 顾洪涛.我国高校图书馆研究热点探析[D].大连:辽宁师范大学,2014.

[202] 罗敏,朱雪忠.基于共词分析的我国低碳政策构成研究[J].管理学报,2014(11):1681-1685.

[203] 苏敬勤.基于共词分析的我国技术创新政策结构关系研究[J].科技进步与对策,2013(9):110-115.

[204] 王满船.公共政策手段的类型及其比较分析[J].国家行政学院学报,2004(5):34-37.

附　录

附表　我国科普政策目录（1994—2023 年）

序号	政策名称	发文部门	发布时间	发文号
1	关于公布健康知识普及行动—2023 年新时代健康科普作品征集大赛优秀及入围作品名单的通知	国家卫生健康委员会、科学技术部、国家中医药管理局、国家疾病预防控制局、中国科学技术协会	2023.12.27	国卫办宣传函〔2023〕484 号
2	中国科协办公厅关于对 2023 年全国科普日有关组织单位和活动予以表扬的通知	中国科学技术协会	2023.12.27	科协办函普字〔2023〕102 号
3	关于公布 2023 年国家自然资源科普基地名单的通知	自然资源部、科学技术部	2023.12.26	自然资发〔2023〕265 号
4	关于公布第十届全国科普讲解大赛获奖名单的通知	科学技术部	2023.12.18	国科办才〔2023〕569 号
5	关于公布 2023 年自然资源部科普基地名单的通知	自然资源部	2023.12.05	自然资办函〔2023〕2397 号
6	关于举办第十届全国青年科普创新实验暨作品大赛的通知	中国科学技术协会	2023.11.21	科协办函普字〔2023〕90 号
7	中国科协科普部关于组织实施 2024 年度科技馆免费开放专题研究项目申报评审的通知	中国科学技术协会	2023.11.20	N/A

附表（续）

序号	政策名称	发文部门	发布时间	发文号
8	关于开展 2023 年全国学会科普工作考核的通知	中国科学技术协会	2023.11.16	科协普函综字〔2023〕60 号
9	关于组织实施"与自然同行，护万物共生"即时展览项目申报评审的通知	中国科学技术协会	2023.11.07	N/A
10	关于评选表彰全国科普工作先进集体和先进工作者的通知	科学技术部、中共中央宣传部、中国科学技术协会	2023.11.02	国科发才〔2023〕202 号
11	关于组织实施 2024 年科普中国高校行项目申报评审的通知	中国科学技术协会	2023.11.01	科协普函信字〔2023〕54 号
12	关于公布 2023 年广播电视和网络视听科普讲解大赛评选结果的通知	国家广播电视总局	2023.10.31	广电办发〔2023〕328 号
13	关于公布 2023 年广播电视和网络视听科普微视频大赛评选结果的通知	国家广播电视总局	2023.10.31	广电办发〔2023〕327 号
14	关于公布 2023 年住房城乡建设科普系列比赛获奖名单的通知	住房和城乡建设部	2023.10.27	建办标函〔2023〕294 号
15	关于印发《防震减灾科普示范学校认定管理办法》的通知	中国地震局（原国家地震局）	2023.10.23	N/A
16	关于开展 2023 年度中国流动科技馆项目考核申报的通知	中国科学技术协会	2023.10.08	N/A
17	关于举办第十一届中国（芜湖）科普产品博览交易会的通知	中国科学技术协会	2023.09.28	科协办函普字〔2023〕77 号

附表（续）

序号	政策名称	发文部门	发布时间	发文号
18	中国科协科普部关于举办第十一届科博会新时代科普产业发展论坛的通知	中国科学技术协会	2023.09.25	N/A
19	关于申报 2023 年社区科普有关项目的通知	中国科学技术协会	2023.09.14	N/A
20	关于组织开展 2023 年全国科普日节水科普知识答题活动的通知	水利部长江水利委员会	2023.09.13	N/A
21	关于公布第九届全国青年科普创新实验暨作品大赛全国总决赛获奖名单的通知	中国科学技术协会	2023.09.02	科协办函普字〔2023〕72 号
22	关于开展 2023 年住房城乡建设科普系列比赛的通知	住房和城乡建设部	2023.09.01	建办标函〔2023〕244 号
23	关于组织推荐 2023 年全国优秀体育科普微视频的通知	国家体育总局	2023.08.29	N/A
24	关于组织实施 2023 年度推动实施全民科学素质行动第二批项目申报评审的通知	中国科学技术协会	2023.08.28	N/A
25	关于举办 2023 年广播电视和网络视听科普微视频大赛的通知	国家广播电视总局	2023.08.05	广电办发〔2023〕215 号
26	关于举办 2023 年全国科普微视频大赛的通知	科学技术部、中国科学院	2023.08.02	国科办才〔2023〕71 号
27	关于开展中国农民丰收节"种质资源科普开放日"活动的通知	农业农村部	2023.08.02	农种畜函〔2023〕15 号
28	关于公布第二届全国体育科普讲解大赛获奖名单的通知	国家体育总局	2023.08.02	N/A
29	关于开展"典赞·2023 科普中国"活动的通知	中国科学技术协会	2023.08.02	科协办发普字〔2023〕13 号

附表（续）

序号	政策名称	发文部门	发布时间	发文号
30	开展儿童保健与婴幼儿养育照护科普作品征集评选活动的通知	国家卫生健康委员会	2023.07.28	国卫办妇幼函〔2023〕298号
31	关于公布第八批国家生态环境科普基地名单的通知	生态环境部、科学技术部	2023.07.27	环科财〔2023〕44号
32	关于举办第十届全国科普讲解大赛的通知	科学技术部	2023.07.26	国科办函才〔2023〕338号
33	关于公布2023年全国气象科普讲解大赛获奖名单的通知	中国气象局	2023.07.25	中气办函〔2023〕95号
34	关于举办2023年全国科普日活动的通知	中国科学技术协会、中共中央宣传部、中央网络安全和信息化委员会办公室、教育部、科学技术部、国家原子能机构、自然资源部、生态环境部、水利部、农业农村部、国家卫生健康委员会、应急管理部、国务院国有资产监督管理委员会、中国科学院、中国工程院、国家林业和草原局、中华全国总工会、共青团中央、全国妇女联合会、中国作家协会、中华全国工商业联合会	2023.07.24	科协发普字〔2023〕34号

附表（续）

序号	政策名称	发文部门	发布时间	发文号
35	关于开展 2023 年全国优秀科普作品推荐工作的通知	科学技术部	2023.07.20	国科办才〔2023〕72 号
36	关于举办 2023 年广播电视和网络视听科普讲解大赛的通知	国家广播电视总局	2023.07.14	国家广播电视总局
37	关于公布 2023 年自然资源科普讲解大赛、科普微视频大赛和优秀科普图书获奖名单的公告	自然资源部	2023.07.11	N/A
38	关于公布 2023 年交通运输科普讲解大赛获奖名单的通知	交通运输部	2023.07.05	交办科技函〔2023〕943 号
39	关于组织 2023 年"气象防灾减灾宣传志愿者中国行"大型科普活动的通知	中国气象局	2023.07.04	中气办函〔2023〕80 号
40	关于组织实施 2023 年度推动实施全民科学素质行动第一批项目申报评审的通知	中国科学技术协会	2023.06.27	中国科学技术协会
41	关于认定检科院等 4 家机构为科普基地的通知	国家市场监督管理总局	2023.06.19	市监科财函〔2023〕200 号
42	开展 2023 年科普中国两翼管理员及信息员交流活动的通知	中国科学技术协会	2023.06.12	N/A
43	关于举办 2023 年全国气象科普讲解大赛决赛的通知	中国气象局	2023.06.11	N/A
44	关于举办第二届全国体育科普讲解大赛的通知	国家体育总局	2023.06.06	体科字〔2023〕80 号
45	关于印发《关于进一步加强中医药科普工作的实施方案》的通知	国家中医药管理局	2023.05.23	国中医药综发〔2023〕5 号

附表（续）

序号	政策名称	发文部门	发布时间	发文号
46	关于继续开展 2023 年"我和妈妈学科学"活动的通知	中国科学技术协会、全国妇女联合会	2023.05.23	科协普函基字〔2023〕25 号
47	关于在 2023 年全国科技活动周期间开展住房和城乡建设科普系列活动的通知	住房和城乡建设部	2023.05.18	建办标函〔2023〕130 号
48	关于在 2023 年全国科技活动周开展生态环境科普系列活动的通知	生态环境部	2023.05.09	环办科财函〔2023〕159 号
49	关于公布 2023 年度科普标准化项目评审结果的通知	中国科学技术协会	2023.05.09	N/A
50	关于举办健康知识普及行动——2023 年新时代健康科普作品征集大赛的通知	国家卫生健康委员会、科学技术部、国家中医药管理局、国家疾病预防控制局、中国科学技术协会	2023.05.08	国卫办宣传函〔2023〕162 号
51	关于印发《2023 年度科普中国选题指南》的通知	中国科学技术协会、中国科学院	2023.05.05	科协办函普字〔2023〕38 号
52	关于组织开展 2023 年度国家自然资源科普基地推荐工作的通知	自然资源部、科学技术部	2023.04.28	自然资办函〔2023〕816 号
53	关于组织开展 2023 年"千乡万村气象科普行"活动的通知	中国气象局	2023.04.27	气办发〔2023〕23 号
54	关于申报基层科普工作机制模式研究项目的通知	中国科学技术协会	2023.04.24	N/A

附表（续）

序号	政策名称	发文部门	发布时间	发文号
55	关于开展"优秀科普期刊"和"期刊优秀科普专栏"申报工作的通知	国家新闻出版署	2023.04.23	国新出发电〔2023〕18号
56	关于延长2023年科普中国平台建设工程第一批项目申报期限的通知	中国科学技术协会	2023.04.21	N/A
57	关于公布科协系统科普新媒体传播榜评价指标的通知	中国科学技术协会	2023.04.17	科协普函信字〔2023〕24号
58	关于举办2023年全国气象科普讲解大赛的通知	中国气象局	2023.04.14	中气办函〔2023〕46号
59	关于开展2023年度自然科学研究系列科普专业职称评审工作的通知	中国科学技术协会	2023.04.13	N/A
60	关于延长科普中国省级融媒发展项目申报期限的通知	中国科学技术协会	2023.04.04	N/A
61	关于开展2023年自然资源科普有关活动的通知	自然资源部	2023.03.23	自然资办函〔2023〕543号
62	关于公布2022年全国优秀科普作品名单的通知	科学技术部	2023.03.13	国科发才〔2023〕37号
63	关于开展2022年度全国科普统计调查工作的通知	科学技术部	2023.03.13	国科发才〔2023〕36号
64	关于开展2023年"奋进科普新征程"全国科技馆联合行动的通知	中国科学技术协会	2023.03.10	科协普函础字〔2023〕6号
65	关于开展2023年科普中国网络创作培育计划申报工作的通知	中国科学技术协会	2023.03.10	科协办函普字〔2023〕25号
66	关于举办2023年交通运输科普讲解大赛暨全国科普讲解大赛预选赛的通知	交通运输部	2023.03.02	交办科技函〔2023〕270号

附表（续）

序号	政策名称	发文部门	发布时间	发文号
67	关于公布 2022 年科普中国信息员典型代表的通知	中国科学技术协会	2023.02.14	科协普函信字〔2023〕2 号
68	关于组织开展 2023 年度科普标准化项目申报的通知	中国科学技术协会	2023.01.29	科协普函础字〔2023〕1 号
69	关于命名 2021—2025 年度第二批全国科普示范县（市、区）的决定	中国科学技术协会	2023.01.19	科协发普字〔2023〕2 号
70	关于公布首批国家体育科普基地名单的通知	国家体育总局、科学技术部	2023.01.06	体科字〔2023〕7 号
71	关于公布 2022 年度全国气象科普教育基地工作考核结果的通知	中国气象局	2023.01.03	中气函〔2023〕1 号
72	关于开展 2023 中国健康科普大赛活动的通知	中国疾病预防控制中心	2023	N/A
73	关于公布 2022 年度全国学会科普工作优秀单位的通知	中国科学技术协会	2022.12.28	科协普函综字〔2022〕50 号
74	关于公布 2022 年度国家防震减灾科普教育基地和科普示范学校认定评估结果的通知	中国地震局（原国家地震局）中震函	2022.12.26	〔2022〕144 号
75	关于公布健康知识普及行动——2022 年新时代健康科普作品征集大赛优秀及入围作品名单的通知	国家卫生健康委员会、科学技术部、国家中医药管理局、国家疾病预防控制局、中国科学技术协会	2022.12.23	国卫办宣传函〔2022〕447 号
76	关于对 2022 年全国科普日有关组织单位和活动予以表扬的通知	中国科学技术协会	2022.12.22	科协办函普字〔2022〕139 号

附表（续）

序号	政策名称	发文部门	发布时间	发文号
77	关于命名 2021—2025 年第一批补充认定的全国科普教育基地的决定	中国科学技术协会	2022.11.29	科协发普字〔2022〕54 号
78	关于新时代加强社区科普工作的意见	中国科学技术协会 民政部	2022.11.24	科协发普字〔2022〕52 号
79	关于举办第九届全国科普讲解大赛的通知	科学技术部	2022.11.16	国科办才〔2022〕160 号
80	关于组织实施 2022 年度推动实施全民科学素质行动第三批项目申报评审的通知	中国科学技术协会	2022.11.16	科协普函综字〔2022〕47 号
81	关于开展 2022 年全国学会科普工作考核的通知	中国科学技术协会	2022.11.11	科协普函综字〔2022〕43 号
82	"银龄跨越数字鸿沟"科普专项行动方案（2022—2025 年）	中国科学技术协会、中国银行	2022.11.11	科协发普字〔2022〕50 号
83	关于公布 2021 年全国科普讲解大赛获奖名单的通知	科学技术部	2022.11.08	国科办才〔2022〕156 号
84	关于举办第九届全国青年科普创新实验暨作品大赛的通知	中国科学技术协会	2022.11.02	科协办函普字〔2022〕117 号
85	关于公布中国科协 2022 年度研究生科普能力提升项目资助名单的通知	中国科学技术协会	2022.10.28	科协普函信字〔2022〕41 号
86	关于公布第一批全国计量文化和科普资源创新基地的通知	国家市场监督管理总局	2022.10.19	N/A
87	关于开展全国科普示范县和全国科普教育基地典型宣传试点项目的通知	中国科学技术协会	2022.10.13	N/A

附表（续）

序号	政策名称	发文部门	发布时间	发文号
88	关于公布2022年全国气象科普讲解大赛获奖名单的通知	中国气象局	2022.10.08	气办函〔2022〕232号
89	关于2022年度科普服务乡村振兴行动第二批项目申报延期的通知	中国科学技术协会	2022.09.15	N/A
90	关于组织开展2022年全国科普日节水科普知识答题活动的通知	水利部长江水利委员会	2022.09.08	N/A
91	关于组织实施2022年度科普服务乡村振兴行动第二批项目申报评审的通知	中国科学技术协会	2022.09.07	N/A
92	关于公布第二批国家交通运输科普基地名单的通知	交通运输部、科学技术部	2022.08.23	交科技函〔2022〕423号
93	关于征集"典赞·2022科普中国"活动参评人物和作品的通知	国家文物局	2022.08.18	办科函〔2022〕698号
94	关于公布2022年度科普标准化项目（第二批）申报评审结果的通知	中国科学技术协会	2022.08.15	N/A
95	关于延长文明实践科技志愿服务"智惠行动"系列项目部分项目申报期限的通知	中国科学技术协会	2022.08.09	N/A
96	关于公布2022年度推动实施全民科学素质行动第二批项目申报评审结果的通知	中国科学技术协会	2022.08.08	N/A
97	关于补办2021年全国科普讲解大赛决赛有关事宜的通知	中国科学技术协会	2022.08.02	国科才函〔2022〕109号
98	关于以线上形式开展第四届全国科学实验展演汇演活动的通知	科学技术部	2022.07.29	国科才函〔2022〕106号

附表（续）

序号	政策名称	发文部门	发布时间	发文号
99	关于举办第八届全国青年科普创新实验暨作品大赛全国总决赛的通知	中国科学技术协会	2022.07.27	科协办函普字〔2022〕74 号
100	关于推进科普中国供给侧改革有关工作的通知	中国科学技术协会	2022.07.26	科协办发普字〔2022〕24 号
101	关于延长 2022 年度推动实施全民科学素质行动第二批部分项目申报期限的通知	中国科学技术协会	2022.07.25	N/A
102	关于延长 2022 年度科普标准化项目（第二批）申报期限的通知	中国科学技术协会	2022.07.22	N/A
103	关于举办 2022 年全国科普日活动的通知	中国科学技术协会、中共中央宣传部、中央网络安全和信息化委员会办公室、教育部、科学技术部、国家原子能机构、自然资源部、生态环境部、水利部、农业农村部、国家卫生健康委员会、应急管理部、国务院国有资产监督管理委员会、中国科学院、中国工程院、国家林业和草原局、中华全国工商业联合会、中国作家协会	2022.07.18	科协发普字〔2022〕29 号

附表（续）

序号	政策名称	发文部门	发布时间	发文号
104	关于组织实施 2022 年度推动实施全民科学素质行动第二批项目申报评审的通知	中国科学技术协会	2022.07.18	N/A
105	关于举办 2022 年全国科普微视频大赛的通知	科学技术部、中国科学院	2022.07.14	国科办才〔2022〕105号
106	关于开展"典赞·2022 科普中国"活动的通知	中国科学技术协会	2022.07.14	科协办发普字〔2022〕21号
107	关于文明实践科技志愿服务"智惠行动"系列项目申报的通知	中国科学技术协会、中共中央宣传部	2022.07.13	科协普函基字〔2022〕31号
108	关于公布 2022 年交通运输科普讲解大赛获奖名单的通知	交通运输部	2022.07.12	交办科技函〔2022〕1076号
109	关于组织开展 2022 年度科普标准化项目（第二批）申报的通知	中国科学技术协会	2022.07.04	N/A
110	关于申报推动实施全民科学素质行动项目监理咨询服务项目的延期通知	中国科学技术协会	2022.07.01	N/A
111	关于开展 2022 年全国优秀科普作品推荐工作的通知	科学技术部	2022.06.29	国科办才〔2022〕100号
112	关于申报 2022 年科普人员培训项目的延期通知	中国科学技术协会	2022.06.29	N/A
113	关于组织实施 2022 年度推动实施全民科学素质行动项目——学会科普能力提升项目申报评审的通知	中国科学技术协会	2022.06.28	N/A
114	关于组织实施推动实施全民科学素质行动项目监理咨询服务项目申报评审的通知	中国科学技术协会	2022.06.24	N/A

附表（续）

序号	政策名称	发文部门	发布时间	发文号
115	关于公开申报 2022 年科普人员培训项目的通知	中国科学技术协会	2022.06.13	科协普函信字〔2022〕26 号
116	关于公布 2021 年度自然资源科普微视频大赛获奖作品的通知	自然资源部	2022.06.02	自然资办函〔2022〕976 号
117	关于申报中国科协 2022 年度研究生科普能力提升项目的通知	中国科学技术协会	2022.05.31	科协普函信字〔2022〕24 号
118	关于公布 2022 年度推动实施全民科学素质行动第一批项目承担单位的通知	中国科学技术协会	2022.05.31	N/A
119	关于组织实施 2022 年度科普服务乡村振兴行动第一批项目申报评审的通知	中国科学技术协会	2022.05.25	N/A
120	关于开展 2022 年科普服务高素质农民培育行动的通知	农业农村部、中国科学技术协会	农办科〔2022〕18 号	农办科〔2022〕18 号
121	关于公布首批全国优秀体育科普作品名单的通知	国家体育总局、科学技术部	2022.05.12	体科字〔2022〕92 号
122	关于在 2022 年全国科技活动周开展生态环境科普系列活动的通知	生态环境部	2022.04.28	环办科财函〔2022〕177 号
123	关于组织实施 2022 年度推动实施全民科学素质行动第一批项目申报评审的通知	中国科学技术协会	2022.04.27	科协普函综字〔2022〕16 号
124	关于 2022 年度科普大篷车配发和运行工作的通知	中国科学技术协会	2022.04.02	科协办发普字〔2022〕11 号
125	关于命名 2021—2025 年第一批全国科普教育基地的决定	中国科学技术协会	2022.03.30	科协发普字〔2022〕12 号

附表（续）

序号	政策名称	发文部门	发布时间	发文号
126	关于召开 2022 年中国科协科普工作会议的通知	中国科学技术协会	2022.03.25	科协办函普字〔2022〕45 号
127	关于开展 2022 年科普中国创作出版扶持计划申报工作的通知	中国科学技术协会	2022.03.24	科协办函普字〔2022〕43 号
128	2022 年度科普中国选题指南	中国科学技术协会、中国科学院	2022.03.22	科协办函普字〔2022〕42 号
129	关于组织实施科普中国平台建设工程部分项目申报评审的通知	中国科学技术协会	2022.03.14	科协普函信字〔2022〕12 号
130	关于征集 2022 年"中国航天日"宣传海报及科普视频的通知	国家航天局	2022.03.07	N/A
131	关于发布"十四五"期间免税进口科普用品清单（第一批）的通知	科学技术部、工业和信息化部、财政部、海关总署、国家税务总局	2022.03.04	国科发才〔2022〕26 号
132	关于建立健全全媒体健康科普知识发布和传播机制的指导意见	国家卫生健康委员会、中共中央宣传部、中央网络安全和信息化委员会办公室、科学技术部、工业和信息化部、国家广播电视总局、国家中医药管理局、中国科学技术协会、健康中国行动推进委员会	2022.03.02	国卫宣传发〔2022〕11 号

附表（续）

序号	政策名称	发文部门	发布时间	发文号
133	关于组织开展 2022 年度科普标准化项目申报的通知	中国科学技术协会	2022.02.28	科协普函础字〔2022〕10 号
134	关于公布 2021 年科普中国信息员典型代表的通知	中国科学技术协会	2022.02.25	科协普函信字〔2022〕9 号
135	关于组织实施科普中国融媒发展省级试点项目申报评审的通知	中国科学技术协会	2022.02.25	科协普函信字〔2022〕8 号
136	中国科协 2022 年科普工作要点	中国科学技术协会	2022.02.25	科协办函普字〔2022〕31 号
137	关于对 2021 年科普中国信息员队伍建设优秀组织单位予以表扬的通知	中国科学技术协会	2022.02.24	科协办函普字〔2022〕30 号
138	关于开展 2021 年度全国科普统计调查工作的通知	科学技术部	2022.02.15	国科发才〔2022〕27 号
139	关于开展首批国家体育科普基地申报与评审工作的通知	国家体育总局、科学技术部	2022.02.07	体科字〔2022〕29 号
140	关于开展 2022 年度国家交通运输科普基地申报工作的通知	交通运输部、科学技术部	2022.02.07	交办科技函〔2022〕211 号
141	关于公布 2020 年度全国优秀科普作品名单的通知	科学技术部	2022.01.28	国科发才〔2022〕19 号
142	关于开展第八批国家生态环境科普基地申报工作的通知	生态环境部、科学技术部	2022.01.27	环办科财函〔2022〕38 号
143	关于增报 2021—2025 年度第二批全国科普示范县（市、区）创建单位有关事项的通知	中国科学技术协会	2022.01.25	科协普函基字〔2022〕3 号
144	关于举办 2022 年交通运输科普讲解大赛暨全国科普讲解大赛预选赛的通知	交通运输部	2022.01.20	交办科技函〔2022〕106 号

附表（续）

序号	政策名称	发文部门	发布时间	发文号
145	关于公布 2020 年度全国优秀科普微视频作品名单的通知	科学技术部、中国科学院	2022.01.11	国科办才〔2022〕3号
146	关于进一步加强计量文化建设和科普宣传工作的指导意见	国家市场监督管理总局	2022	N/A
147	关于取消部分国家防震减灾科普教育基地命名的通知	中国地震局（原国家地震局）	2021.12.16	N/A
148	关于公布 2021 年全国农民科学素质网络知识竞赛结果的通知	中国科学技术协会、农业农村部	2021.12.29	科协普函基字〔2021〕63号
149	关于公布 2021 年度全国学会科普工作优秀单位名单的通知	中国科学技术协会	2021.12.28	科协普函纲字〔2021〕62号
150	中国科协关于新时代加强学会科普工作的意见	中国科学技术协会	2021.12.24	科协发普字〔2021〕61号
151	国家自然资源科普基地管理办法（试行）	自然资源部、科学技术部	2021.12.23	自然资发〔2021〕179号
152	"十四五"防震减灾科普规划	中国地震局（原国家地震局）等	2021.12.22	N/A
153	关于举办第八届全国青年科普创新实验暨作品大赛的通知	中国科学技术协会	2021.12.20	科协办函普字〔2021〕243号
154	中国科协科普标准化项目编制实施办法（试行）	中国科学技术协会	2021.12.16	科协办函普字〔2021〕240号
155	关于公布健康知识普及行动——2021 年新时代健康科普作品征集大赛优秀及入围作品名单的通知	国家卫生健康委员会、中共中央宣传部、科学技术部、中国科学技术协会	2021.12.15	国卫办宣传函〔2021〕608号

附表（续）

序号	政策名称	发文部门	发布时间	发文号
156	关于做好 2020 年度全国优秀体育科普作品评选工作的通知	国家体育总局、科学技术部	2021. 12. 08	体科字〔2021〕234号
157	"十四五"生态环境科普工作实施方案	生态环境部	2021. 12. 07	环办科财〔2021〕23号
158	关于延长科普信息化建设工程部分项目申报期限的通知	中国科学技术协会	2021. 11. 30	N/A
159	关于利用科普资源助推"双减"工作的通知	教育部、中国科学技术协会	2021. 11. 25	教基厅函〔2021〕45号
160	中国科协科普发展规划（2021—2025 年）	中国科学技术协会	2021. 11. 17	科协发普字〔2021〕52号
161	关于公布国家体育总局 2021 年度第一批体育科普项目立项名单的通知	国家体育总局	2021. 11. 16	体科字〔2021〕215号
162	关于延长 2021 年度推动实施全民科学素质行动第四批子项目申报期限的通知	中国科学技术协会	2021. 11. 11	N/A
163	关于公布 2021 年自然资源科普讲解大赛获奖名单的公告	自然资源部	2021. 11. 05	自然资源部公告 2021 年第 67 号
164	关于 2021 年全民科学素质工作视频会议的补充通知	中国科学技术协会	2021. 10. 25	科协普函纲字〔2021〕47号
165	关于举办科普产业发展高峰论坛的通知	中国科学技术协会	2021. 10. 12	科协普函础字〔2021〕44号
166	关于开展 2021 年度科普事件和科学辟谣榜补充征集的通知	中国科学技术协会	2021. 10. 12	科协普函信字〔2021〕45号
167	关于"科普中国"2020 全国林业和草原科普微视频创新创业大赛评选结果的通报	中国林学会	2021. 10. 12	N/A

附表（续）

序号	政策名称	发文部门	发布时间	发文号
168	关于开展 2021—2025 年度全国科普教育基地创建工作的通知	中国科学技术协会	2021.10.11	N/A
169	关于公布 2021 年度全国科普服务标准化技术委员会项目评审结果的通知	中国科学技术协会	2021.10.11	N/A
170	关于开展首批国家林草科普基地申报认定工作的通知	国家林业和草原局、科学技术部	2021.10.09	办科字〔2021〕79 号
171	关于延长 2021 年度全国科普服务标准化技术委员会项目申报（第二批）期限的通知	中国科学技术协会	2021.10.09	N/A
172	国家体育科普基地管理办法	国家体育总局、科学技术部	2021.09.29	N/A
173	关于申报 2021 年度科普信息化建设工程部分项目的延期通知	中国科学技术协会	2021.09.24	N/A
174	关于组织实施科普信息化建设工程部分项目申报评审的通知	中国科学技术协会	2021.09.16	科协普函信字〔2021〕37 号
175	国家体育总局体育科普项目管理办法	国家体育总局	2021.09.10	体科字〔2021〕180 号
176	关于公开申报 2021 年中西部基层科普人员培训和管理服务项目的通知	中国科学技术协会	2021.09.09	科协普函信字〔2021〕36 号
177	关于组织实施 2021 年度推动实施全民科学素质行动第三批项目申报评审的通知	中国科学技术协会	2021.09.09	N/A
178	关于延长"智惠行动百会百县乡村行"系列科技志愿服务活动项目申报期限的通知	中国科学技术协会	2021.09.07	N/A

附表（续）

序号	政策名称	发文部门	发布时间	发文号
179	关于组织开展 2021 年全国科普日节水科普知识答题活动的通知	水利部长江水利委员会	2021.09.02	N/A
180	关于命名 2021—2025 年度第一批全国科普示范县（市、区）的决定	中国科学技术协会	2021.09.01	科协发普字〔2021〕31 号
181	关于推荐 2021—2025 年度第二批全国科普示范县（市、区）创建单位有关事项的通知	中国科学技术协会	2021.08.31	科协普函基字〔2021〕31 号
182	关于延长 2021 年度推动实施全民科学素质行动第二批部分项目申报期限的通知	中国科学技术协会	2021.08.31	N/A
183	关于组织开展 2021 年度全国科普服务标准化技术委员会项目申报（第二批）的通知	中国科学技术协会	2021.08.25	科协普函础字〔2021〕30 号
184	关于"智惠行动百会百县乡村行"系列科技志愿服务活动项目申报的通知	中国科学技术协会	2021.08.23	科协普函基字〔2021〕29 号
185	组织实施 2021 年度推动实施全民科学素质行动第二批项目申报评审的通知	中国科学技术协会	2021.08.18	N/A
186	关于延长全国科普服务标准化技术委员会 2021 年度项目申报期限的通知	中国科学技术协会	2021.08.17	N/A
187	关于将国家国土资源科普基地更名为国家自然资源科普基地的通知	自然资源部、科学技术部	2021.08.16	自然资发〔2021〕105 号

附表（续）

序号	政策名称	发文部门	发布时间	发文号
188	关于举办 2021 年全国科普日活动的通知	中国科学技术协会、中共中央宣传部、教育部、科学技术部、国家原子能机构、自然资源部、生态环境部、水利部、农业农村部、国家卫生健康委员会、应急管理部、中国科学院、中国工程院	2021.08.16	科协发普字〔2021〕28 号
189	关于请推荐文物系统 2021 年优秀科普人物和作品的通知	国家文物局	2021.08.13	办博函〔2021〕819 号
190	关于举办 2021 年交通运输科普讲解大赛暨全国科普讲解大赛预选赛的通知	交通运输部交	2021.07.29	办科技函〔2021〕1219 号
191	科普中国内容数据技术要求（试行）	中国科学技术协会	2021.07.29	科协普函信字〔2021〕26 号
192	关于举办 2021 年全国体育科普讲解比赛的通知	国家体育总局	2021.07.26	体科字〔2021〕141 号
193	关于开展国家生态环境科普基地综合评估工作的通知	生态环境部、科学技术部	2021.07.14	环办科财函〔2021〕316 号
194	关于举办 2021 年全国气象科普讲解大赛的通知	中国气象局	2021.07.14	气办函〔2021〕114 号
195	关于开展科技志愿服务深入推进"我为群众办实事"实践活动的通知	中国科学技术协会	2021.07.09	科协普函基字〔2021〕23 号
196	关于开展"典赞·2021 科普中国"活动的通知	中国科学技术协会	2021.07.08	科协办发普字〔2021〕18 号

附表（续）

序号	政策名称	发文部门	发布时间	发文号
197	关于组织开展 2021 年全国科普服务标准化技术委员会项目申报的通知	中国科学技术协会	2021.07.01	科协普函传字〔2021〕21 号
198	关于申报 2021 年度科普信息化建设工程有关项目的延期通知	中国科学技术协会	2021.07.01	N/A
199	关于征集 2020 年度文物科普微视频的通知	国家文物局	2021.06.30	N/A
200	关于举办 2021 年全国科普讲解大赛的通知	科学技术部	2021.06.28	国科办函才〔2021〕361 号
201	关于发布 2021 年度第一批体育科普项目指南的通知	国家体育总局	2021.06.25	体科字〔2021〕116 号
202	国家林草科普基地管理办法	国家林业和草原局、科学技术部	2021.06.21	林科规〔2021〕2 号
203	关于组织服务基层科普工作体系建设项目申报评审的通知	中国科学技术协会	2021.06.18	科协普函基字〔2021〕19 号
204	关于举办 2020 年度全国科普微视频大赛的通知	科学技术部、中国科学院	2021.06.10	国科办才〔2021〕67 号
205	于组织实施 2021 年度科普信息化建设工程有关项目申报评审的通知	中国科学技术协会	2021.06.10	科协普函信字〔2021〕18 号
206	关于组织实施 2021 年度推动实施全民科学素质行动第一批项目申报评审的通知	中国科学技术协会	2021.06.08	科协普函综字〔2021〕15 号
207	关于执行"十四五"期间支持科普事业发展进口税收政策有关问题的通知	海关总署	2021.06.04	税管函〔2021〕54 号

附表（续）

序号	政策名称	发文部门	发布时间	发文号
208	全民科学素质行动规划纲要（2021-2035年）	国务院	2021.06.03	国发〔2021〕9号
209	关于开展中国核工业科普宣传视频征集制作工作的通知	国家原子能机构	2021.06.01	N/A
210	关于组织2021年"气象防灾减灾宣传志愿者中国行"大型科普活动的通知	中国气象局	2021.05.31	气办函〔2021〕91号
211	关于聘任首批林草科普专家的通知	国家林业和草原局林科	2021.05.21	发〔2021〕43号
212	关于推荐2020年全国优秀科普作品的通知	国家文物局	2021.05.21	办博函〔2021〕484号
213	关于申报科技志愿服务和全国科普示范县（市、区）相关研究课题的通知	中国科学技术协会	2021.05.21	N/A
214	2021年度科普中国创作指南	中国科学技术协会	2021.05.18	科协办函普字〔2021〕86号
215	关于组织开展2020年度水利科普统计调查工作的通知	水利部	2021.05.10	办国科函〔2021〕375号
216	关于延长"推动实施全民科学素质行动"项目监理咨询服务项目申报期限的通知	中国科学技术协会	2021.05.10	N/A
217	关于公布首批国家交通运输科普基地名单的通知	交通运输部、科学技术部	2021.04.30	交科技函〔2021〕197号
218	关于加强水利科普工作的指导意见	水利部、共青团中央、中国科学技术协会	2021.04.25	水国科〔2021〕128号
219	关于推荐2020年全国优秀科普作品的通知	科学技术部	2021.04.25	国科办才〔2021〕58号

附表（续）

序号	政策名称	发文部门	发布时间	发文号
220	关于 2021 年度"推动实施全民科学素质行动"项目监理咨询服务和科普部项目实施法律服务项目申报评审的通知	中国科学技术协会	2021.04.22	科协普函综字〔2021〕11 号
221	关于开展 2020 年度全国科普统计调查工作的通知	科学技术部	2021.04.20	国科发才〔2021〕114 号
222	关于开展 2021—2025 年度第一批全国科普示范县（市、区）认定工作有关事项的通知	中国科学技术协会	2021.04.16	科协普函基字〔2021〕10 号
223	关于"十四五"期间支持科普事业发展进口税收政策管理办法的通知	财政部、中共中央宣传部、科学技术部、工业和信息化部、海关总署、国家税务总局、国家广播电视总局	2021.04.09	财关税〔2021〕27 号
224	关于"十四五"期间支持科普事业发展进口税收政策的通知	财政部、海关总署、国家税务总局	2021.04.09	财关税〔2021〕26 号
225	中国科协 2021 年科普工作要点	中国科学技术协会	2021.04.08	科协办函普字〔2021〕47 号
226	关于做好新冠肺炎疫情防控常态化下应急科普工作的通知	中国科学技术协会	2021.02.07	科协办函普字〔2021〕24 号
227	关于对 2020 年科普中国信息员队伍建设优秀单位予以表扬的通知	中国科学技术协会	2021.02.01	科协办函普字〔2021〕17 号

附表（续）

序号	政策名称	发文部门	发布时间	发文号
228	关于公布 2020 年全国农民科学素质网络知识竞赛结果的通知	中国科学技术协会、农业农村部	2020.12.31	科协普函基字〔2020〕82 号
229	关于公布第七批国家生态环境科普基地名单的通知	生态环境部、科学技术部	2020.12.22	环科财〔2020〕75 号
230	关于公布 2020 年度全国学会科普工作考核结果的通知	中国科学技术协会	2020.12.18	科协普函联字〔2020〕81 号
231	关于对 2020 年全国科普日有关组织单位和活动予以表扬的通知	中国科学技术协会	2020.12.18	科协办函普字〔2020〕158 号
232	关于延长 2020 年度推动实施全民科学素质行动第十二批项目申报期限的通知	中国科学技术协会	2020.12.17	N/A
233	关于表彰全国科普工作先进集体和先进工作者的决定（2020）	科学技术部、中共中央宣传部、中国科学技术协会	2020.12.11	国科发智〔2020〕344 号
234	关于组织实施 2020 年度推动实施全民科学素质行动第十二批项目申报评审的通知	中国科学技术协会	2020.12.04	N/A
235	2021—2025 年度全国科普示范县（市、区）标准（2020 年修订）	中国科学技术协会	2020.12.04	N/A
236	关于组织实施 2020 年度推动实施全民科学素质行动第十一批项目申报评审的通知	中国科学技术协会	2020.11.25	科协普函传字〔2020〕76 号
237	关于延长 2020 年度推动实施全民科学素质行动第九批部分项目申报期限的通知	中国科学技术协会	2020.11.23	N/A

附表（续）

序号	政策名称	发文部门	发布时间	发文号
238	关于组织实施 2020 年度推动实施全民科学素质行动第十批项目申报评审的通知	中国科学技术协会	2020.11.20	N/A
239	2020 年度防震减灾科普社会化项目申报通知	中国地震局（原国家地震局）	2020.11.19	N/A
240	关于延长全国科普服务标准化技术委员会 2020 年度第二批项目申报期限的通知	中国科学技术协会	2020.11.16	N/A
241	关于公布 2020 年全国气象科普讲解大赛获奖名单的通知	中国气象局	2020.11.13	气办函〔2020〕197号
242	关于开展 2020 年全国学会科普工作考核的通知	中国科学技术协会	2020.11.11	科协普函联字〔2020〕72号
243	关于组织实施 2020 年度推动实施全民科学素质行动第九批项目申报评审的通知	中国科学技术协会	2020.11.10	科协普函传字〔2020〕71号
244	关于延长"全民的科学中心"全国科技馆联合行动承担单位项目申报期限的通知	中国科学技术协会	2020.11.10	N/A
245	关于延长 2020 世界公众科学素质促进组织筹备委员会工作会议会务保障服务项目申报期限的通知	中国科学技术协会	2020.11.09	N/A
246	关于延长 2020 年度科普信息化建设工程资源荟萃第二批项目申报期限的通知	中国科学技术协会	2020.11.09	N/A
247	关于举办 2020 年度全国体育科普作品征集大赛的通知	国家体育总局	2020.11.06	体科字〔2020〕165号
248	关于公开征集体育科普热点问题及意见建议的通知	国家体育总局	2020.11.06	体科字〔2020〕164号

附表（续）

序号	政策名称	发文部门	发布时间	发文号
249	关于开展"普惠共享你我同行——中国特色现代科技馆体系'科普之星'宣传推介活动"的通知	中国科学技术协会	2020.11.06	科协普函传字〔2020〕70号
250	关于延长2020年度科普信息化建设工程资源荟萃部分项目申报期限的通知	中国科学技术协会	2020.11.06	N/A
251	关于开展"大国学者&点亮科学好奇心"公益宣传活动的通知	中国科学技术协会	2020.11.03	科协普函信字〔2020〕65号
252	关于组织开展全国科普服务标准化技术委员会2020年度第二批项目申报的通知	中国科学技术协会	2020.11.03	科协普函传字〔2020〕69号
253	关于组织实施"全民的科学中心"全国科技馆联合行动承担单位申报评审项目的通知	中国科学技术协会	2020.11.03	科协普函传字〔2020〕67号
254	关于组织实施2020年度科普信息化建设工程资源荟萃部分项目申报评审的通知	中国科学技术协会	2020.10.27	科协普函信字〔2020〕63号
255	关于组织实施2020年世界公众科学素质促进行动第二批项目申报评审的通知	中国科学技术协会	2020.10.26	科协普函综字〔2020〕62号
256	关于举办2020年媒体从业者科普能力提升培训班的通知	中国科学技术协会	2020.10.26	科协普函传字〔2020〕61号
257	关于延长2020年度推动实施全民科学素质行动第八批项目申报期限的通知	中国科学技术协会	2020.10.21	N/A
258	关于开展"典赞·2020科普中国"宣传推选活动的通知	国家文物局	2020.10.14	N/A

附表（续）

序号	政策名称	发文部门	发布时间	发文号
259	关于组织实施 2020 年度推动实施全民科学素质行动第八批项目申报评审的通知	中国科学技术协会	2020.10.13	科协普函综字〔2020〕55 号
260	关于举办第七届全国青年科普创新实验暨作品大赛的通知	中国科学技术协会	2020.10.09	科协办函普字〔2020〕102 号
261	关于延长 2020 年度推动实施全民科学素质第七批项目申报期限的通知	中国科学技术协会	2020.10.09	N/A
262	关于延长 2020 年度科普人员培训项目申报期限的通知	中国科学技术协会	2020.09.29	N/A
263	关于组织实施 2020 年度推动实施全民科学素质行动第七批项目申报评审的通知	中国科学技术协会	2020.09.23	科协普函传字〔2020〕49 号
264	关于延长 2021 年度推动实施全民科学素质行动第三批部分项目申报期限的通知	中国科学技术协会	2020.09.23	N/A
265	关于进一步加强突发事件应急科普宣教工作的意见	中国科学技术协会、中共中央宣传部、科学技术部、国家卫生健康委员会、应急管理部	2020.09.18	科协发普字〔2020〕22 号
266	关于开展 2020 年水生野生动物保护科普宣传月活动的通知	农业农村部	2020.09.15	N/A
267	关于延长 2020 年度推动实施全民科学素质行动第六批项目申报期限的通知	中国科学技术协会	2020.09.15	N/A

附表（续）

序号	政策名称	发文部门	发布时间	发文号
268	关于公开申报 2020 年度科普人员培训项目的通知	中国科学技术协会	2020.09.11	科协普函传字〔2020〕47 号
269	关于组织实施 2020 年世界公众科学素质促进行动项目申报评审的通知	中国科学技术协会	2020.09.04	科协普函综字〔2020〕46 号
270	关于开展"典赞·2020 科普中国"宣传推选活动的通知	中国科学技术协会	2020.09.04	科协办发普字〔2020〕20 号
271	关于组织实施 2020 年度推动实施全民科学素质行动第六批项目申报评审的通知	中国科学技术协会	2020.09.03	科协普函综字〔2020〕45 号
272	"智惠行动"项目实施管理细则（暂行）	中国科学技术协会	2020.08.27	科协普函基字〔2020〕44 号
273	关于延长 2020 年度推动实施全民科学素质行动第五批项目申报期限的通知	中国科学技术协会	2020.08.21	N/A
274	关于开展 2020 年度国家交通运输科普基地申报工作的通知	交通运输部、科学技术部	2020.08.18	交办科技函〔2020〕1375 号
275	关于组织实施 2020 年度推动实施全民科学素质行动第五批项目申报评审的通知	中国科学技术协会	2020.08.12	科协普函综字〔2020〕42 号
276	关于组织实施 2020 年度科普中国形象大使宣传活动项目申报评审的通知	中国科学技术协会	2020.08.12	科协普函信字〔2020〕40 号
277	关于举办 2020 年全国科普讲解大赛的通知	科学技术部	2020.08.07	国科办函智〔2020〕230 号
278	关于组织实施"同上一堂科学课"全国科技馆联合行动区域承办单位申报评审项目的通知	中国科学技术协会	2020.07.29	科协普函传字〔2020〕38 号

附表（续）

序号	政策名称	发文部门	发布时间	发文号
279	关于举办 2020 年全国科普日活动的通知	中国科学技术协会、教育部、科学技术部、水利部、农业农村部、国家卫生健康委员会、应急管理部	2020.07.21	科协发普字〔2020〕14 号
280	关于开展防汛救灾应急科普工作的通知	中国科学技术协会	2020.07.15	科协普函信字〔2020〕36 号
281	关于组织实施 2020 年科普中国共建基地项目的通知	中国科学技术协会	2020.07.15	科协普函信字〔2020〕35 号
282	关于深入开展全国科普示范县（市、区）有关工作的通知	中国科学技术协会	2020.07.15	科协办发普字〔2020〕13 号
283	国家交通运输科普基地管理办法	交通运输部、科学技术部	2020.07.10	交科技发〔2020〕73 号
284	关于公布中国科协 2020 年度研究生科普能力提升项目资助名单的通知	中国科学技术协会	2020.07.09	科协普函传字〔2020〕34 号
285	关于延长 2020 年度推动实施全民科学素质行动第四批项目申报期限的通知	中国科学技术协会	2020.07.07	N/A
286	关于公布 2020 年度全国科普服务标准化技术委员会项目评审结果的通知	中国科学技术协会	2020.07.02	N/A
287	关于组织实施 2020 年度推动实施全民科学素质行动第四批项目申报评审的通	中国科学技术协会	2020.06.29	科协普函综字〔2020〕31 号

附表（续）

序号	政策名称	发文部门	发布时间	发文号
288	关于组织实施 2020 年"参观科技展览有奖征文暨科技夏令营"承办单位申报评审项目的通知	中国科学技术协会	2020.06.23	科协普函传字〔2020〕29 号
289	关于延长中国特色现代科技馆体系发展现状和影响力研究子项目申报期限的通知	中国科学技术协会	2020.06.19	N/A
290	关于开展 2020 年度科普融创培植计划的通知	中国科学技术协会、中国科学院	2020.06.18	科协办函普字〔2020〕58 号
291	关于组织实施 2020 年度推动实施全民科学素质行动第三批项目申报评审的通知	中国科学技术协会	2020.06.11	科协普函综字〔2020〕28 号
292	关于开展 2020 年生态环境"云科普"系列活动的通知	生态环境部	2020.05.28	环办科财函〔2020〕277 号
293	关于组织开展 2019 年度水利科普统计调查工作的通知	水利部	2020.05.28	办国科函〔2020〕385 号
294	关于延长 2015—2019 年全国科技馆免费开放实施情况综合评估子项目申报期限的通知	中国科学技术协会	2020.05.22	N/A
295	关于组织实施 2020 年度推动实施全民科学素质行动第二批项目申报评审的通知	中国科学技术协会	2020.05.12	科协普函综字〔2020〕23 号
296	关于延长基层科普区域性交流观摩活动子项目申报期限的通知	中国科学技术协会	2020.05.08	N/A
297	关于申报新时代全国科普教育基地运行成效和创新发展路径研究课题的通知	中国科学技术协会	2020.05.07	科协普函传字〔2020〕20 号

附表（续）

序号	政策名称	发文部门	发布时间	发文号
298	关于开展 2019 年度全国科普统计调查工作的通知	科学技术部	2020.05.06	国科发智〔2020〕121号
299	关于申报中国科协 2020 年度研究生科普能力提升项目的通知	中国科学技术协会	2020.04.29	科协普函传字〔2020〕16号
300	关于组织实施 2020 年度推动实施全民科学素质行动第一批项目申报评审的通知	中国科学技术协会	2020.04.20	科协普函综字〔2020〕10号
301	关于延长 2020 年度部门项目实施法律服务承担单位申报期限的通知	中国科学技术协会	2020.04.20	N/A
302	关于组织开展 2020 年度全国科普服务标准化技术委员会项目申报的通知	中国科学技术协会	2020.03.24	科协普函传字〔2020〕7号
303	中国科协 2020 年科普工作要点	中国科学技术协会	2020.03.12	科协普函综字〔2020〕5号
304	关于 2020 年度推动实施全民科学素质行动项目监理咨询服务和部门项目实施法律服务申报评审的通知	中国科学技术协会	2020.03.10	科协普函综字〔2020〕4号
305	关于举办 2019 年度全国科普微视频大赛的通知	科学技术部、中国科学院	2020.02.28	国科办函智〔2020〕20号
306	关于开展新型冠状病毒感染的肺炎疫情应急科普工作的通知	中国科学技术协会	2020.01.22	科协办函普字〔2020〕11号
307	关于对 2019 年科普中国信息员队伍建设优秀组织单位予以表扬的通知	中国科学技术协会	2020.01.20	科协办函普字〔2020〕9号

附表（续）

序号	政策名称	发文部门	发布时间	发文号
308	关于公布 2019 年全国农民科学素质网络知识竞赛结果的通知	中国科学技术协会、农业农村部	2019.12.27	科协普函基字〔2019〕94 号
309	关于对 2019 年度有关全国学会科普工作予以表扬的通知	中国科学技术协会	2019.12.18	科协普函联字〔2019〕92 号
310	关于延长遴选 2019 年世界公众科学素质促进大会延伸宣传工作申报期限的通知	中国科学技术协会	2019.12.18	N/A
311	国家气象科普基地管理办法	中国气象局	2019.12.09	气发〔2019〕104 号
312	关于 2019 年度全国青少年科普阅读行动项目评审结果的通知	中国科学技术协会	2019.12.03	科协普函传字〔2019〕85 号
313	关于开展 2019 年百名科普中国信息员年度交流学习活动的通知	中国科学技术协会	2019.11.20	科协普函基字〔2019〕83 号
314	关于报送 2019 年全国学会科普工作材料的通知	中国科学技术协会	2019.11.11	科协普函联字〔2019〕81 号
315	关于申报 2019 年"智爱妈妈行动"科技志愿服务项目的通知	中国科学技术协会	2019.10.29	科协普函基字〔2019〕77 号
316	关于组织实施 2019 年度全国青少年科普阅读行动项目申报评审的通知	中国科学技术协会	2019.10.29	科协普函传字〔2019〕75 号
317	关于 2019 中国科幻大会境外嘉宾服务保障项目评审结果的通知	中国科学技术协会	2019.10.23	科协普函传字〔2019〕71 号
318	关于申报 2019 年科技志愿服务项目的通知	中国科学技术协会	2019.09.30	科协普函基字〔2019〕68 号

附表（续）

序号	政策名称	发文部门	发布时间	发文号
319	关于公布第八届中国科普摄影大赛获奖作品和优秀组织单位名单的通知	中国科学技术协会	2019.09.26	科协普函传字〔2019〕63 号
320	关于 2019 年度推动实施全民科学素质行动第五批申报评审项目评审结果的通知	中国科学技术协会	2019.09.24	科协普函传字〔2019〕61 号
321	关于组织实施 2019 年度推动实施全民科学素质行动第五批项目申报评审的通知	中国科学技术协会	2019.08.30	科协普函传字〔2019〕57 号
322	关于中国科协科普部 2019 年度推动实施全民科学素质行动第四批申报评审项目评审结果的通知	中国科学技术协会	2019.08.26	科协普函综字〔2019〕55 号
323	关于进一步做好科技志愿服务有关工作的通知	中国科学技术协会	2019.08.13	科协普函基字〔2019〕49 号
324	关于推荐 2019 年全国优秀科普作品的通知	科学技术部	2019.08.06	国科办函智〔2019〕256 号
325	关于组织实施 2019 年度推动实施全民科学素质行动第四批项目申报评审的通知	中国科学技术协会	2019.08.01	科协普函综字〔2019〕48 号
326	关于组织实施 2019 年"科普中国"应用推广项目的通知	中国科学技术协会	2019.07.19	科协普函信字〔2019〕47 号
327	关于举办"智爱妈妈行动"工作推进会暨百名农村妇女带头人培训的通知	中国科学技术协会	2019.07.17	科协普函基字〔2019〕46 号
328	关于公布 2018 年全国优秀科普微视频作品名单的通知	科学技术部、中国科学院	2019.07.15	国科发智〔2019〕244 号
329	关于组织实施科普中国共建基地项目的通知	中国科学技术协会	2019.07.11	科协普函信字〔2019〕45 号

附表（续）

序号	政策名称	发文部门	发布时间	发文号
330	关于 2019 年"参观科技展览有奖征文暨科技夏令营活动"全国营承办单位评审结果的通知	中国科学技术协会	2019.07.08	科协普函传字〔2019〕44 号
331	关于中国科协科普部 2019 年度推动实施全民科学素质行动第三批申报评审项目评审结果的通知	中国科学技术协会	2019.07.03	科协普函综字〔2019〕42 号
332	关于开展 2019 年度国家生态环境科普基地申报工作的通知	生态环境部、科学技术部	2019.07.01	环办科财函〔2019〕597 号
333	关于中国科协科普部 2019 年度推动实施全民科学素质行动第二批申报评审项目评审结果的通知	中国科学技术协会	2019.06.18	科协普函综字〔2019〕37 号
334	关于发布 2019 年"全国科技馆联合行动"项目评审结果的通知	中国科学技术协会	2019.06.11	科协普函传字〔2019〕36 号
335	关于组织开展 2019 年"参观科技展览有奖征文暨科技夏令营活动"全国营承办单位申报评审项目的通知	中国科学技术协会	2019.06.11	科协普函传字〔2019〕35 号
336	关于举办 2019 年全国科普日活动的通知	中国科学技术协会、中共中央宣传部、教育部、科学技术部、农业农村部、国家卫生健康委员会	2019.06.11	科协发普字〔2019〕29 号
337	关于公布 2019 年全国气象科普讲解大赛获奖名单的通知	中国气象局	2019.06.05	气办函〔2019〕128 号

附表（续）

序号	政策名称	发文部门	发布时间	发文号
338	关于公布中国科协 2019 年度研究生科普能力提升项目资助名单的通知	中国科学技术协会	2019.06.05	科协普函综字〔2019〕32 号
339	关于中国科协科普部 2019 年度推动实施全民科学素质行动第一批申报评审项目评审结果的通知	中国科学技术协会	2019.06.04	科协普函综字〔2019〕31 号
340	关于开展科普融合创作与传播工作的通知	中国科学技术协会	2019.06.04	科协普函信字〔2019〕30 号
341	国家生态环境科普基地管理办法	生态环境部	2019.06.03	环科财函〔2019〕74 号
342	关于公布 2019 年自然资源科普讲解大赛获奖名单的公告	自然资源部	2019.06.03	自然资源部公告 2019 年第 26 号
343	2019 年科普创作选题指南	中国科学技术协会、中国科学院	2019.05.29	科协办函普字〔2019〕119 号
344	关于开展档案科普宣传月活动的通知	国家档案局	2019.05.28	N/A
345	关于组织开展 2018 年度自然资源科普统计调查工作的通知	自然资源部	2019.05.20	自然资办函〔2019〕833 号
346	关于 2019 年"参观科技展览有奖征文暨科技夏令营活动"地方营承办单位申报评审项目评审结果的通知	中国科学技术协会	2019.05.20	科协普函传字〔2019〕27 号
347	关于举办第九届中国（芜湖）科普产品博览交易会的通知	中国科学技术协会	2019.05.15	N/A
348	关于组织实施 2019 年度推动实施全民科学素质行动第一批项目申报评审的通知	中国科学技术协会	2019.05.14	科协普函综字〔2019〕26 号

附表（续）

序号	政策名称	发文部门	发布时间	发文号
349	关于开展保健食品"五进"专项科普宣传活动的通知	交通运输部	2019.04.30	交办科技函〔2019〕628号
350	关于开展2018年度全国科普统计调查工作的通知	科学技术部	2019.04.24	国科发智〔2019〕131号
351	关于公布2019年优秀科普图书名单的公告	自然资源部	2019.04.19	自然资源部公告2019年第19号
352	中国科协2019年科普工作要点	中国科学技术协会	2019.04.04	科协普函综字〔2019〕19号
353	关于组织开展"2019年全国科技馆联合行动"申报评审的通知	中国科学技术协会	2019.04.04	科协普函传字〔2019〕18号
354	关于申报中国科协2019年度研究生科普能力提升项目的通知	中国科学技术协会	2019.03.28	科协普函综字〔2019〕17号
355	关于举办第八届中国科普摄影大赛的通知	中国科学技术协会	2019.03.25	科协普函传字〔2019〕12号
356	关于举办2019年全国气象科普讲解大赛的通知	中国气象局	2019.03.19	气办函〔2019〕76号
357	关于做好2019年科普中国信息员队伍建设和传播分享的通知	中国科学技术协会	2019.03.12	科协普函基字〔2019〕10号
358	关于开展科技志愿服务工作摸底调查的通知	中国科学技术协会	2019.03.12	科协普函基字〔2019〕9号
359	科普中国e站建设管理办法	中国科学技术协会	2019.03.05	科协办函普字〔2019〕48号
360	关于举办2019年自然资源科普讲解大赛的通知	自然资源部	2019.02.28	自然资办函〔2019〕312号
361	关于组织开展2019年度全国科普服务标准化技术委员会项目申报的通知	中国科学技术协会	2019.02.25	科协普函传字〔2019〕7号

附表（续）

序号	政策名称	发文部门	发布时间	发文号
362	关于命名第六批全国气象科普教育基地的通知	中国气象局	2019.01.31	中气函〔2019〕27 号
363	关于征集 2019 年全国科普日活动主题的通知	中国科学技术协会	2019.01.09	N/A
364	关于申报 2019 年中国流动科技馆项目的通知	中国科学技术协会	2018.12.28	N/A
365	气象科普发展规划（2019—2025 年）	中国气象局	2018.12.19	气发〔2018〕110 号
366	关于公布 2018 年全国优秀科普作品名单的通知	科学技术部	2018.12.17	国科发智〔2018〕305 号
367	关于开展科普中国 e 站全面摸底调查工作的通知	中国科学技术协会	2018.12.08	科协办函普字〔2018〕275 号
368	关于公布 2018 年全国农民科学素质网络知识竞答结果的通知	中国科学技术协会、农业农村部	2018.12.05	科协普函基字〔2018〕71 号
369	关于 2019 年度科普大篷车申报工作的通知	中国科学技术协会	2018.12.04	科协普函传字〔2018〕68 号
370	关于公布中国科协 2018 年度研究生科普能力提升项目资助名单的通知	中国科学技术协会	2018.11.28	科协普函综字〔2018〕67 号
371	关于征集"典赞·2018 科普中国"参评项目的通知	中国科学技术协会	2018.11.03	科协办函普字〔2018〕238 号
372	关于开展全国学会科普工作考核的通知	中国科学技术协会	2018.09.30	N/A
373	关于申报中国科协 2018 年度研究生科普能力提升项目的通知	中国科学技术协会	2018.09.25	科协普函综字〔2018〕55 号

附表（续）

序号	政策名称	发文部门	发布时间	发文号
374	关于公布2018年"智爱妈妈行动"特色项目评审结果的通知	中国科学技术协会	2018.09.10	科协普函基字〔2018〕54号
375	关于公布中国科协科幻活动组织实施等3个申报评审项目评审结果的通知	中国科学技术协会	2018.09.07	科协普函传字〔2018〕53号
376	关于加强科普中国e站规范管理的通知	中国科学技术协会	2018.08.15	科协办函普字〔2018〕175号
377	关于公布2018年全国优秀科普讲解人员名单的通知	科学技术部	2018.08.09	国科办政〔2018〕57号
378	关于组织实施2018年度全国科普服务标准化技术委员会项目申报的通知	中国科学技术协会	2018.07.26	科协普函传字〔2018〕40号
379	加强新时代防震减灾科普工作的意见	应急管理部、教育部、科学技术部、中国科学技术协会、中国地震局（原国家地震局）	2018.07.25	应急〔2018〕57号
380	关于举办科普中国2018互联网科普产品征集活动的通知	中国科学技术协会	2018.07.23	科协普函信字〔2018〕37号
381	关于开展2018年全国科普日学术资源科普化系列活动的通知	中国科学技术协会、中国气象局	2018.07.12	科协办发普字〔2018〕21号
382	关于组织实施科普中国共建基地项目的通知	中国科学技术协会	2018.07.11	科协普函信字〔2018〕35号
383	关于申报2018年"智爱妈妈行动"特色项目的通知	中国科学技术协会	2018.07.06	科协普函基字〔2018〕34号

附表（续）

序号	政策名称	发文部门	发布时间	发文号
384	关于公布 2017 年科普中国百城千校万村行动工作总结检查评审结果的通知	中国科学技术协会	2018.07.06	科协办函普字〔2018〕144 号
385	关于开展 2017 年度全国科普统计调查工作的通知	科学技术部	2018.07.06	国科发政〔2018〕80 号
386	关于组织实施科普中国应用推广项目的通知	中国科学技术协会	2018.06.26	科协普函信字〔2018〕32 号
387	关于开展科普融合创作与传播工作的通知	中国科学技术协会	2018.06.26	科协普函信字〔2018〕31 号
388	关于公布 2017 年全国优秀科普微视频作品名单的通知	科学技术部、中国科学院	2018.06.14	国科发政〔2018〕60 号
389	关于组织实施 2018 年度推动实施全民科学素质行动申报评审项目的通知	中国科学技术协会	2018.06.13	科协普函综字〔2018〕27 号
390	关于举办 2018 年全国科普日活动的通知	中国科学技术协会、中共中央宣传部、教育部	2018.06.13	科协发普字〔2018〕23 号
391	关于 2018 年度科普大篷车配发和运行工作的通知	中国科学技术协会	2018.06.08	科协办发普字〔2018〕16 号
392	关于推荐 2018 年全国优秀科普作品的通知	科学技术部	2018.06.06	国科办函政〔2018〕141 号
393	关于公布 2018 年全国气象科普讲解大赛获奖名单的通知	中国气象局	2018.06.05	气办函〔2018〕143 号
394	关于做好 2018 年防灾减灾日有关工作的通知	中国科学技术协会	2018.05.04	科协普函综字〔2018〕20 号
395	关于公开申报 2018 年度科普人员培训项目的通知	中国科学技术协会	2018.05.04	科协普函综字〔2018〕21 号
396	关于公布第六批国家环保科普基地名单的通知	生态环境部 科学技术部	2018.03.22	环科技〔2018〕4 号

附表（续）

序号	政策名称	发文部门	发布时间	发文号
397	中国科协2018年科普工作要点	中国科学技术协会	2018.03.20	科协普函综字〔2018〕14号
398	关于深化落实合作框架协议加强食品药品安全科普宣传合作的通知	国家食品药品监督管理总局（已撤销）、中国科学技术协会	2018.03.19	食药监宣〔2018〕29号
399	关于举办2018年全国科普讲解大赛的通知	科学技术部	2018.03.16	国科办函政〔2018〕171号
400	开展2018中国国际科普作品大赛作品征集的通知	中国科学技术协会	2018.03.16	科协普函综字〔2018〕13号
401	关于征集2018年全国科普日活动主题的通知	中国科学技术协会	2018.03.05	N/A
402	关于开展2017年科普中国·百城千校万村行动工作总结检查的通知	中国科学技术协会	2018.02.09	科协办发普字〔2018〕4号
403	关于开展世界公众科学素质促进大会预邀请及专题论坛申报的通知	中国科学技术协会	2018.01.17	科协普函综字〔2018〕4号
404	关于组织征集"2018中国国际科普作品大赛"科普选题的通知	中国科学技术协会	2018.01.12	科协普函综字〔2018〕3号
405	关于申报2018年中国流动科技馆项目的通知	中国科学技术协会	2018.01.11	科协普函传字〔2018〕2号
406	关于认定中国标准化研究院等3家机构为质检科普基地的通知	国家质量监督检验检疫总局（已撤销）	2018.01.11	国质检科函〔2018〕19号
407	关于开展"2017·全国食品药品科普排行榜"参选项目征集活动的通知	国家食品药品监督管理总局（已撤销）	2018.01.05	食药监办宣〔2018〕5号

附表（续）

序号	政策名称	发文部门	发布时间	发文号
408	关于公布 2017 年度全国学会科普工作考核结果的通知	中国科学技术协会	2018.01.03	科协普函综字〔2018〕1 号
409	关于公布 2017 年全国优秀科普作品名单的通知	科学技术部	2017.12.26	国科发政〔2017〕414 号
410	关于认定宁夏质量文化博物馆（宁夏计量测试院）等 2 家单位为质检科普基地的通知	国家质量监督检验检疫总局（已撤销）	2017.12.19	国质检科函〔2017〕688 号
411	关于公布 2017 年全国农民科学素质网络知识竞赛结果的通知	中国科学技术协会	2017.12.08	科协普函基字〔2017〕200 号
412	关于征集"典赞·2017 科普中国"参评项目的通知	中国科学技术协会	2017.11.29	科协办函普字〔2017〕305 号
413	关于组织实施全国科普服务标准化体系建设申报评审项目的通知	中国科学技术协会	2017.11.08	科协普函传字〔2017〕146 号
414	关于公布中国科协 2017 年度全民科学素质行动计划部分项目评审结果的通知	中国科学技术协会	2017.10.23	科协普函传字〔2017〕140 号
415	关于举办 2017 年全国科普微视频大赛的通知	科学技术部、中国科学院	2017.10.20	国科办政〔2017〕91 号
416	关于开展科普经费专项检查的通知	中国科学技术协会	2017.10.12	纲要办函〔2017〕6 号
417	关于开展科普融合创作与传播工作的通知	中国科学技术协会	2017.09.14	科协普函信字〔2017〕131 号
418	关于组织实施 2017 年度全民科学素质行动计划申报评审项目的通知	中国科学技术协会	2017.09.12	科协普函传字〔2017〕132 号

附表（续）

序号	政策名称	发文部门	发布时间	发文号
419	关于命名国家国土资源科普基地的通知	国土资源部（已撤销）、科学技术部	2017.09.04	国土资发〔2017〕106号
420	关于开展"探知未来"2017年全国青年科普创新实验暨作品大赛的通知	中国科学技术协会、共青团中央	2017.08.28	科协普函联字〔2017〕119号
421	关于举办2017年中医药文化科普巡讲专家能力提升班的通知	国家中医药管理局	2017.08.08	国中医药办新函〔2017〕170号
422	关于公布2017年度科普人员专题培训联办单位的通知	中国科学技术协会	2017.08.07	科协普函综字〔2017〕102号
423	关于公布2017年"智爱妈妈行动"试点项目评审结果的通知	中国科学技术协会	2017.07.20	科协普函基字〔2017〕100号
424	关于进一步加强基层科普服务能力建设的意见	中国科学技术协会、财政部	2017.07.11	科协发普字〔2017〕45号
425	关于开展2017年水生野生动物保护科普宣传月活动的通知	农业部（已撤销）	2017.06.23	农办渔〔2017〕42号
426	关于推荐2017年优秀科普作品的通知	国家质量监督检验检疫总局（已撤销）	2017.06.21	质检科函〔2017〕49号
427	关于推荐2017年全国优秀科普作品的通知	国家文物局	2017.06.20	办博函〔2017〕773号
428	关于推荐2017年优秀气象科普作品的通知	中国气象局	2017.06.17	气科函〔2017〕49号
429	关于公布中国科协2017年度全民科学素质行动计划项目评审结果的通知	中国科学技术协会	2017.06.16	科协普函综字〔2017〕91号

附表（续）

序号	政策名称	发文部门	发布时间	发文号
430	关于举办 2017 年全国科普日活动的通知	中国科学技术协会、教育部、科学技术部、环境保护部（已撤销）、农业部（已撤销）、中国科学院、国家能源局	2017.06.14	科协发普字〔2017〕37 号
431	关于推荐 2017 年全国优秀科普作品的通知	科学技术部	2017.06.12	国科办函政〔2017〕369 号
432	关于举办科普中国百城千校万村行动观摩交流活动通知	中国科学技术协会	2017.06.06	N/A
433	关于举办第六届中国科普摄影大赛的通知	中国科学技术协会	2017.06.02	科协普函传字〔2017〕81 号
434	科技创新成果科普成效和创新主体科普服务评价暂行管理办法（试行）	全民科学素质纲要实施工作办公室	2017.06.02	纲要办发〔2017〕4 号
435	关于 2017 年科普人员培训班报名的通知	中国科学技术协会	2017.05.31	科协普函综字〔2017〕78 号
436	关于公布 2016 年全国优秀科普微视频作品名单的通知	科学技术部、中国科学院	2017.05.15	国科发政〔2017〕144 号
437	关于申报 2017 年"智爱妈妈行动"试点项目的通知	中国科学技术协会	2017.05.12	科协普函基字〔2017〕69 号
438	关于公布 2017 年科普人员培训项目承办单位的通知	中国科学技术协会	2017.05.09	科协普函综字〔2017〕67 号
439	"十三五"国家科普与创新文化建设规划	科学技术部、中共中央宣传部、	2017.05.08	国科发政〔2017〕136 号
440	关于开展 2016 年度科普统计调查工作的通知	中国气象局	2017.05.05	气科函〔2017〕29 号

附表(续)

序号	政策名称	发文部门	发布时间	发文号
441	关于组织实施 2017 年度全民科学素质行动计划申报评审项目的通知	中国科学技术协会	2017.05.03	科协普函综字〔2017〕61 号
442	关于公布中国科协 2017 年度研究生科普能力提升项目资助名单的通知	中国科学技术协会	2017.04.28	科协普函综字〔2017〕60 号
443	关于公开征集 2017 年度科普人员专题培训联办单位的通知	中国科学技术协会	2017.04.25	科协普函综字〔2017〕56 号
444	关于实施 2016 年度全国科普统计调查工作的通知	科学技术部	2017.04.21	国科发政〔2017〕101 号
445	关于开展科普中国百城千校万村行动的意见	中国科学技术协会	2017.04.19	科协发普字〔2017〕23 号
446	关于 2016 年科普信息化建设专项终期履约验收结果的公告	中国科学技术协会	2017.04.18	N/A
447	关于 2017 年科普信息化建设工程第一批项目招标工作的公告	中国科学技术协会	2017.04.17	N/A
448	财政部关于下达 2017 年"基层科普行动计划"资金预算的通知	财政部	2017.04.14	财科教〔2017〕27 号
449	关于举办 2017 年全国气象科普讲解大赛的通知	中国气象局	2017.04.10	气科函〔2017〕22 号
450	关于国土资源经典科普图书和 2017 年国土资源优秀科普图书名单的公告	国土资源部(已撤销)	2017.04.07	国土资源部公告 2017 年第 9 号
451	关于公开申报 2017 年度科普人员培训项目的通知	中国科学技术协会	2017.04.07	科协普函综字〔2017〕40 号

附表（续）

序号	政策名称	发文部门	发布时间	发文号
452	关于举办 2017 年全国科普讲解大赛的通知	科学技术部	2017.03.28	国科办函政〔2017〕176 号
453	关于 2017 年科学传播专家团队建设工作有关事项的通知	中国科学技术协会	2017.03.28	科协普函综字〔2017〕37 号
454	关于对拟成立的全国科普服务标准化技术委员会征求意见的通知	国家标准化管理委员会	2017.03.24	N/A
455	中国科协 2017 年科普工作要点	中国科学技术协会	2017.03.17	科协普函综字〔2017〕31 号
456	关于申报中国科协 2017 年度研究生科普能力提升项目的通知	中国科学技术协会	2017.03.01	科协普函综字〔2017〕20 号
457	关于公布 2016 年全国农民科学素质网络知识竞赛结果的通知	中国科学技术协会	2017.01.24	科协普函基字〔2017〕17 号
458	关于命名第五批全国气象科普教育基地的通知	中国气象局	2017.01.18	N/A
459	关于公布科技人员和科技成果科普效果评价专题研究资助课题的公告	中国科学技术协会	2016.12.20	科协普函联字〔2016〕156 号
460	关于表彰全国科普工作先进集体和先进工作者的决定	科学技术部、中共中央宣传部、中国科学技术协会	2016.12.13	国科发政〔2016〕385 号
461	关于公布民族地区双语科普内容编译项目评审结果的通知	中国科学技术协会	2016.12.12	科协普函基字〔2016〕154 号
462	国家防震减灾科普示范学校建设指南	中国地震局（原国家地震局）	2016.12.09	中震防发〔2016〕70 号

附表（续）

序号	政策名称	发文部门	发布时间	发文号
463	国家防震减灾科普教育基地认定管理办法	中国地震局（原国家地震局）	2016.12.09	中震防发〔2016〕69号
464	关于公布2016年度全国学会科普工作考核结果的通知	中国科学技术协会	2016.12.09	科协普函综字〔2016〕153号
465	关于进一步加强防震减灾科普工作的指导意见	中国地震局（原国家地震局）	2016.12.08	N/A
466	关于公布高层次科普专门人才培养教材建设资助项目名单的通知	中国科学技术协会	2016.12.05	科协普函综字〔2016〕148号
467	关于公布2016年全国科普日活动工作考核结果的通知	中国科学技术协会	2016.11.28	科协办发普字〔2016〕33号
468	关于发布第五批国家环保科普基地名单的通知	环境保护部（已撤销）、科学技术部	2016.11.17	环科技〔2016〕168号
469	关于组织推荐气象科普微视频作品的通知	中国气象局	2016.11.22	气科函〔2016〕69号
470	关于举办2016年全国科普微视频大赛的通知	科学技术部、中国科学院	2016.11.14	国科办政〔2016〕63号
471	关于邀请参加全国科普信息应用服务产品展示活动的通知	中国科学技术协会	2016.10.27	科协普函基字〔2016〕120号
472	关于开展科普经费专项检查的通知	全民科学素质纲要实施工作办公室	2016.10.08	纲要办函〔2016〕6号
473	关于做好2016年国际减灾日主题宣传的通知	中国科学技术协会	2016.09.30	科协普函综字〔2016〕104号
474	关于公布免费开放科技馆科普公共服务评估课题评审结果的通知	中国科学技术协会	2016.09.20	科协普函传字〔2016〕98号

附表（续）

序号	政策名称	发文部门	发布时间	发文号
475	关于印发科普中国 e 站建设及使用暂行办法的通知	中国科学技术协会	2016.09.18	科协办函普字〔2016〕218 号
476	科普中国内容数据汇聚与分享使用管理办法（暂行）	中国科学技术协会	2016.09.07	科协办函普字〔2016〕209 号
477	关于开展 2016 年水生野生动物保护科普宣传月活动的通知	农业部（已撤销）	2016.09.02	农办渔〔2016〕62 号
478	关于开展心理健康科普巡回服务大篷车活动的通知	商务部	2016.09.02	N/A
479	关于开展"典赞·2016 科普中国"活动的通知	中国科学技术协会	2016.08.15	科协办函普字〔2016〕191 号
480	关于科普单位 2016 年—2020 年进口自用科普影视作品税收优惠政策有关问题的通知	海关总署	2016.08.09	署税发〔2016〕168 号
481	关于召开全国科普信息化建设试点工作协调会的通知	中国科学技术协会	2016.08.05	科协普函信字〔2016〕80 号
482	关于开展"探知未来"2016 年全国青年科普创新实验暨作品大赛的通知	中国科学技术协会 共青团中央	2016.07.25	科协普函联字〔2016〕74 号
483	关于公布全国科普信息化建设试点名单的通知	中国科学技术协会	2016.07.14	科协办函普字〔2016〕156 号
484	关于召开 2016 年全国流动科技馆工作交流及培训会的通知	中国科学技术协会	2016.07.13	科协普函传字〔2016〕65 号
485	关于公布 2016 年"基层科普行动计划"奖补单位和个人的通知	中国科学技术协会	2016.06.13	科协发普字〔2016〕62 号
486	关于开展"科普文化进万家"活动的通知	中国科学技术协会	2016.06.07	科协发普字〔2016〕64 号

附表（续）

序号	政策名称	发文部门	发布时间	发文号
487	关于开展全国科普信息化建设试点工作的通知	中国科学技术协会	2016.05.27	N/A
488	关于组织开展第四批国土资源科普基地推荐命名工作的通知	国土资源部（已撤销）	2016.05.26	国土资厅函〔2016〕831号
489	关于公布中国科协2016年度研究生科普能力提升项目资助名单的通知	中国科学技术协会	2016.05.25	科协普函综字〔2016〕47号
490	关于做好科普中国V视快递落地应用工作的通知	中国科学技术协会	2016.05.24	科协办函普字〔2016〕109号
491	关于组织实施2016年度全民科学素质行动计划申报评审项目的通知	中国科学技术协会	2016.05.12	科协普函综字〔2016〕45号
492	关于2016年科普人员培训班报名的通知	中国科学技术协会	2016.05.12	科协普函综字〔2016〕44号
493	关于举办全国计量科普知识竞答活动的通知	中国科学技术协会	2016.05.12	科协发普字〔2016〕43号
494	关于推荐2016年全国优秀科普作品的通知	科学技术部	2016.05.11	国科办政〔2016〕27号
495	关于在2016年质检科技周期间开展科普征文活动的通知	国家质量监督检验检疫总局（已撤销）	2016.05.10	质检科函〔2016〕53号
496	全国测绘地理信息科普教育基地管理办法（试行）	国家测绘地理信息局（原国家测绘局）（已撤销）	2016.05.06	国测科发〔2016〕2号
497	关于开展2015年度全国健康科普统计调查工作的通知	国家卫生和计划生育委员会（已撤销）	2016.04.26	国卫办宣传函〔2016〕428号

附表（续）

序号	政策名称	发文部门	发布时间	发文号
498	关于 2016 年科普信息化建设工程第二批部分项目的政府采购公告	中国科学技术协会	2016.04.20	N/A
499	关于举办中国科协首席科学传播专家高级研修班的通知	中国科学技术协会	2016.04.14	科协普函综字〔2016〕28 号
500	关于举办 2016 年全国科普讲解大赛的通知	科学技术部	2016.04.11	国科办函政〔2016〕241 号
501	关于 2016 年度科普人员培训项目复评的通知	中国科学技术协会	2016.04.11	科协普函综字〔2016〕26 号
502	关于开展 2016 年华硕新青年 e 创科普志愿者走基层行动的通知	中国科学技术协会	2016.04.11	科协普函基字〔2016〕27 号
503	关于申报中国科协 2016 年度研究生科普能力提升项目的通知	中国科学技术协会	2016.04.06	科协普函综字〔2016〕23 号
504	关于征集全国科普工作先进集体和先进工作者的通知	国家新闻出版广电总局（已撤销）	2016.04.01	N/A
505	关于评选表彰全国科普工作先进集体和先进工作者的通知	科学技术部、中共中央宣传部、中国科学技术协会	2016.03.18	国科发政〔2016〕88 号
506	中国科协科普发展规划（2016—2020 年）	中国科学技术协会	2016.03.18	科协发普字〔2016〕20 号
507	关于征集科普人才建设工程培训教材的通知	中国科学技术协会	2016.03.15	科协普函综字〔2016〕20 号
508	关于征集 2016 科普工作会相关材料的通知	中国科学技术协会	2016.03.15	科协普函综字〔2016〕19 号
509	关于 2016 年度科普大篷车配发和运行工作的通知	中国科学技术协会	2016.03.04	科协办发普字〔2016〕4 号

附表（续）

序号	政策名称	发文部门	发布时间	发文号
510	关于召开中国科协2016年科普工作会的通知	中国科学技术协会	2016.03.02	科协办函普字〔2016〕41号
511	中国科协2016年科普工作要点	中国科学技术协会	2016.02.05	科协普函综字〔2016〕9号
512	关于鼓励科普事业发展进口税收政策的通知	财政部、海关总署、国家税务总局	2016.02.04	财关税〔2016〕6号
513	关于命名首批2016—2020年度全国科普示范县（市、区）的决定	中国科学技术协会	2016.02.04	科协发普字〔2016〕8号
514	关于公布2015年全国农民科学素质网络知识竞赛结果的通知	中国科学技术协会	2016.01.05	科协普函基字〔2016〕1号
515	关于公布2015年全国优秀科普微视频作品名单的通知	科学技术部	2015.12.30	国科发政〔2015〕472号
516	关于公布2015年全国优秀科普作品名单的通知	科学技术部	2015.12.14	国科发政〔2015〕426号
517	关于征集2016年度国家科学技术奖科普类项目的通知	国家新闻出版广电总局（已撤销）	2015.12.03	数出〔2015〕218号
518	关于开展全国科普教育基地2015年度工作考核的通知	中国科学技术协会	2015.11.30	科协办发普字〔2015〕43号
519	关于公布移动端科普融合创作第二批入围选题的通知	中国科学技术协会	2015.11.25	N/A
520	关于申报2016年中国流动科技馆项目的通知	中国科学技术协会	2015.10.19	科协普函传字〔2015〕94号
521	关于举办2015年流动科技馆和科普大篷车信息化技术培训会的通知	中国科学技术协会	2015.09.21	科协普函信字〔2015〕84号

附表（续）

序号	政策名称	发文部门	发布时间	发文号
522	移动端科普融合创作项目重大创新选题申报指南	中国科学技术协会	2015.09.10	科协普函信字〔2015〕82号
523	关于开展2015年科普信息化建设工程项目中期评估的通知	中国科学技术协会	2015.09.08	科协普函信字〔2015〕81号
524	关于推荐科普达人的通知	中国科学技术协会	2015.09.02	科协普函综字〔2015〕78号
525	关于征集2015年各地科普日活动视频短片的通知	中国科学技术协会	2015.09.01	科协普函基字〔2015〕77号
526	关于报送科普信息化建设有关情况和典型案例的通知	中国科学技术协会	2015.08.25	科协普函信字〔2015〕74号
527	科普信息化建设信息数据技术标准（暂行）	中国科学技术协会	2015.08.20	科协普函信字〔2015〕71号
528	关于推荐论坛、科讯等科普信息化优秀成果的通知	中国科学技术协会	2015.08.19	科协普函传字〔2015〕70号
529	关于开展2015年水生野生动物保护科普宣传月活动的通知	农业部（已撤销）	2015.08.18	农办渔〔2015〕56号
530	关于"科普中国"品牌网站（频道、应用）认定申报的通知	中国科学技术协会	2015.08.17	科协普函传字〔2015〕68号
531	关于择优资助微信科普及辟谣工作项目的决定	中国科学技术协会	2015.08.08	科协普函综字〔2015〕65号
532	关于召开2015年全国流动科技馆和科普大篷车工作交流会的通知	中国科学技术协会	2015.08.08	科协普函传字〔2015〕64号
533	关于开展移动端科普融合创作选题申报的通知	中国科学技术协会	2015.07.31	科协普函信字〔2015〕62号

附表(续)

序号	政策名称	发文部门	发布时间	发文号
534	关于2016—2020年度全国科普示范县(市、区)创建单位实地抽查工作的通知	中国科学技术协会	2015.07.24	科协普函基字〔2015〕60号
535	关于印发健康科普信息生成与传播指南(试行)的通知	国家卫生和计划生育委员会(已撤销)	2015.07.22	国卫办宣传函〔2015〕665号
536	关于加强微信科普及辟谣工作的通知	中国科学技术协会	2015.07.02	科协普函综字〔2015〕49号
537	关于命名2015—2019年全国科普教育基地的通知	中国科学技术协会	2015.06.19	科协办发青字〔2015〕19号
538	关于公布中国科协2015年度研究生科普能力提升项目的通知	中国科学技术协会	2015.06.17	科协普函综字〔2015〕47号
539	关于公布2015年"基层科普行动计划"奖补单位和个人的通知	中国科学技术协会、财政部	2015.06.09	科协发普字〔2015〕49号
540	全国高层次科普专门人才培养指导委员会关于加强全国高层次科普专门人才培养实践基地建设与管理工作的通知	全国高层次科普专门人才培养指导委员会	2015.06.08	专指委发〔2015〕2号
541	关于开展第五批国家环保科普基地申报与评审工作的通知	环境保护部(已撤销)、科学技术部	2015.06.05	环办〔2015〕54号
542	关于举办2015年全国科普日活动的通知	中国科学技术协会、教育部、科学技术部	2015.05.29	科协发普字〔2015〕45号
543	关于配发2015年度科普大篷车的通知	中国科学技术协会	2015.05.27	科协办发普字〔2015〕17号

附表（续）

序号	政策名称	发文部门	发布时间	发文号
544	关于推荐 2015 年全国优秀科普作品的通知	科学技术部	2015.05.19	国科办函政〔2015〕342 号
545	关于申报中国科协 2015 年度研究生科普能力提升项目的通知	中国科学技术协会	2015.05.18	科协普函综字〔2015〕39 号
546	关于开展 2015 年华硕青年 e 创科普志愿者走基层行动的通知	中国科学技术协会	2015.05.0	N/A
547	关于开展第二批全国高层次科普专门人才培养实践基地认定工作的通知	中国科学技术协会	2015.05.04	科协普函综字〔2015〕34 号
548	关于举办 2015 年全国科普微视频大赛的通知	科学技术部	2015.04.30	国科办函政〔2015〕270 号
549	关于召开社区科普工作专题培训会（第一期）的通知	中国科学技术协会	2015.04.24	科协普函基字〔2015〕26 号
550	关于公布 2015 年国土资源部科普示范活动的通知	国土资源部（已撤销）	2015.04.17	N/A
551	关于做好 2015 年全国预防接种科普宣传工作的通知	国家卫生和计划生育委员会（已撤销）	2015.03.23	国卫办疾控函〔2015〕216 号
552	关于举办 2015 年全国科普讲解大赛的通知	科学技术部	2015.03.10	国科办政〔2015〕13 号
553	关于开展 2014 年度全国科普统计调查工作的通知	科学技术部	2015.03.02	国科发政〔2015〕59 号
554	关于开展 2015 年度全国青少年农业科普示范基地认定的通知	农业部（已撤销）、共青团中央	2015.02.27	农办科〔2015〕6 号

附表（续）

序号	政策名称	发文部门	发布时间	发文号
555	关于加强少数民族和民族地区防震减灾科普工作的若干意见	中国地震局（原国家地震局）、国家民族事务委员会、中国科学技术协会	2015	中震防发〔2015〕61号
556	关于公布第五批国家中医药管理局中医药文化科普巡讲团成员名单的通知	国家中医药管理局	2014.12.08	国中医药办新函〔2014〕225号
557	关于发布第四批国家环保科普基地名单的通知	环境保护部（已撤销）科学技术部	2014.12.05	环发〔2014〕180号
558	关于公布2014年全国优秀科普作品名单的通知	科学技术部	2014.12.01	国科发政〔2014〕354号
559	关于开展全国科普教育基地2014年度工作考核的通知	中国科学技术协会	2014.10.31	科协办发普字〔2014〕43号
560	关于开展全国科普教育基地认定工作的通知（2014）	中国科学技术协会	2014.10.29	科协办发普字〔2014〕42号
561	全国科普教育基地认定与管理试行办法	中国科学技术协会	2014.10.17	科协办发普字〔2014〕39号
562	关于择优资助2015年度科学传播专家团队优秀项目的通知	中国科学技术协会	2014.10.14	科协普函综字〔2014〕81号
563	关于举办流动科技馆和科普大篷车远程管理培训的通知	中国科学技术协会	2014.10.13	科协普函条字〔2014〕79号
564	关于公布"科普传播之道——科技传播者在线学习平台"课件评审结果的通知	中国科学技术协会	2014.09.27	科协普函条字〔2014〕77号
565	关于做好2014年国际减灾日主题宣传的通知	中国科学技术协会	2014.09.26	科协普函综字〔2014〕75号

附表（续）

序号	政策名称	发文部门	发布时间	发文号
566	关于公布首批全国高层次科普专门人才培养实践基地名单的通知	中国科学技术协会	2014.09.26	科协普函条字〔2014〕76号
567	关于申报网络科普传播内容创作项目的通知	中国科学技术协会	2014.09.20	科协普函传字〔2014〕72号
568	中国科协关于深入推进社区科普大学建设工作的实施方案	中国科学技术协会	2014.09.18	科协办发普字〔2014〕34号
569	关于加强2014年全国科普日活动宣传的通知	中国科学技术协会	2014.09.17	科协办发普字〔2014〕33号
570	关于公布2014年科普微视频和动漫大赛优秀作品名单的通知	科学技术部	2014.09.03	N/A
571	举办第五期中医药文化科普巡讲专家培训班的通知	国家中医药管理局	2014.08.29	国中医药办新函〔2014〕148号
572	关于进一步加强科普工作的通知	国家文物局	2014.08.05	文物博发〔2014〕22号
573	关于公布2014年度研究生科普研究能力提升类入选项目的通知	中国科学技术协会	2014.08.05	科协普函条字〔2014〕57号
574	关于举办2014年全国科普日活动的通知	中国科学技术协会、教育部、科学技术部、中国科学院	2014.07.21	科协发普字〔2014〕55号
575	关于开展2014年"公众喜爱的科普作品"推介活动的通知	中国科学技术协会	2014.06.26	科协普函综字〔2014〕50号
576	关于印发"食品安全与公众健康"科普宣教方案的通知	国家卫生和计划生育委员会（已撤销）	2014.06.23	国卫办食品函〔2014〕542号

附表（续）

序号	政策名称	发文部门	发布时间	发文号
577	关于公布 2014 年"基层科普行动计划"奖补单位和个人的通知	中国科学技术协会、财政部	2014.06.23	科协发普字〔2014〕52 号
578	关于配发 2014 年度科普大篷车的通知	中国科学技术协会	2014.06.18	科协办发普字〔2014〕25 号
579	关于申报 2014 年度中国科协研究生科普能力提升项目的通知	中国科学技术协会	2014.06.13	科协普函条字〔2014〕46 号
580	关于征集推荐 2014 年全国优秀科普作品的通知	国家铁路局	2014.04.24	N/A
581	关于组织实施 2014 年"基层科普行动计划"的通知	中国科学技术协会、财政部	2014.04.18	科协发普字〔2014〕24 号
582	关于开展 2013 年度全国科普统计调查工作的通知	科学技术部	2014.04.08	国科发政〔2014〕83 号
583	关于推荐 2014 年全国优秀科普作品的通知	科学技术部	2014.04.04	国科办政〔2014〕20 号
584	科普部关于邀请观摩核主题科普宣传活动的通知	中国科学技术协会	2014.03.31	科协普函综字〔2014〕16 号
585	关于进一步加强防震减灾科普工作的意见	中国地震局（原国家地震局）、科学技术部	2014.03.11	中震防发〔2014〕20 号
586	中国科协 2014 年科普工作要点	中国科学技术协会	2014.02.21	科协普函综字〔2014〕6 号
587	关于公布 2013 年全国青少年农业科普示范基地名单的通知	农业部（已撤销）、共青团中央	2014.01.21	农办科〔2014〕3 号
588	关于公布 2013 年度优秀全国科普教育基地的通知	中国科学技术协会	2014.01.17	科协办发普字〔2014〕3 号

附表（续）

序号	政策名称	发文部门	发布时间	发文号
589	关于2011—2015年度全国科普示范县（市、区）中期评估情况的通报	中国科学技术协会	2014.01.03	科协办发普字〔2014〕1号
590	关于延续宣传文化增值税和营业税优惠政策的通知	财政部、国家税务总局	2013.12.25	财税〔2013〕87号
591	关于聘任第一批首席科学传播专家的通知	中国科学技术协会	2013.12.24	科协发普字〔2013〕75号
592	关于2012—2013年度中华农业科技奖的表彰决定	农业部	2013.12.06	农科教发〔2013〕14号
593	关于公布第四批国家中医药管理局中医药文化科普巡讲团成员名单的通知	国家中医药管理局	2013.12.02	国中医药办新发〔2013〕46号
694	关于公布全国学会科普工作考核结果的通知	中国科学技术协会	2013.11.22	科协普函综字〔2013〕74号
595	关于公布2013年全国优秀科普作品名单的通知	科学技术部	2013.11.21	国科发政〔2013〕666号
596	关于征集2014年国家科学技术奖推荐项目的通知	国家卫生和计划生育委员会	2013.11.20	国卫办科教函〔2013〕416号
597	关于印发国家适应气候变化战略的通知	国家发展和改革委员会（含原国家发展计划委员会、原国家计划委员会）、财政部、住房和城乡建设部等	2013.11.18	发改气候〔2013〕2252号

附表(续)

序号	政策名称	发文部门	发布时间	发文号
598	关于举办 2013 年全国学会科普能力建设高级研修班的通知	中国科学技术协会	2013.11.12	科协普函综字〔2013〕73 号
599	关于开展全国科普教育基地 2013 年度工作考核的通知	中国科学技术协会	2013.10.28	科协办发普字〔2013〕48 号
600	关于开展全国学会科普工作考核的通知	中国科学技术协会	2013.10.23	科协普函综字〔2013〕72 号
601	关于成立全国高层次科普专门人才培养指导委员会的通知	教育部、中国科学技术协会	2013.10.16	教研厅函〔2013〕6 号
602	关于做好 2014 年度国家科技奖推荐工作的通知	国土资源部	2013.10.14	科合〔2013〕198 号
603	关于开展"爱粮节粮进家庭"活动的通知	国家粮食局(含国家粮食储备局)、全国妇女联合会	2013.10.12	国粮发〔2013〕238 号
604	关于开展 2013 年度全国青少年农业科普示范基地认定工作的通知	农业部、共青团中央	2013.09.23	农办科〔2013〕58 号
605	关于举办 2013 年全国城镇社区科普培训班的补充通知	中国科学技术协会	2013.09.23	科协普函基字〔2013〕66 号
606	关于中国科协系统 2013 年度综合统计调查年报工作安排的通知	中国科学技术协会	2013.09.22	科协计函计字〔2013〕41 号
607	关于进一步加强中医药文化科普巡讲团巡讲专家管理工作的通知	国家中医药管理局	2013.09.18	国中医药办新发〔2013〕38 号

附表（续）

序号	政策名称	发文部门	发布时间	发文号
608	关于召开首届全国科普教育基地科普能力建设研讨会的通知	中国科学技术协会	2013.09.11	科协普函条字〔2013〕62号
609	关于推荐基层优秀科普工作者代表参加全国科普日十周年纪念活动的通知	中国科学技术协会	2013.09.03	科协普函基字〔2013〕57号
610	关于申报2014年中国流动科技馆项目的通知	中国科学技术协会	2013.09.01	科协普函条字〔2013〕56号
611	关于下达2013年渔业资源保护项目任务的通知	农业部	2013.08.27	农办渔〔2013〕75号
612	关于组建科学传播专家团队的通知	中国科学技术协会	2013.08.23	科协办发普字〔2013〕40号
613	关于命名第三批国土资源科普基地的通知	国土资源部	2013.08.05	国土资发〔2013〕90号
614	关于加强质检科普工作的指导意见	国家质量监督检验检疫总局	2013.08.05	国质检科〔2013〕392号
615	关于开展2013年全国"质量月"活动的通知	国家质量监督检验检疫总局、中共中央宣传部、教育部	2013.07.31	N/A
616	关于开展"华硕大学生IT科普志愿者行动"有关工作的通知	中国科学技术协会	2013.07.26	科协普函条字〔2013〕51号
617	关于举办全国城镇社区科普培训班的通知	中国科学技术协会	2013.07.26	科协普函基字〔2013〕50号
618	关于举办第四期中医药文化科普巡讲专家培训班的通知	国家中医药管理局	2013.07.19	国中医药办新函〔2013〕94号
619	关于开展2013年水生野生动物保护科普宣传月活动的通知	农业部	2013.07.15	农办渔〔2013〕68号

附表（续）

序号	政策名称	发文部门	发布时间	发文号
620	关于做好 2013 年中小学生暑期工作的通知	教育部	2013.07.04	N/A
621	中国科协 2013 年基层组织建设工作要点	中国科学技术协会	2013.06.28	科协组函组字〔2013〕135 号
622	关于公布 2013 年基层科普行动计划奖补单位和个人的通知	中国科学技术协会、财政部	2013.06.25	科协发普字〔2013〕26 号
623	关于进一步加强科技创新工作的意见	国土资源部	2013.06.25	国土资发〔2013〕72 号
624	全国动物园发展纲要	住房和城乡建设部	2013.06.24	建城函〔2013〕138 号
625	关于加强城镇社区科普工作的意见	中国科学技术协会	2013.06.19	科协发普字〔2013〕21 号
626	2013 年农村妇女科学素质专项行动工作方案	农业部、全国妇女联合会、中国科学技术协会	2013.06.18	科协普函基字〔2013〕42 号
627	关于开展 2013 年全国农村妇女科学素质网络竞赛的通知	农业部、全国妇女联合会、中国科学技术协会	2013.06.18	科协普函基字〔2013〕43 号
628	关于 2013 年度科普大篷车工作的通知	中国科学技术协会	2013.06.08	科协办发普字〔2013〕31 号
629	2013 年食品安全宣传周工作方案	农业部	2013.06.08	农办质〔2013〕29 号
630	关于进一步加强农业应急管理工作的意见	农业部	2013.06.06	农办发〔2013〕5 号
631	关于开展"公众喜爱的科普作品"推介活动的通知	中国科学技术协会	2013.05.31	科协普函传字〔2013〕40 号

附表(续)

序号	政策名称	发文部门	发布时间	发文号
632	关于规范中国公民科学素质抽样调查工作有关事项的通知	全民科学素质纲要实施工作办公室	2013.05.31	纲要办发〔2013〕第3号
633	关于做好科技馆免费开放前期准备工作的通知	中国科学技术协会	2013.05.28	科协办发普字〔2013〕25号
634	关于举办2013年全国科普日活动的通知	中国科学技术协会、教育部、环境保护部	2013.05.23	科协发普字〔2013〕14号
635	关于召开全国城镇社区科普工作会议的通知	中国科学技术协会	2013.05.22	科协办发普字〔2013〕24号
636	2013年商务系统食品安全工作要点	商务部	2013.05.22	N/A
637	关于公布择优支持2013年度全国学会重点科普活动项目的通知	中国科学技术协会	2013.05.21	科协普函综字〔2013〕34号
638	关于开展中国科协"十二五"事业发展规划实施情况中期监测评估工作的通知	中国科学技术协会	2013.05.20	科协办发计字〔2013〕21号
639	关于组织申报转基因生物新品种培育科技重大专项2014年度重点课题的通知	农业部	2013.05.13	农办科〔2013〕31号
640	关于开展2013年全国食品安全宣传周活动的通知	国务院食品安全委员会、中央精神文明建设指导委员会、教育部	2013.05.09	食安办〔2013〕8号
641	关于组织申报2013年全国科普优秀作品的通知	中国科学院	2013.04.27	N/A
642	关于做好2013年防灾减灾日有关工作的通知	中国科学技术协会	2013.04.19	科协普函综字〔2013〕24号

附表（续）

序号	政策名称	发文部门	发布时间	发文号
643	关于组织申报 2014 年度国土资源公益性行业科研专项项目的通知	国土资源部	2013.04.18	国土资厅函〔2013〕343 号
644	关于推荐 2013 年全国科普优秀作品的通知	科学技术部	2013.04.17	国科办政〔2013〕18 号
645	关于公布全国国土资源优秀科普作品名单的通知	国土资源部	2013.04.17	国土资函〔2013〕339 号
646	关于组织实施 2013 年"基层科普行动计划"的通知	中国科学技术协会	2013.04.10	科协发普字〔2013〕8 号
647	关于开展 2013 年度全国学会重点科普活动资助项目申报工作的通知	中国科学技术协会	2013.04.10	科协普函综字〔2013〕23 号
648	关于举办全民科学素质纲要信息工作培训的通知	全民科学素质纲要实施工作办公室	2013.04.10	纲要办函〔2013〕第 5 号
649	关于举办 2013 年粮食科技活动周的通知	国家粮食局（含国家粮食储备局）	2013.04.09	国粮办展〔2013〕65 号
650	"科普惠农兴村计划"项目实施工作考核办法（试行）	中国科学技术协会	2013.04.07	科协普函基字〔2013〕19 号
651	关于公布国家中医药管理局中医药文化科普巡讲团成员名单的通知	国家中医药管理局	2013.04.03	国中医药办新函〔2013〕40 号
652	关于举办 2013 年科技活动周的通知	科学技术部、中共中央宣传部、中国科学技术协会	2013.04.02	国科发政〔2013〕404 号

附表（续）

序号	政策名称	发文部门	发布时间	发文号
653	关于 2013 年度科普大篷车申报工作的通知	中国科学技术协会	2013.04.02	科协普函条字〔2013〕15 号
654	关于实施 2012 年度全国科普统计调查工作的通知	科学技术部	2013.04.01	国科发政〔2013〕1 号
655	关于贯彻落实《中华人民共和国农业技术推广法》的意见	国家林业局	2013.03.27	林科发〔2013〕42 号
656	中医预防保健（治未病）服务科技创新纲要（2013 — 2020 年）	国家中医药管理局	2013.03.25	国中医药科技发〔2013〕12 号
657	关于开展 2013 年国家环保科普基地申报与评审工作的通知	科学技术部、环境保护部	2013.03.22	环办〔2013〕31 号
658	关于组织开展第三批国土资源科普基地推荐命名工作的通知	国土资源部	2013.03.12	国土资厅发〔2013〕14 号
659	关于组织开展第 44 个世界地球日主题宣传活动周的通知	国土资源部	2013.03.06	国土资电发〔2013〕15 号
660	中国气象局 2012 年政府信息公开年度报告	中国气象局	2013.03	N/A
661	关于公布首批全国中小学科普教育社会实践基地名单的通知	教育部、科学技术部、中国科学院、中国科学技术协会	2013.02.21	教基一厅函〔2013〕7 号
662	关于进一步规范水生生物增殖放流活动的通知	农业部	2013.02.05	农渔发〔2013〕6 号

附表(续)

序号	政策名称	发文部门	发布时间	发文号
663	关于公布2013年度研究生科普研究能力提升类入选项目的通知	中国科学技术协会	2013.03.25	科协普函条字〔2013〕14号
664	关于2013年"科普富民兴边"工作有关事项的通知	中国科学技术协会	2013.03.22	科协普函基字〔2013〕13号
665	关于开展《全民科学素质行动计划纲要》实施工作"十二五"中期评估工作的通知	全民科学素质纲要实施工作办公室	2013.03.20	纲要办函〔2013〕第4号
666	中国科协2013年科普工作要点	中国科学技术协会	2013.03.11	科协普函综字〔2013〕8号
667	关于召开2013年地方《科学素质纲要》实施工作会的通知	中国科学技术协会	2013.03.07	纲要办函〔2013〕3号
668	关于召开2013年度中国科协科普口工作会的通知	中国科学技术协会	2013.03.05	科协普函综字〔2013〕7号
669	关于申请"党建强会"计划"十百千"特色活动经费资助的通知	中国科学技术协会	2013.02.16	科协学服党字〔2013〕2号
670	关于开展全国院士专家集中援黔行动的通知	中国科学技术协会	2013.01.31	科协学函学字〔2013〕21号
671	关于开展全国学会2012年年度检查工作的通知	中国科学技术协会	2013.01.29	科协学发管字〔2013〕19号
672	关于申报2013年度研究生科普研究能力提升类项目的通知	中国科学技术协会	2013.01.24	科协普函础字〔2013〕3号
673	"十二五"国家自主创新能力建设规划	国务院	2013.01.15	国发〔2013〕4号
674	关于做好农村中学科技馆公益项目试点工作的通知	中国科学技术协会	2013.01.08	科协办发普字〔2013〕2号

附表（续）

序号	政策名称	发文部门	发布时间	发文号
675	关于开展 2013 年度国家科技奖励科普项目推荐工作的通知	中国科学技术协会	2013.01.05	科协办发组字〔2013〕1 号
676	关于召开"科普富民兴边"工作试点总结交流会的通知	中国科学技术协会	2013.01.05	科协普函基字〔2013〕1 号
677	关于开展第三届统计科普征文活动的通知	中国统计学会	2013.01.16	N/A
678	关于加强食品安全工作的决定	国务院	2012.06.2	国发〔2012〕20 号
679	关于表扬"2012 年度科普工作优秀学会"的决定	中国科学技术协会	2012.12.27	科协普函综字〔2012〕78 号
680	关于 2013 年度国家科学技术奖励推荐工作的通知	新闻出版总署（原新闻出版署）（已撤销）	2012.12.10	新出厅字〔2012〕535 号
681	关于全面贯彻落实《国务院关于加强食品安全工作的决定》的通知	国家粮食局（含国家粮食储备局）	2012.12.07	国粮发〔2012〕222 号
682	关于公布 2012 年全国青少年科普示范基地名单的通知	农业部、共青团中央	2012.12.06	农办科〔2012〕85 号
683	关于举办第十五届中国科协年会的通知	中国科学技术协会	2012.11.30	科协发学字〔2012〕33 号
684	关于中国科协系统综合统计调查年报工作安排的通知（2012）	中国科学技术协会	2012.11.26	科协计函字〔2012〕58 号
685	关于公布 2012 年全国科普日活动工作考核结果的通知	中国科学技术协会	2012.11.19	科协办发普字〔2012〕48 号
686	关于大型电视系列节目《科普惠农惠万家》播出时间的通知	中国科学技术协会	2012.11.19	N/A

附表(续)

序号	政策名称	发文部门	发布时间	发文号
687	关于举办第三期中医药文化科普巡讲专家培训班的通知	国家中医药管理局	2012.11.12	国中医药办新函〔2012〕201号
688	关于征集2013年国家科学技术奖推荐项目的通知	卫生部(已撤销)	2012.11.09	卫办科教函〔2012〕1025号
689	关于开展"基层科普行动计划"总结工作的通知	中国科学技术协会	2012.11.07	科协普函基字〔2012〕71号
690	关于公布2011—2012年全国优秀科普作品名单的通知	科学技术部	2012.11.04	国科发政〔2012〕1002号
691	关于报送2012年科普工作总结和2013年工作安排的通知	中国科学技术协会	2012.10.31	科协普函综字〔2012〕69号
692	关于举办2012年全国学会科普能力建设高级研修班的通知	中国科学技术协会	2012.10.30	科协普函综字〔2012〕68号
693	关于开展全国学会科普工作现状调查的通知	中国科学技术协会	2012.10.25	科协普函综字〔2012〕66号
694	关于做好2013年度国家科技奖推荐工作的通知	国土资源部	2012.10.16	科合〔2012〕175号
695	关于命名全国科普教育基地的通知	中国科学技术协会	2012.10.15	科协办发普字〔2012〕45号
696	关于公布2010—2012年"科技馆活动进校园"试点推广阶段工作评估结果的通知	中国科学技术协会	2012.10.15	科协普函础字〔2012〕63号
697	关于遴选中医药文化科普巡讲专家的通知	国家中医药管理局	2012.10.10	国中医药办新函〔2012〕167号

附表（续）

序号	政策名称	发文部门	发布时间	发文号
698	基层中医药服务能力提升工程实施方案	国家中医药管理局、卫生部（已撤销）、人力资源和社会保障部、国家食品药品监督管理局（原国家药品监督管理局）（已撤销）	2012.09.28	国中医药医政发〔2012〕38 号
699	关于命名全国科普创作与产品研发示范团队的通知	中国科学技术协会	2012.09.26	科协办发普字〔2012〕44 号
700	关于加快科技创新促进现代林业发展的意见	国家林业局	2012.09.21	林科发〔2012〕231 号
701	关于举办全国科普示范县（市、区）科协主席培训班的通知	中国科学技术协会	2012.09.18	科协普函基字〔2012〕61 号
702	关于表彰全国食品安全科普知识竞赛优秀组织单位的决定	中国科学技术协会	2012.09.12	科协发普字〔2012〕29 号
703	关于申报 2013 年中国流动科技馆巡展项目的通知	中国科学技术协会	2012.08.28	科协办发普字〔2012〕41 号
704	关于实施基层中医药服务能力提升工程的意见	国家中医药管理局、卫生部（已撤销）、人力资源和社会保障部	2012.08.27	国中医药医政发〔2012〕31 号
705	关于进一步加强人工影响天气工作的意见	国务院办公厅	2012.08.26	国办发〔2012〕44 号

附表（续）

序号	政策名称	发文部门	发布时间	发文号
706	关于开展 2012 年水生野生动物保护科普宣传月活动的通知	农业部	2012.07.20	农办渔〔2012〕84 号
707	关于做好"十二五"国家科技支撑计划国家文化科技创新工程 2013 年度预备项目推荐工作的通知	科学技术部	2012.07.13	国科办函高〔2012〕283 号
708	少数民族事业"十二五"规划	国务院办公厅	2012.07.12	国办发〔2012〕38 号
709	国家基本公共服务体系"十二五"规划	国务院	2012.07.11	国发〔2012〕29 号
710	基层科普行动计划专项资金管理办法	财政部、中国科学技术协会	2012.07.10	财教〔2012〕171 号
711	关于开展"华硕大学生 IT 科普志愿者行动"有关工作的通知	中国科学技术协会	2012.07.09	科协普函础字〔2012〕45 号
712	关于开展全国食品安全科普知识竞赛的通知	中国科学技术协会	2012.07.05	科协普函资字〔2012〕44 号
713	国家食品安全监管体系"十二五"规划	国务院办公厅	2012.06.28	国办发〔2012〕36 号
714	关于公布全国科普教育基地特色科普活动项目评审结果的通知	中国科学技术协会	2012.06.26	科协普函础字〔2012〕43 号
715	关于公布择优支持 2012 年度全国学会重点科普活动项目的通知	中国科学技术协会	2012.06.25	科协普函综字〔2012〕42 号

附表（续）

序号	政策名称	发文部门	发布时间	发文号
716	关于表彰 2012 年基层科普行动计划先进单位和个人的决定	中国科学技术协会	2012.06.20	科协发普字〔2012〕19 号
717	关于开展全国科普教育基地年度工作考核的通知	中国科学技术协会	2012.06.19	科协普函础字〔2012〕41 号
718	中国科协 2011 年度事业发展统计公报	中国科学技术协会	2012.06.11	科协发计字〔2012〕17 号
719	关于举办 2012 年中国（芜湖）科普产品博览交易会的通知	中国科学技术协会	2012.05.30	科协办发普字〔2012〕30 号
720	关于开展全国科技馆免费开放情况专项调查的通知	中国科学技术协会	2012.05.29	科协普函础字〔2012〕35 号
721	"十二五"绿色建筑科技发展专项规划	科学技术部	2012.05.24	国科发计〔2012〕692 号
722	关于开展"科技助力公共机构节能"科普巡展的通知	国务院机关事务管理局、中国科学技术协会	2012.05.11	国管节能〔2012〕127 号
723	关于公布首届全国优秀中医药文化科普图书推荐名单的通知	国家中医药管理局	2012.05.09	国中医药办函〔2012〕104 号
724	"十二五"国家应对气候变化科技发展专项规划	科学技术部、外交部、国家发展和改革委员会（含原国家发展计划委员会、原国家计划委员会）	2012.05.04	国科发计〔2012〕700 号
725	国家中医药管理局关于印发中医药文化建设"十二五"规划的通知	国家中医药管理局	2012.04.20	国中医药办发〔2012〕10 号

附表(续)

序号	政策名称	发文部门	发布时间	发文号
726	国家科学技术普及"十二五"专项规划	科学技术部	2012.04.05	国科发政〔2012〕224号
727	关于开展"国家级体质测定与运动健身指导站"试点工作的通知	国家体育总局	2012.03.26	N/A
728	国家公共安全科技发展"十二五"专项规划	科学技术部	2012.03.21	国科发计〔2012〕155号
729	关于组织申报2013年度国土资源公益性行业科研专项项目的通知	国土资源部	2012.03.20	国土资厅发〔2012〕12号
730	高等学校"十二五"科学和技术发展规划	教育部	2012.03.14	教技〔2012〕4号
731	关于组织开展第43个世界地球日主题宣传活动周的通知	国土资源部	2012.03.13	国土资厅发〔2012〕9号
732	关于举办2012年科技活动周的通知	科学技术部、中共中央宣传部、中国科学技术协会	2012.03.07	国科发政〔2012〕137号
733	节能减排全民行动实施方案	国家发展和改革委员会(含原国家发展计划委员会、原国家计划委员会)、中共中央宣传部、教育部	2012.01.31	发改环资〔2012〕194号
734	关于鼓励科普事业发展的进口税收政策的通知	财政部、海关总署、国家税务总局	2012.01.17	财关税〔2012〕4号
735	粮食科技"十二五"发展规划	国家粮食局(含国家粮食储备局)	2012.01.11	国粮展〔2012〕4号

附表（续）

序号	政策名称	发文部门	发布时间	发文号
736	关于组织实施"基层科普行动计划"的通知	中国科学技术协会	2012.04.19	科协发普字〔2012〕12号
737	关于积极开展2012年防灾减灾科普宣传工作的通知	中国科学技术协会	2012.04.18	科协办发普字〔2012〕18号
738	关于申报全国科普教育基地特色科普活动项目的通知	中国科学技术协会	2012.04.16	科协普函础字〔2012〕24号
739	关于开展全国科普教育基地认定工作的通知（2012）	中国科学技术协会	2012.04.13	科协办发普字〔2012〕16号
740	关于举办第十四届中国科协年会的通知	中国科学技术协会	2012.04.09	科协发学字〔2012〕8号
741	关于进一步加强"科普惠农兴村计划"宣传工作的通知	中国科学技术协会	2012.04.06	科协调函宣字〔2012〕19号
742	关于开展第五届全国优秀科技工作者推荐评选工作的通知	中国科学技术协会	2012.03.31	科协发组字〔2012〕9号
743	关于申报2012年度科普发展对策研究类项目的通知	中国科学技术协会	2012.03.28	科协普函础字〔2012〕16号
744	关于表扬"2011年度科普工作优秀学会"的决定	中国科学技术协会	2012.03.27	科协普函综字〔2012〕15号
745	关于2012年共建"华硕科普图书室"项目的通知	中国科学技术协会	2012.03.26	科协普函础字
746	关于开展城市社区科普工作状况调查的通知	中国科学技术协会	2012.03.26	科协普函基字
747	关于实施电子科普画廊建设示范项目的通知	中国科学技术协会	2012.03.19	科协普函础字
748	关于2012年度科普大篷车申报工作的通知	中国科学技术协会	2012.03.19	科协普函础字
749	关于召开2012年地方科协科普工作会的通知	中国科学技术协会	2012.03.13	科协普函综字

附表（续）

序号	政策名称	发文部门	发布时间	发文号
750	关于开展 2012 年度全国学会重点科普活动项目申报工作的通知	中国科学技术协会	2012.03.09	科协普函综字
751	关于召开 2012 年地方科协科普工作会的预备通知	中国科学技术协会	2012.03.06	科协普函综字
752	中国科协 2012 年宣传工作要点	中国科学技术协会	2012.03.02	科协调函宣字
753	国家综合防灾减灾规划（2011—2015 年）	国务院办公厅	2011.11.26	国办发〔2011〕55 号
754	中医药事业发展"十二五"规划	国家中医药管理局	2011.12.28	国中医药规财发
755	关于开展 2011 年度全国科普统计的通知	科学技术部	2011.12.23	国科发政
756	科普资源开发与共享工程实施工作方案（2011—2015 年）	全民科学素质工作领导小组	2011.12.15	N/A
757	关于继续执行宣传文化增值税和营业税优惠政策的通知（失效）	财政部、国家税务总局	2011.12.07	财税〔2011〕92 号
758	关于公布 2011 年全国青少年农业科普示范基地名称的通知	农业部、共青团中央	2011.11.08	农办科〔2011〕54 号
759	关于加强女性科技人才队伍建设的意见	科学技术部、全国妇女联合会	2011.11.08	国科发政
760	关于举办第二期中医药文化科普巡讲专家培训班的通知	国家中医药管理局	2011.10.26	国中医药办新函
761	国土资源"十二五"科学和技术发展规划	国土资源部	2011.09.13	国土资发
762	关于开展首届全国优秀中医药文化科普图书推荐活动的通知	国家中医药管理局	2011.09.01	国中医药办函

附表（续）

序号	政策名称	发文部门	发布时间	发文号
763	关于命名第二批国土资源科普基地的通知	国土资源部	2011.08.16	国土资发
764	中国妇女发展纲要和中国儿童发展纲要	国务院	2011.07.30	国发〔2011〕24号
765	国家中长期科技人才发展规划（2010—2020年）	科学技术部、人力资源和社会保障部、教育部	2011.07.26	国科发政
766	"十二五"中医药文化宣传教育基地建设工作方案和全国中医药文化宣传教育基地建设标准	国家中医药管理局	2011.07.18	国中医药办新发
767	关于加快发展民生科技意见	科学技术部	2011.07.15	国科发社
768	全国青少年农业科普示范基地管理办法（试行）	农业部办公厅、共青团中央办公厅	2011.07.14	农办科〔2011〕26号
769	国土资源"十二五"科学技术普及行动纲要	科学技术部、国土资源部	2011.07.11	国土资发〔2011〕94号
770	关于加强气象灾害监测预警及信息发布工作的意见	国务院办公厅	2011.07.11	国办发〔2011〕33号
771	关于建立中小学科普教育社会实践基地和开展科普教育的通知	教育部、科学技术部、中国科学院、中国科学技术协会	2011.07.07	教基一函〔2011〕10号
772	国家十二五科学和技术发展规划	科学技术部	2011.07.04	国科发计
773	关于举办2011年"安全用药关注青少年"全国科普宣传活动的通知	国家食品药品监督管理局（原国家药品监督管理局）（已撤销）	2011.06.21	食药监办法

附表(续)

序号	政策名称	发文部门	发布时间	发文号
774	扶持人口较少民族发展规划2011－2015年	国家民族事务委员会、国家发	2011.06.20	民委〔2011〕70号
775	关于加强地质灾害防治工作的决定	国务院	2011.06.13	国发〔2011〕20号
776	国家环境保护"十二五"科技发展规划	环境保护部	2011.06.09	环发〔2011〕63号
777	关于开展第二届水生野生动物保护科普宣传月活动的通知	农业部	2011.06	农办渔〔2011〕75号
778	关于召开国家科普能力建设座谈会的通知	科学技术部	2011.05.18	国科政函〔2011〕16号
779	2011年"中医中药中国行——进乡村·进社区·进家庭"活动方案	国家中医药管理局	2011.05.03	N/A
780	中国气象局2011年气候变化重点工作计划	中国气象局	2011.04.28	N/A
781	关于开展中医药文化科普巡讲活动的通知	国家中医药管理局	2011.04.27	N/A
782	关于做好防灾减灾日防震减灾宣传工作的通知	中国地震局（原国家地震局）	2011.04.26	中震防发〔2011〕38号
783	中国地震局事业发展规划纲要	中国地震局（原国家地震局）	2011.04.22	中震财发〔2011〕32号
784	关于严厉打击食品非法添加行为切实加强食品添加剂监管的通知	国务院办公厅	2011.04.20	国办发〔2011〕20号
785	关于举办2011年粮食科技活动周的通知	国家粮食局（含国家粮食储备局）	2011.03.28	国粮办展〔2011〕58号
786	关于深化全国"青少年走进科学世界"科普活动的通知	全国少工委	2011.03.21	中少办发〔2011〕2号

附表(续)

序号	政策名称	发文部门	发布时间	发文号
787	关于推荐全国科普优秀作品的通知	科学技术部	2011.03.16	国科政函〔2011〕9号
788	关于开展2010年度全国科普统计的通知	科学技术部	2011.03.11	国科发政〔2011〕87号
789	关于组织开展第42个世界地球日主题宣传活动周的通知	国土资源部	2011.03.09	国土资厅发
790	关于举办2011年科技活动周的通知	科学技术部、中共中央宣传部、中国科学技术协会	2011.02.28	国科发政〔2011〕69号
791	关于加强农业转基因科普宣传工作的通知	农业部	2011.02.21	农办科〔2011〕4号
792	关于组织开展第二批国土资源科普基地推荐命名工作的通知	国土资源部	2011.02.17	国土资发
793	中国气象局2011年工作要点的通知	中国气象局	2011.01.27	气发〔2011〕18号
794	地震应急工作检查管理办法	中国地震局(原国家地震局)	2011.01.22	中震救发〔2011〕4号
795	关于开展统计科普征文活动的通知	中国统计学会	2011.02.16	N/A
796	关于进一步加强防震减灾工作的意见	国务院	2010.06.09	国发〔2010〕18号
797	全国餐饮服务食品安全宣传教育纲要(2011—2015)	国家食品药品监督管理局(原	2010.12.09	国食药监食
798	关于组建中医药文化科普巡讲团事宜的通知	国家中医药管理局	2010.09.25	国中医药办新便函
799	关于加快气象培训体系建设的意见	中国气象局	2010.09.01	气发〔2010〕146号

附表（续）

序号	政策名称	发文部门	发布时间	发文号
800	关于开展中医药文化科普巡讲活动的通知	国家中医药管理局	2010.08.05	国中医药办新发
801	关于发布《国家地质公园规划编制技术要求》的通知	国土资源部	2010.06.12	国土资发〔2010〕89号
802	关于开展水生野生动物保护科普宣传月活动的通知	农业部	2010.06.01	农办渔〔2010〕59号
803	关于进一步加强职工体育工作的意见	国家体育总局、中华全国总工会	2010.05.31	体群字〔2010〕88号
804	关于开展2010年度国土资源科学技术奖推荐工作的通知	国土资源部	2010.04.19	国土资电发
805	关于加强农村气象灾害防御体系建设的指导意见	中国气象局	2010.04.02	气发〔2010〕93号
806	关于评选表彰全国科普工作先进集体和先进工作者的通知	科学技术部、中共中央宣传部、中国科学技术协会	2010.03.26	国科发政
807	关于开展2009年度全国科普工作统计的通知	科学技术部	2010.03.21	国科发政
808	关于公布首届农民科学素质宣传教育优秀作品评选结果的通知	农业部	2010.03.19	农办科〔2010〕第12号
809	关于开展第41个世界地球日主题宣传活动的通知	国土资源部	2010.03.18	国土资电发
810	2010年气象部门目标管理考核方案和省（区、市）气象局工作目标及评分标准	中国气象局	2010.03.16	气发〔2010〕76号
811	关于进一步加强地震科技工作的意见	中国地震局（原国家地震局）	2010.03.16	N/A

附表（续）

序号	政策名称	发文部门	发布时间	发文号
812	关于举办 2010 年科技活动周的通知	科学技术部、中共中央宣传部、中国科学技术协会	2010.03.15	国科发政〔2010〕105 号
813	中国气象局 2010 年气候变化重点工作计划	中国气象局	2010.02.11	气发〔2010〕51 号
814	中国气象局 2010 年工作要点	中国气象局	2010.01.25	气发〔2010〕26 号
815	国家气象灾害防御规划（2009 — 2020 年）	中国气象局、国家发展和改革	2010.01.09	气发〔2010〕7 号
816	关于开展"祖国发展我成长——我的航天梦"全国少年儿童航天科普主题教育活动的通知	全国少工委、教育部、国家国防科技工业局	2010.12.01	中少办联发〔2010〕3 号
817	关于加强人才工作的若干意见	中国科学技术协会	2010.07.19	科协发调字〔2010〕17 号
818	关于 2010 年全国学会科普活动专项资助的通知	中国科学技术协会	2010.05.17	科协普函基字〔2010〕22 号
819	关于 2010 年度Ⅳ型科普大篷车申报工作的通知	中国科学技术协会	2010.05.17	科协组函组字〔2010〕122 号
820	关于举办第十二届中国科协年会的通知	中国科学技术协会	2010.04.22	科协发学字〔2010〕11 号
821	关于申报 2010 年度促进科技类博物馆能力提升课题的通知	中国科学技术协会	2010.04.19	科协普函础字〔2010〕20 号
822	关于召开 2010 年地方科协科普工作座谈会的通知	中国科学技术协会	2010.04.12	科协普发综字〔2010〕18 号
823	中国科协 2010 年基层组织建设工作要点	中国科学技术协会	2010.04.07	科协组函组字〔2010〕122 号

附表（续）

序号	政策名称	发文部门	发布时间	发文号
824	关于召开 2010 年地方科协科普工作座谈会的预备通知	中国科学技术协会	2010.03.30	科协普函综字〔2010〕17 号
825	关于开展全国科普活动站建设示范试点的通知	中国科学技术协会	2010.03.29	科协普函础字〔2010〕16 号
826	关于公布实施《全民科学素质纲要》优秀案例评选结果的通知	全民科学素质纲要实施工作办公室	2010.03.24	纲要办发〔2010〕5 号
827	关于开展 2010 年全国学会科普活动专项资助申报工作的通知	中国科学技术协会	2010.03.15	科协普函基字〔2010〕13 号
828	科普资源开发指南（2010 年度）	中国科学技术协会	2010.03.11	科协普函资字〔2010〕12 号
829	关于 2010 年度优秀科普挂图征集通知	中国科学技术协会	2010.03.05	科协普函资字〔2010〕11 号
830	关于认定全国科普教育基地的通知	中国科学技术协会	2010.03.03	科协办发普字〔2010〕7 号
831	中国科协 2010 年人才工作要点	中国科学技术协会	2010.03.02	科协组函人字〔2010〕79 号
832	关于协助做好《走进全国科普教育基地》专栏的通知	中国科学技术协会	2010.03.02	科协普函础字〔2010〕10 号
833	关于举办 2010 年全国科普日活动的通知	中国科学技术协会	2010.02.10	科协办发普字〔2010〕6 号
834	关于 2010 年度科普大篷车配发工作的通知	中国科学技术协会	2010.02.08	科协普函础字〔2010〕7 号
835	关于中国科协 2010 宣传工作要点	中国科学技术协会	2010.02.08	N/A
836	关于春节期间"科普惠农兴村计划"新闻系列节目播出时间的通知	中国科学技术协会	2010.02.04	N/A

附表（续）

序号	政策名称	发文部门	发布时间	发文号
837	关于申报继续教育试点示范活动择优资助项目的通知	中国科学技术协会	2010.01.21	科协学函〔2010〕12号
838	关于召开全国科普示范县（市、区）创建工作培训会的通知	中国科学技术协会	2010.01.18	科协普函基字〔2010〕3号
839	关于开展科普惠农兴村计划总结和回访表彰对象工作的通知	中国科学技术协会	2010.01.15	科协办发普字〔2010〕3号
840	关于推荐2010年度科学技术进步奖的通知	中国烟草总公司	2010.04.07	中烟办〔2010〕47号
841	关于妥善做好应对日全食工作的通知	国务院办公厅	2009.07.10	国办发明电〔2009〕14号
842	关于进一步开展县级青少年学生校外活动场所科普教育共建共享试点工作的通知	教育部、中国科学技术协会、	2009.09.23	教基一司函〔2009〕48号
843	关于开展2009·智慧开启健康之门—卫生科教系列健康科普读书活动的通知	卫生部（已撤销）	2009.09.21	N/A
844	深入开展药品安全专项整治工作指导意见	国家食品药品监督管理局（原国家药品监督管理局）（已撤销）	2009.09.03	国食药监办〔2009〕570号
845	全国民政科技中长期发展规划纲要（2009—2020年）	民政部	2009.07.13	民发〔2009〕98号
846	关于进一步加强民政科技工作的决定	民政部	2009.07.10	民发〔2009〕95号
847	国家测绘局关于加强测绘文化建设的意见	国家测绘地理信息局（原国家测绘局）	2009.06.25	国测办字〔2009〕14号

附表（续）

序号	政策名称	发文部门	发布时间	发文号
848	关于请做好国土资源科普基地近期有关工作的通知	国土资源部、	2009.06.07	科合〔2009〕96号
849	关于第一批国土资源科普基地命名名单公告	国土资源部	2009.05.17	国土资源部公告2009第14号
850	国家"十二五"防震减灾规划体系规划编制大纲	中国地震局（原国家地震局）	2009.04.27	N/A
851	关于进一步做好中医药知识宣传普及项目有关工作	国家中医药管理局	2009.04.24	国中医药办发〔2009〕11号
852	深部探测技术与实验研究专项管理办法	国土资源部	2009.04.16	国土资厅函〔2009〕41号
853	关于开展第三批"全国消防科普教育基地"创建和命名工作的通知	公安部、中国科学技术协会、中国消防协会	2009.04.14	公消〔2009〕182号
854	关于2009—2011年鼓励科普事业发展的进口税收政策的通知	财政部	2009.04.01	财关税〔2009〕22号
855	国土资源科普基地推荐及命名暂行办法	国土资源部	2009.03.24	国土资厅发〔2009〕29号
856	关于推荐第一批国土资源科普基地通知	国土资源部	2009.03.24	国土资厅发〔2009〕30号
857	首届农民科学素质宣传教育优秀作品征集推介活动方案	农业部办公厅、中国科学技术协会办公厅	2009.03.18	农办科〔2009〕第12号
858	关于开展第40个世界地球日科普宣传活动的通知	国土资源部	2009.03.16	国土资厅发〔2009〕25号
859	关于开展国家环保科普基地申报与评审工作的通知	环境保护部	2009.03.15	环办〔2009〕33号

附表(续)

序号	政策名称	发文部门	发布时间	发文号
860	关于举办 2009 年科技活动周	科学技术部、中共中央宣传部、中国科学技术协会	2009.03.09	国科发政〔2009〕114 号
861	关于做好 2009 年中医中药中国行活动有关工作	国家中医药管理局	2009.03.02	国中医药函〔2009〕37 号
862	关于制订 2009 年—2010 年"卫生科技进社区"项目工作计划	卫生部(已撤销)、科学技术部、中国科学技术协会	2009.01.23	卫办科教发〔2009〕12 号
863	关于开展 2008 年度全国科普工作统计的通知	科学技术部	2009.01.12	国科发政〔2009〕37 号
864	关于命名全国科普教育基地的通知	中国科学技术协会	2009.12.24	科协办发普字〔2009〕44 号
865	关于开展 2010 年度国家科技奖励项目推荐工作的通知	中国科学技术协会	2009.12.01	科协办发组字〔2009〕40 号
866	关于开展 2011 — 2015 年度全国科普示范县(市、区)创建工作的通知	中国科学技术协会	2009.11.18	科协办发普字〔2009〕38 号
867	关于召开科普惠农兴村计划经验交流会的通知	中国科学技术协会、财政部	2009.11.16	科协办发普字〔2009〕37 号
868	关于"科普惠农兴村计划"大型电视系列节目——《科技惠农惠万家》(2009 年摄制)播出时间的通知	中国科学技术协会	2009.11.10	N/A
869	关于建立科普惠农长效机制、开展科普惠农服务站建设工作的通知	中国科学技术协会、财政部	2009.11.09	科协办发普字〔2009〕34 号

附表(续)

序号	政策名称	发文部门	发布时间	发文号
870	关于召开"科普惠农兴村计划"经验交流现场会的预备通知	中国科学技术协会	2009.10.23	科协普函基字〔2009〕33号
871	关于召开华东七省(市)全国科普教育基地经验交流会的通知	中国科学技术协会	2009.10.23	科协普函础字〔2009〕34号
872	关于表彰2009年全国科普惠农兴村先进单位和带头人的决定	中国科学技术协会、财政部	2009.09.24	科协发普字〔2009〕29号
873	关于组织开展县级科协科普工作测评的通知	中国科学技术协会	2009.09.18	科协普函基字〔2009〕30号
874	关于公布2009年"百县百项科普示范特色建设专项"优秀和建设项目的通知	中国科学技术协会	2009.09.07	科协普函基字〔2009〕28号
875	关于2009年度全国科普活动站、科普宣传栏、科普员建设工作情况的通告	中国科学技术协会	2009.08.28	科协普函础字〔2009〕22号
876	中国科协2008年度事业发展统计公报	中国科学技术协会	2009.08.17	科协发计字〔2009〕23号
877	关于实施"百县百项科普示范特色建设专项"的通知	中国科学技术协会	2009.07.30	科协普函基字〔2009〕20号
878	关于开展全国科普教育基地认定工作的通知	中国科学技术协会	2009.06.26	科协办发普字〔2009〕21号
879	关于2009年全国学会科普活动专项资助的通知	中国科学技术协会	2009.06.19	科协普函基字〔2009〕18号
880	关于开展全国科普基础设施发展状况监测评估工作的通知	中国科学技术协会	2009.05.15	科协普函础字〔2009〕14号

附表（续）

序号	政策名称	发文部门	发布时间	发文号
881	关于组织开展2009年"科普惠农兴村计划"申报推荐工作的通知	中国科学技术协会	2009.05.12	科协发普字〔2009〕15号
882	关于印发《中国科协科普资源开发指南（2009）》的通知	中国科学技术协会	2009.05.06	科协办发普字〔2009〕14号
883	关于推进全国科普活动站、科普宣传栏、科普员建设工作的通知	中国科学技术协会	2009.04.28	科协普函础字〔2009〕13号
884	关于开展2009年全国学会科普活动专项资助申报工作的通知	中国科学技术协会	2009.04.17	科协普函基字〔2009〕11号
885	关于开展科协系统农民科学素质宣传教育优秀作品征集推介活动的通知	中国科学技术协会	2009.04.14	科协普发资字〔2009〕10号
886	关于积极开展防灾减灾科普宣传工作的通知	中国科学技术协会	2009.04.10	科协办函普字〔2009〕31号
887	关于举办2009年全国科普日活动的通知	中国科学技术协会	2009.04.09	科协办发普字〔2009〕13号
888	关于举办第十一届中国科协年会的通知	中国科学技术协会	2009.04.03	科协发学字〔2009〕12号
889	全国科普教育基地认定办法	中国科学技术协会	2009.04.03	科协办发普字〔2009〕12号
890	关于申报2009年度中国科协调研课题的通知	中国科学技术协会	2009.03.31	科协调函综字〔2009〕10号
891	中国科协2009年基层组织建设工作要点	中国科学技术协会	2009.03.25	N/A
892	中国科协2009年人才工作要点	中国科学技术协会	2009.03.24	组发专字〔2009〕79号

附表（续）

序号	政策名称	发文部门	发布时间	发文号
893	关于公布"万名科技专家讲科普"活动评审结果的通知	中国科学技术协会	2009.02.26	科协普发基字〔2009〕8 号
894	关于召开 2009 年地方科协科普部长工作研讨会的通知	中国科学技术协会	2009.02.24	科协普发综字〔2009〕6 号
895	中国科协科普部 2009 年工作要点	中国科学技术协会	2009.02.17	科协普发综字〔2009〕5 号
896	关于召开地方全民科学素质纲要实施工作座谈会的预备通知	全民科学素质纲要实施工作办公室	2009.02.05	纲要办函〔2009〕第2 号
897	关于推荐 2009 年测绘科技进步奖的通知	中国测绘学会	2009.02.09	测学发〔2009〕05 号
898	科学技术部主要职责内设机构和人员编制规定	国务院办公厅	2008.07.10	国办发〔2008〕58 号
899	关于终止健康家园——医学科普进万家 10 年大行动活动的通知	卫生部（已撤销）、国家中医药管理局	2008.12.25	国中医药办发〔2008〕56 号
900	中医药知识宣传普及项目实施方案	国家中医药管理局	2008.12.24	国中医办发〔2008〕53 号
901	科普基础设施发展规划（2008—2010—2015）	国家发展改革委、科学技术部、财政部和中国科学技术协会	2008.11.14	发改高技〔2008〕3086 号
902	关于进一步加强少数民族和民族地区科技工作的若干意见	国家民族事务委员会、科学技术部、农业部、中国科学技术协会	2008.11.03	民委发〔2008〕245 号
903	关于表彰 2008 年全国科普惠农兴村先进单位和带头人的决定	财政部、中国科学技术协会	2008.10.29	N/A

附表（续）

序号	政策名称	发文部门	发布时间	发文号
904	关于申报 2009 年国家科学技术奖推荐项目的通知	农业部	2008.10.28	农办科〔2008〕56 号
905	关于举办"'四维测绘杯'第四届全国测绘行业定向越野大奖赛"的通知	中国测绘学会、国家测绘地理信息局（原国家测绘局）	2008.04.21	测科普发〔2008〕01 号
906	全国水土保持国策宣传教育行动实施方案	水利部	2008.04.14	水保〔2008〕119 号
907	中医中药中国行 2008 活动方案	国家中医药管理局	2008.03.17	国中医药函〔2008〕62 号
908	关于开展第 39 个"世界地球日"科普宣传和中国国际地球年活动的通知	国土资源部	2008.03.13	国土资发〔2008〕54 号
909	关于印发《新农村建设民生科技行动》的通知	科学技术部	2008.03.05	N/A
910	农业部办公厅关于开展 2008 年"放心农资下乡进村宣传周"活动的通知	农业部	2008.03.04	农办市〔2008〕7 号
911	关于加强气候变化和气象防灾减灾科普及工作的通知	中国气象局、科学技术部	2008.01.07	气发〔2008〕3 号
912	关于加强适宜卫生技术推广工作的指导意见	卫生部（已撤销）	2008.01.04	N/A
913	关于开展 2009 年度国家科技奖励项目推荐工作的通知	中国科学技术协会	2008.12.03	科协办发组字〔2008〕34 号
914	关于公布全国科普示范县（市、区）总结检查结果的通知	中国科学技术协会	2008.11.04	N/A

附表(续)

序号	政策名称	发文部门	发布时间	发文号
915	关于"科普惠农兴村计划"大型电视系列节目——"科技惠农惠万家"播出时间的通知	中国科学技术协会	2008.10.23	N/A
916	关于公布全国科普示范县(市、区)"站、栏、员"建设示范项目的通知	中国科学技术协会	2008.10.10	科协普发基字〔2008〕37号
917	关于中国科协2008年度科普资助项目的通告	中国科学技术协会	2008.09.25	N/A
918	关于2008年度西部科普工程项目批准资助的通知	中国科学技术协会	2008.09.18	科协普发基字〔2008〕35号
919	关于开展科普教育基地基本情况调查的通知	中国科学技术协会	2008.09.09	科协普发础字〔2008〕32号
920	关于印发全国科普活动站、科普宣传栏、科普员标准和管理办法（试行）的通知	中国科学技术协会	2008.07.18	科协普发础字〔2008〕23号
921	关于实施全国科普示范县(市、区)"站、栏、员"建设示范项目的通知	中国科学技术协会	2008.07.14	科协普发基字〔2008〕22号
922	关于组织开展2008年西部科普工程申报推荐工作的通知	中国科学技术协会	2008.07.08	科协普发基字〔2008〕19号
923	关于2008年全国学会科普活动专项资助的通知	中国科学技术协会	2008.07.08	科协普发基字〔2008〕20号
924	关于开展2008年全国科普日活动具体事项的通知	中国科学技术协会	2008.07.01	科协普发综字〔2008〕18号
925	关于组织开展2008年"科普惠农兴村计划"申报推荐工作的通知	中国科学技术协会、财政部	2008.06.25	科协发普字〔2008〕31号

附表（续）

序号	政策名称	发文部门	发布时间	发文号
926	关于公布第一、二批全国科普示范县（市、区）及部分第三批全国科普示范县（市、区）创建单位总结检查结果的通知	中国科学技术协会	2008.06.24	科协普发基字〔2008〕16 号
927	关于印发《中国科协科普资源共建共享工作方案（2008—2010 年）》的通知	中国科学技术协会	2008.06.20	科协办发普字〔2008〕21 号
928	关于组织开展县级科协科普工作测评的通知	中国科学技术协会	2008.05.26	科协普发基字〔2008〕12 号
929	关于开展科普惠农服务站试点工作的通知	中国科学技术协会	2008.05.14	科协普发基字〔2008〕10 号
930	关于做好抗震救灾工作的紧急通知	中国科学技术协会	2008.05.13	N/A
931	关于开展 2008 年科普展览资源共享服务工作的通知	中国科学技术协会	2008.05.05	科协办函普字〔2008〕37 号
932	关于申报中国科协 2008 年度科普资助项目的通知	中国科学技术协会	2008.04.25	N/A
933	关于开展"万名科技专家讲科普"活动的通知	中国科学技术协会	2008.03.17	科协普发基字〔2008〕6 号
934	关于召开 2008 年地方科协科普部长工作研讨会的通知	中国科学技术协会	2008.03.12	科协普发综字〔2008〕5 号
935	关于组织开展中国科协成立 50 周年纪念活动的通知	中国科学技术协会	2008.03.07	N/A
936	关于动员和组织科技工作者积极参与灾后重建工作的通知	中国科学技术协会	2008.03.06	科协发学字〔2008〕14 号
937	中国科协科普部 2008 年工作要点	中国科学技术协会	2008.03.05	科协普发综字〔2008〕4 号

附表（续）

序号	政策名称	发文部门	发布时间	发文号
938	关于 2008 和 2009 年度科普大篷车申报工作的通知	中国科学技术协会	2008.02.25	N/A
939	关于推荐 2008 年测绘科技进步奖的通知	中国测绘学会	2008.03.05	测学发〔2008〕15 号
940	国家环境保护"十一五"规划	国务院	2007.11.22	国发〔2007〕37 号
941	国家综合减灾"十一五"规划	国务院办公厅	2007.08.05	国办发〔2007〕55 号
942	关于进一步加强气象灾害防御工作的意见	国务院办公厅	2007.07.05	国办发〔2007〕49 号
943	兴边富民行动"十一五"规划	国务院办公厅	2007.06.09	国办发〔2007〕43 号
944	中国应对气候变化国家方案	国务院	2007.06.03	国发〔2007〕17 号
945	少数民族事业"十一五"规划	国务院办公厅	2007.02.27	国办发〔2007〕14 号
946	节能减排综合性工作方案	国务院	2007.05.23	国发〔2007〕15 号
947	关于加强农村实用科技人才培养的若干意见	科学技术部、教育部、财政部	2007.12.24	国科发农字〔2007〕793 号
948	节能减排全民科技行动方案	科学技术部、国家发展和改革委员会（含原国家发展计划委员会、原国家计划委员会）、中共中央宣传部	2007.09.29	N/A
949	关于进一步加强气象防灾减灾和气候变化科普宣传工作的通知	中国科学技术协会、中国气象局	2007.09.28	气发〔2007〕333 号

附表（续）

序号	政策名称	发文部门	发布时间	发文号
950	节能减排全民行动实施方案	国家发展和改革委员会（含原国家发展计划委员会、原国家计划委员会）、中共中央宣传部、教育部	2007.08.28	发改环资〔2007〕2132号
951	关于加强气象灾害预警信息发布与传播工作的通知	中国气象局	2007.08.19	气发〔2007〕286号
952	科学技术馆建设标准	建设部（已撤销）、国家发展和改革委员会（含原国家发展计划委员会、原国家计划委员会）科学技术部	2007.06.27	建标〔2007〕166号
953	关于发布《中国应对气候变化科技专项行动》的通知	科学技术部、国家发展和改革委员会（含原国家发展计划委员会、原国家计划委员会）、外交部	2007.06.13	国科发社字〔2007〕407号
954	关于建设节约型社会科普巡回展览2007年度巡展工作的通知	国家发展和改革委员会（含原国家发展计划委员会、原国家计划委员会）、中共中央宣传部、中国科学技术协会	2007.05.08	发改办环资〔2007〕1008号

附表（续）

序号	政策名称	发文部门	发布时间	发文号
955	全民全民科学素质工作领导小组办公室 2007 年"节约能源资源、保护生态环境、保障安全健康"主题工作方案	全民科学素质工作领导小组	2007.04.18	N/A
956	关于举办 2007 年科技活动周的通知	中共中央宣传部、科学技术部、中国科学技术协会	2007.03.27	国科发政字〔2007〕123 号
957	关于开展国家环保科普基地申报与评审工作的通知	国家环境保护总局（已撤销）	2007.03.01	环办〔2007〕29 号
958	全民科学素质行动 2007 年工作要点	全民科学素质工作领导小组	2007.02.27	全科组办发〔2007〕第 7 号
959	关于鼓励科普事业发展的进口税收政策的通知（失效）	财政部	2007.01.22	财关税〔2007〕4 号
960	关于加强国家科普能力建设的若干意见	科学技术部、中共中央宣传部、发展和改委、教育部、国防科学技术工业委员会、财政部、中国科学技术协会、中国科学院	2007.01.17	国科发政字〔2007〕32 号
961	关于召开全国少数民族科普工作队经验交流会的通知	中国科学技术协会	2007.12.03	科协普发基字〔2007〕61 号
962	关于开展 2008 年度国家科技奖励项目推荐工作的通知	中国科学技术协会	2007.12.04	科协办发组字〔2007〕42 号
963	关于命名第三批全国科普示范县（市、区）的决定	中国科学技术协会	2007.11.21	科协发普字〔2007〕57 号
964	关于开展 2006 年"科普惠农兴村计划"总结工作的通知	中国科学技术协会、财政部	2007.10.23	科协发普字〔2007〕49 号

附表（续）

序号	政策名称	发文部门	发布时间	发文号
965	关于开展 2007 年全国科普日活动总结工作的通知	中国科学技术协会	2007.10.19	科协普发综字〔2007〕57 号
966	关于组织开展第六届中国科协先进学会奖及先进学会单项奖申报工作的通知	中国科学技术协会	2007.10.18	科协学发〔2007〕198 号
967	关于公布全国科普示范县（市、区）及创建单位"一站、一栏、一员"建设示范项目评审结果的通知	中国科学技术协会	2007.10.12	科协普发基字〔2007〕54 号
968	关于中国科协 2007 年度科普资助项目的通告	中国科学技术协会	2007.10.10	N/A
969	关于表彰 2007 年全国科普惠农兴村先进单位和带头人的决定	财政部、中国科学技术协会	2007.09.25	N/A
970	关于填报科普进军营及节能减排等活动情况的通知	中国科学技术协会	2007.09.19	科协普发综字〔2007〕51 号
971	关于举办第二期县级科协科普惠农兴村工作培训班的通知	中国科学技术协会	2007.09.18	科协普发基字〔2007〕号
972	关于 2007 年度西部科普工程项目批准资助的通知	中国科学技术协会	2007.09.17	科协普发基字〔2007〕48 号
973	关于开展全国科普示范县（市、区）总结检查的通知	中国科学技术协会	2007.09.06	科协办发普字〔2007〕32 号
974	关于 2007 年全国科普日活动科普资料发放有关事项的通知	中国科学技术协会	2007.08.01	科协普发综字〔2007〕38 号
975	关于实施全国科普示范县（市、区）及创建单位"一站、一栏、一员"建设示范项目的通知	中国科学技术协会	2007.07.31	N/A

附表（续）

序号	政策名称	发文部门	发布时间	发文号
976	关于申报 2007 年西部科普工程项目的通知	中国科学技术协会	2007.07.30	科协普发基字〔2007〕36 号
977	关于开展科普工作统计的通知	中国科学技术协会	2007.07.13	N/A
978	关于开展 2007 年全国科普日科普大篷车联合行动的通知	中国科学技术协会	2007.07.03	科协科普中心发字〔2007〕8 号
979	关于开展全国科普日活动有关事项的通知	中国科学技术协会	2007.06.26	科协普发综字〔2007〕28 号
980	关于组织开展 2007 年"科普惠农兴村计划"项目申报推荐工作的通知	中国科学技术协会、财政部	2007.06.22	科协发普字〔2007〕34 号
981	关于举办第一期县级科协科普惠农兴村工作培训班的通知	中国科学技术协会	2007.06.15	N/A
982	2007 年农民科学素质行动重点工作	中国科学技术协会	2007.06.15	N/A
983	关于加强企业科协工作的若干意见	中国科学技术协会	2007.06.07	N/A
984	关于对全国科普示范县（市、区）开展培训的通知	中国科学技术协会	2007.06.05	N/A
985	中国科协 2006 年度事业发展统计公报	中国科学技术协会	2007.04.30	科协发计字〔2007〕19 号
986	关于做好"节约能源资源、保护生态环境、保障安全健康"主题宣传语和动漫征集活动宣传资料发放工作的通知	中国科学技术协会	2007.04.30	N/A
987	关于召开 2007 年地方科协科普部长工作研讨会的通知	中国科学技术协会	2007.04.29	N/A

附表(续)

序号	政策名称	发文部门	发布时间	发文号
988	关于深入开展全国"青少年走进科学世界"科普活动的通知	全国少工委办公室、中国科学院科学	2007.04.27	N/A
989	关于印发《科普资源质量及规格要求(试行)》和《科普资源开发指南(2007)》的通知	中国科学技术协会	2007.04.18	N/A
990	关于印发《全国科普示范县(市、区)标准(2007年修订)》和测评指标的通知	中国科学技术协会	2007.03.23	N/A
991	关于开展2007年主题科普活动的通知	中国科学技术协会	2007.03.08	科协办发青字〔2007〕8号
992	关于申办2007中国科协年会活动的通知	中国科学技术协会	2007.03.01	科协学发〔2007〕15号
993	中国科学技术协会事业发展规划纲要(2007—2011)	中国科学技术协会	2007.02.09	N/A
994	关于开展科普大篷车基本情况调查的通知	中国科学技术协会	2007.02.26	N/A
995	关于全国科普示范县(市、区)及创建单位"一站、一栏、一员"建设示范项评审结果的通知	中国科学技术协会	2007.02.06	N/A
996	关于表彰全国科普日活动优秀组织单位和先进单位的决定	中国科学技术协会	2007.01.26	科协发普字〔2007〕7号
997	关于在全国开展少数民族科普工作队调查统计的通知	中国科学技术协会	2007.01.12	N/A
998	关于开展中国数字科技馆观测工作的通知	中国科学技术协会	2007.01.09	科协普发资字〔2007〕1号

附表（续）

序号	政策名称	发文部门	发布时间	发文号
999	中国烟草总公司科学技术奖励办法	中国烟草总公司	2007.08.06	中烟办〔2007〕135号
1000	国务院关于全面加强应急管理工作的意见	国务院	2006.06.15	国发〔2006〕24号
1001	关于成立全民科学素质工作领导小组的通知	国务院办公厅	2006.03.19	国办发〔2006〕第18号
1002	关于实施《国家中长期科学和技术发展规划纲要（2006—2020年）》若干配套政策的通知	国务院	2006.02.07	国发〔2006〕6号
1003	全民科学素质行动计划纲要（2006—2010—2020年）	国务院	2006.02.06	国发〔2006〕7号
1004	国家环保科普基地申报与评审暂行办法	科学技术部、国家环境保护总局（已撤销）、	2006.12.28	环发〔2006〕210号
1005	关于加强水利科技创新的若干意见	水利部	2006.12.13	水国科〔2006〕569号
1006	关于宣传文化增值税和营业税优惠政策的通知（失效）	财政部、国家税务总局	2006.12.05	财税〔2006〕153号
1007	关于科研机构和大学向社会开放开展科普活动的若干意见	科学技术部、中共中央宣传部、国家发展改革委、教育部、财政部、中国科学技术协会、中国科学院	2006.11.30	国科发政字〔2006〕494号
1008	关于加强县（市）科技工作和科普事业发展的指导意见	科学技术部	2006.11.14	国科发农字〔2006〕450号
1009	关于加强非职业性一氧化碳中毒防范工作的通知	建设部（已撤销）、民政部、公安部	2006.11.09	建城〔2006〕274号

附表（续）

序号	政策名称	发文部门	发布时间	发文号
1010	国家"十一五"科学技术发展规划	科学技术部	2006.10.27	N/A
1011	国家质量监督检验检疫总局关于加强口岸卫生应急管理工作的意见	国家质量监督检验检疫总局	2006.10.18	国质检卫〔2006〕461号
1012	全国生态保护"十一五"规划	国家环境保护总局（已撤销）	2006.10.13	环发〔2006〕158号
1013	神农中华农业科技奖奖励办法（试行）	农业部	2006.10.12	农科教发〔2006〕6号
1014	科学技术奖励办法实施细则	国家烟草专卖局	2006.09.27	N/A
1015	文化建设"十一五"规划	文化部	2006.09.14	N/A
1016	科普惠农兴村计划专项资金管理办法（试行）（失效）	财政部、中国科学技术协会	2006.09.13	财教〔2006〕140号
1017	全国林业从业人员科学素质行动计划纲要（2006—2010—2020年）	国家林业局	2006.09.12	林科发〔2006〕第174号
1018	"十一五"安全生产科技发展规划	国家安全生产监督管理总局（原国家安全生产监督管理局）	2006.08.31	安监总科技〔2006〕186号
1019	关于深化改革加强基层农业技术推广体系建设的意见	中共中央、国务院	2006.08.28	国发〔2006〕30号
1020	"十一五"群众体育事业发展规划	国家体育总局	2006.07.11	N/A
1021	国家环境保护"十一五"科技发展规划	国家环境保护总局（已撤销）	2006.07.03	全科组办发〔2006〕4号
1022	全民科学素质工作领导小组2006年工作要点	全民科学素质工作领导小组	2006.05.15	N/A
1023	关于增强自主创新能力实施科技兴地战略的决定	国土资源部	2006.05.10	国土资发〔2006〕95号

附表（续）

序号	政策名称	发文部门	发布时间	发文号
1024	全民科学素质行动计划纲要实施工作方案	全民科学素质工作领导小组	2006.04.18	N/A
1025	关于进一步修改、补充2006年水稻育插秧机械化技术示范推广项目申报书的通知	农业部	2006.04.10	农机产〔2006〕18号
1026	关于深入开展农村妇女科学素质教育工作的意见	中华全国妇女联合会、中国科学技术协会	2006.12.12	妇字〔2006〕第43号
1027	关于加强"科普惠农兴村计划"宣传工作的通知	中国科学技术协会	2006.12.07	N/A
1028	关于表彰2006年科普惠农兴村先进单位和带头人的决定	中国科学技术协会	2006.12.04	科协发普字〔2006〕62号
1029	关于申报2006年度西部科普工程项目的通知	中国科学技术协会	2006.10.23	N/A
1030	关于开展2006年全国科普日活动总结表彰工作的通知	中国科学技术协会	2006.10.17	N/A
1031	关于开展"科技馆活动进校园"工作要求的通知	中国科学技术协会	2006.08.21	N/A
1032	关于组织实施"科普惠农兴村计划"的通知	中国科学技术协会	2006.07.24	科协发计字〔2006〕41号
1033	关于开展"科技馆活动进校园"工作的通知	中央文明办、教育部、中国科学技术协会	2006.06.19	科协发青字〔2006〕35号
1034	中国科协2005年度统计公报	中国科学技术协会	2006.05.19	N/A
1035	关于开展科普大篷车项目绩效考评工作的通知	中国科学技术协会	2006.05.17	N/A
1036	关于做好中国科协第七次全国代表大会宣传海报张贴工作的通知	中国科学技术协会	2006.05.15	N/A

附表（续）

序号	政策名称	发文部门	发布时间	发文号
1037	关于开展 2006 年全国科普日等主题科普系列活动的通知	中国科学技术协会	2006.03.06	科协办发普字〔2006〕8 号
1038	科普资源开发与共享工程实施方案	全民科学素质工作领导小组	2006	N/A
1039	科普基础设施工程实施方案	全民科学素质工作领导小组	2006	全科组办发〔2006〕9 号
1040	国家中长期科学和技术发展规划纲要（2006—2020 年）	国务院	2005.12.26	国发〔2005〕44 号
1041	关于加强人工影响天气工作的通知	国务院办公厅	2005.04.04	国办发〔2005〕22 号
1042	关于加强防控高致病性禽流感科技工作的通知	科学技术部	2005.11.15	国科发农社字〔2005〕460 号
1043	"十一五"国家科技基础条件平台建设实施意见	科学技术部、财政部、国家发展和改革委员会（含原国家发展计划委员会、原国家计划委员会）、教育部	2005.07.18	国科发财字〔2005〕295 号
1044	城市湿地公园规划设计导则（试行）	建设部（已撤销）	2005.06.24	建城〔2005〕97 号
1045	扶持人口较少民族发展规划（2005—2010 年）	国家民族事务委员会、国家发展和改革委员会（含原国家发展计划委员会、原国家计划委员会）、财政部	2005.05.18	N/A

附表（续）

序号	政策名称	发文部门	发布时间	发文号
1046	打击非法行医专项行动方案	卫生部（已撤销）、科学技术部、公安部、监察部、国家人口和计划生育委员会（含国家计划生育委员会）（已撤销）、国家中医药管理局、中国人民解放军总后勤部	2005.04.19	卫监督发〔2005〕156号
1047	关于开展第36个"世界地球日"宣传活动的通知	国土资源部	2005.03.23	国土资厅发〔2005〕21号
1048	关于举办2005年科技活动周的通知	科学技术部、中共中央宣传部、中国科学技术协会	2005.03.21	国科发政字〔2005〕76号
1049	关于进一步开展千乡万村环境保护科普活动的通知	国家环境保护总局（已撤销）	2005.02.24	环办〔2005〕21号
1050	关于推荐2005年度国家科学技术进步奖科普项目的通知	国家科技奖励办公室	2005.02.01	N/A
1051	关于开展2004年度全国科普工作统计的通知	科学技术部	2005.01.13	国科发政字〔2005〕17号
1052	关于开展2006年度国家科技奖励项目推荐工作的通知	中国科学技术协会	2005.12.28	N/A
1053	关于大力开展防治高致病性禽流感科普宣传工作的通知	中国科学技术协会	2005.11.11	科协发普字〔2005〕66号
1054	全国示范科普画廊标准（橱窗式）（试行）	中国科学技术协会	2005.07.18	N/A
1055	中国科协2005年度事业发展计划	中国科学技术协会	2005.06.03	科协办发计字〔2005〕35号

附表（续）

序号	政策名称	发文部门	发布时间	发文号
1056	关于开展 2005 年全国科普日活动的通知	中国科学技术协会	2005.05.20	科协办发普字〔2005〕31 号
1057	关于加强科学发展观科普宣传的意见	中国科学技术协会	2005.04.05	科协发普字〔2005〕25 号
1058	关于申报 2005 年度西部科普工程项目的通知	中国科学技术协会	2005.03.01	科协办发普字〔2005〕9 号
1059	关于加强生物物种资源保护和管理的通知	国家环境保护总局（已撤销）	2004.11.11	环发〔2004〕156 号
1060	关于命名首批"全国消防科普教育基地"的决定	公安部、中国科学技术协会	2004.10.25	公消〔2004〕430 号
1061	关于推进农业科技入户工作的意见	农业部	2004.10.19	农科教发〔2004〕8 号
1062	关于加强防震减灾科学普及工作的通知	科学技术部、中国地震局（原国家地震局）	2004.10.15	N/A
1063	县（市）科技工作年工作方案	科学技术部	2004.07.30	N/A
1064	2004 年中医药新闻宣传工作要点的通知	国家中医药管理局	2004.05.10	国中医药办发〔2004〕21 号
1065	关于在全国开展食品安全宣传周活动的通知	国家食品药品监督管理局（原国家药品监督管理局）（已撤销）	2004.04.13	国食药监察〔2004〕111 号
1066	关于加强中国世界地质公园建设的通知	国土资源部	2004.04.09	国土资发〔2004〕80 号
1067	关于在全国开展 2004 年全民健身周活动的通知	国家体育总局	2004.03.24	N/A
1068	土地科学技术普及行动计划	中国土地学会	2004.10.27	土地学发普字〔2004〕34 号

附表（续）

序号	政策名称	发文部门	发布时间	发文号
1069	全国科普工作统计实施方案	科学技术部	2003.12.26	国科发政字〔2003〕455
1070	科普税收优惠政策实施办法	科学技术部、财政部、国家税务总局、海关总署、新闻出版总署（原新闻出版署）（已撤销）	2003.11.14	国科发证字〔2003〕第416号
1071	关于在广播电视工作中加强无神论宣传和科普宣传的意见	国家广播电影电视总局（已撤销）	2003.10.17	N/A
1072	关于进一步加强科普宣传工作的通知	科学技术部、文化部、国家广播电影电视总局（已撤销）、新闻出版总署（原新闻出版署）（已撤销）、中共中央宣传部、中央文明办、中国科学技术协会	2003.08.26	中宣发〔2003〕27号
1073	关于成立中国科学院植物园和生物标本馆科普网络委员会的通知	中国科学院	2003.06.19	政字〔2003〕7号
1074	科学技术部、教育部2003年加强高校科技工作要点	科学技术部、教育部	2003.05.31	N/A

附表（续）

序号	政策名称	发文部门	发布时间	发文号
1075	关于鼓励科普事业发展税收政策问题的通知（失效）	科学技术部、财政部、国家税务总局、海关总署、新闻出版总署（原新闻出版署）（已撤销）	2003.05.08	财税〔2003〕55 号
1076	关于围绕"依靠科学，战胜非典"，进一步加强当前科普工作和办好 2003 年科技活动周的紧急通知	科学技术部	2003.04.28	N/A
1077	关于开展 2003 年外来入侵生物灭毒除害试点行动的通知	农业部	2003.03.17	N/A
1078	关于加强科技馆等科普设施建设的若干意见	科学技术部、财政部、建设部（已撤销）、国家发展和改革委员会（含原国家发展计划委员会、原国家计划委员会）、中国科学技术协会	2003.04.22	科协发普字〔2003〕30 号
1079	关于加强全国环境保护科普工作的若干意见	国家环境保护总局（已撤销）、科学技术部	2002.12.06	环发〔2002〕175 号
1080	中华人民共和国科学技术普及法	全国人民代表大会常务委员会	2002.06.29	中华人民共和国主席令第71号
1081	中国人居环境奖申报和评选办法（失效）	建设部（已撤销）	2002.05.23	建城〔2002〕127 号
1082	中国科学技术协会所属全国性学会组织工作条例	中国科学技术协会	2002.10.04	科协发学字〔2002〕162 号

附表（续）

序号	政策名称	发文部门	发布时间	发文号
1083	关于推进《2001—2005 年中国青少年科学技术普及活动指导纲要》实施工作的意见	科学技术部办公厅、教育部办公厅、宣传部、共青团中央办公厅	2001.11.21	国科办政字〔2001〕501 号
1084	关于进一步加强地方科技工作的若干意见	科学技术部	2001.07.15	国科发高字〔2001〕239 号
1085	国民经济和社会发展第十个五年计划科技教育发展专项规划（科技发展规划）	国家发展和改革委员会（含原国家发展计划委员会、原国家计划委员会）、科学技术部	2001.05.18	N/A
1086	中国科学院科普经费管理办法	中国科学院	2001.04.05	科发政字〔2001〕132 号
1087	2001—2005 年中国青少年科学技术普及活动指导纲要	科学技术部、教育部、中共中央宣传部、中国科学技术协会	2000.11.16	国科发政字〔2000〕516 号
1088	关于加强西部大开发科技工作的若干意见	科学技术部	2000.08.11	国科发计字〔2000〕352 号
1089	2000—2005 年科学技术普及工作纲要	科学技术部、中共中央宣传部、中国科学技术协会、教育部、国家发展计划委员会、财政部、国家税务、总局、国家广播电影电视总局、新闻出版署	1999.12.09	国科发政字〔1999〕582 号

附表（续）

序号	政策名称	发文部门	发布时间	发文号
1090	关于建立首批"中国科普教育基地"的决定	中国科学技术协会	1999.11.22	N/A
1091	关于做好地质灾害防治科普教育的通知	国土资源部	1998.12.02	国土资发〔1998〕第213号
1092	关于依靠科技进步加速扶贫攻坚进程的意见	国家科学技术委员会（已变更）、中国科学院、中国科学技术协会	1997.04.25	国科发农〔技〕字〔1997〕211号
1093	国家科技进步奖科技著作评审工作暂行规定（失效）	国家科学技术委员会（已变更）	1997.04.16	国科发奖字〔1997〕162号
1094	全国环境宣传教育行动纲要	国家环境保护总局（已撤销）、国家教育委员会（已更名）	1996.12.10	N/A
1095	文化部科学技术进步奖励办法（失效）	文化部	1996.08.09	文科发〔1996〕69号
1096	关于加强科普宣传工作的通知	中共中央宣传部、国家科委、中国科学技术协会	1996.06.12	N/A
1097	贯彻《中共中央、国务院关于加速科学技术进步的决定》的实施细则的通知	电力工业部（已变更）	1996.06.10	电技〔1996〕361号
1098	关于结合"园丁科技教育行动"，进行研究院所面向社会开放开展科普示范试点工作的通知	国家科委、国家教委、中国科学院、中国科学技术协会	1996.04.16	国科发社字〔1996〕210号
1099	关于发布《劳动部贯彻中共中央国务院〈关于加速科学技术进步的决定〉和全国科技大会精神的意见》的通知	劳动和社会保障部（含劳动部）（已撤销）	1995.09.19	劳部发〔1995〕360号

附表(续)

序号	政策名称	发文部门	发布时间	发文号
1100	关于加强科学技术普及工作的若干意见	国务院、中共中央	1994.12.05	N/A